科学新视角丛书

新知识　新理念　新未来

身处快速发展且变化莫测的大变革时代，我们比以往更需要新知识、新理念，以厘清发展的内在逻辑，在面对全新的未来时多一分敬畏和自信。

第 6 次大灭绝

——人类能挺过去吗

〔美〕安娜莉·内维茨 著

徐洪河 蒋 青 译

海科学技术出版社

图书在版编目（CIP）数据

第6次大灭绝 ： 人类能挺过去吗 ／（美）安娜莉·内维茨（Annalee Newitz）著；徐洪河，蒋青译. -- 上海：上海科学技术出版社，2022.8
（科学新视角丛书）
书名原文：Scatter, Adapt, and Remember
ISBN 978-7-5478-5760-1

Ⅰ. ①第… Ⅱ. ①安… ②徐… ③蒋… Ⅲ. ①生物－进化－普及读物 Ⅳ. ①Q11-49

中国版本图书馆CIP数据核字(2022)第129664号

Original title: SCATTER, ADAPT, AND REMEMBER by Annalee Newitz This translation published by arrangement with Doubleday, an imprint of The Knopf Doubleday Publishing Group, a division of Random House, Inc.

上海市版权局著作权合同登记号 图字：09-2013-708号

封面图片来源：视觉中国

第6次大灭绝
——人类能挺过去吗

［美］安娜莉·内维茨　著
徐洪河　蒋　青　译

上海世纪出版（集团）有限公司
上海科学技术出版社 出版、发行
（上海市闵行区号景路159弄A座9F-10F）
邮政编码201101 www.sstp.cn
上海盛通时代印刷有限公司印刷
开本 787×1092 1/16 印张 20
字数 250千字
2022年8月第1版 2022年8月第1次印刷
ISBN 978-7-5478-5760-1/N·243
定价：68.00元

因字句，献给查理

因声闻，献给克里斯

因星辰，献给杰西

乌托邦式的空想……必须回归当下。在看似不可能的时刻也要抱有坚定信念，相信终有解决问题的可能性。如今，就连人类的生存本身也已变成乌托邦式的希望了。

——诺尔曼·布朗《生与死的对抗》

目 录

人类将要灭绝了吗

　　当前，人类正站在十字路口。有充分证据表明，我们的地球即将发生大灾难，这将是历史给予人类第一次机会，让我们拯救自己，免于灭绝。不论大灾难是因为人类自身还是自然界所引起，都不可避免要发生。然而，我们的宿命并非如此。为什么我能够如此确信呢？因为在地球45亿年的历史中，这个世界至少有6次几乎被完全摧毁，而每一次毁灭发生后，都有一定数量的幸存者。地球曾遭受多次陨石撞击，大气中曾充满令人窒息的温室气体，曾被冰雪所完全覆盖，曾遭受宇宙射线肆无忌惮的攻击，也曾被超级火山重塑，种种灾难，几乎无法想象。每一种灾难都引发了大灭绝，导致地球上超过75%的物种消亡，然而，每次大灭绝发生后，总有部分生物能在最为苛刻的生存条件下适应，并继续生存下来。

　　我对于人类未来的希望并非仅仅来自我对人类尴尬处境的一腔热情，还源于从地质历史时期幸存者所得到的充分证据。本书关注生命如何历经多次大灭绝而存活，也关注未来，我们究竟需要做什么才能确保人类在下一次灭绝中不至于消亡。

在最近的 100 万年期间，人类作为一个演化的物种，至少曾有一次勉强躲过了灭绝。我们在苛刻的条件下存活了下来，而另一个人类分支——尼安德特人（Neanderthal）却没有。这不能只归因于我们的好运，而是作为一个物种，我们人类在面临生死存亡时刻，表现得极为灵活。如果我们想要再存活 100 万年，我们就应该回顾历史，寻找那些曾很管用的策略。本书书名《扩散、适应与追忆》（*Scatter, Adapt and Remember*）*就是对前人策略的一种概括。同时也对这些策略的践行寄望于未来，以实际行动来解决未来人类生存问题，接受社会学和科学领域的挑战。

当下，我们急需改善人类最伟大的发明之一：城市。使城市生活更健康，在环境方面更具可持续性。在根本上，我们要让大都市适应地球当前的生态系统，保持充足的食物供应以及宜居的气候条件。但是即使你并不担心气候变化，地球依然充满危险。任何时候我们都可能被太空中的外星球撞击或伽马射线所辐射。因此我们需要一个长期计划使人类摆脱地球。我们需要这个蓝色星球以外的城市，需要在其他星球上建造绿洲，使得我们能够在那里繁衍、生息，战胜宇宙灾难。

从我们最古老的祖先开始学会用火，到我们祖父辈开始发展太空计划，如果我们不能追忆人类的这些历史，前文所述的一切都是不可能的。从本质上来说，人类是一个善于创造与开拓的物种。通过掌控自身的命运而长时间地存活了下来。如果我们想要在下一次大灭绝中幸存下来，就绝不能忘记我们是如何走到今天的。现在，就让我们着手打造自己的未来吧，为了我们自己，为了我们的星球，也为了让人类从现在起再多生存 100 万年。

---

* 原版书书名。——译者注

下一次大灭绝的证据

过去 4 年多来，蜜蜂群经历了极为不安的变化。对此养蜂人无从下手，在他们看来，这些像机器一样高效的群居性昆虫如今却莫名其妙地失去了组织和秩序。工蜂争相飞出，再不回巢，幼蜂在蜂巢内漫无目的地徘徊往复，蜂群的正常行动无法开展，直到产蜜停止，新的蜂卵因缺乏照料而死亡。在一些农学专家的报告中，养蜂人常将这种情况称为"缺乏死尸的死亡巢穴"。这个问题已经变得非常广泛，甚至科学界将这个现象命名为"蜂群崩溃失调症"（colony collapse disorder，简称 CCD）。根据美国农业部的资料，自从 2007 年以来，每年冬季大约有 30% 的蜂群[1]会发生这种现象。生物学界急于探究这种现象背后的原因，他们的研究暗示了各种可能的原因，从真菌感染到寄生虫，再到环境污染等。农民担心蜂群崩溃，进而发生完全灭绝。如果蜜蜂灭绝了，必将带来灭绝的多米诺效应，因为从苹果树到花椰菜，各种农作物都依靠蜜蜂进行传粉。

三分之一的两栖动物正面临着灭绝[2]的危险，很多动物学界的学者将当代称为两栖动物危机的时代。然而，危机并不仅仅发生在蜜蜂和青蛙身上。根据哈佛大学演化生物学家和环保主义者威尔逊（E. O. Wilson）估算[3]，每年有 2.7 万个物种灭绝。

这个星球上，数百万的动、植物物种正在经受着大灭绝，我们是否会在这种灭绝发生的第一幕中就死亡呢？

这正是"第 6 次大灭绝"的支持者们所相信的。而"第 6 次"的说法也表明，我们的星球曾经历过 5 次大灭绝。恐龙是在最晚的一次灭绝中消亡的，但是那并不是最惨烈的灭绝，在距今 6 500 万年前，恐龙以及当时占据地球 76% 的物种在一系列自然灾害中灭绝了。而在恐龙灭绝之前的距今 2.5 亿年所发生的那次大灭绝规模更大,古生物学家们将那次灭绝称为大消亡(The Great Dying)*,那时,地球上 95% 的物种在大约 10 万年的时间内都死亡殆尽——最有可能的原因是位于西伯利亚的超级火山发生持续数百年的喷发,逐渐将有毒气体释放到大气中。另外还有 3 次发生在恐龙灭绝之前的大灭绝,有的发生在距今 4 亿年前,是由冰期、入侵物种以及太空辐射所导致。

术语"第 6 次大灭绝"由古生物学者理查德·利基(Richard Leakey)** 在 20 世纪 90 年代提出[4]。当时他撰文指出,这次新的大灭绝从 1.5 万年前就已经开始,当时美洲大陆遍布哺乳动物,比如巨型麋鹿和树懒。与这些大型食草动物相伴的是同样大型的食肉动物,其中包括剑齿虎等,这种大型猫科动物唇间伸出长达 20 厘米的牙齿,牙齿向下颌弯曲。然而,就在人类到达这片陆地后不久,这个大型动物的种群就开始崩解。利基认为,数千年前人类对环境的破坏导致了灭绝,这与当今人类祸因导致的两栖动物危机如出一辙。利基的疾呼引发了当今若干项客观的科学研究,知名生物学家们纷纷列举出大灭绝正在发生的种种证据。《纽约客》(The New Yorker's)环境专题记者科尔贝特(Elizabeth Kolbert)过去 20 多年来一直孜孜不倦地进行科学报道[5],种种科学证据只为证明一个观点,即我们很可能正生活在一次新的大灭绝的早期阶段。

尽管有些大灭绝发生得很迅速,但是大多数灭绝都持续相当长的时间。那么,我们又何以知晓此时此刻正发生着一场大灭绝呢? 最简单的回答就是,我们无法确定。然而,我们明确知道,在地质历史中

---

* 本书中"大消亡"特指发生于二叠纪-三叠纪之交的生物大灭绝事件,这也是地球历史上规模最大的一次大灭绝。——译者注
** 利基家族作为古生物学世家非常有名,出了很多位古生物学大家。本书中外国人名的翻译一般情况下只翻译姓氏,特殊情况下翻译全名。

大灭绝曾有规律地发生在我们的星球上。大灭绝所涉及的气候变化与地球上此时正在发生的一切非常相似。其他灭绝或许由太空辐射或地外撞击所引发，然而，正如我们在本书第一部分所读到的一样，这些灾难都具有极其巨大的影响力，能够大规模地改变环境。

我认为，无论人类是否应该为地球上的第 6 次大灭绝负责，大灭绝都会发生。怨天尤人毫无意义，我们应该想出应对之道，对于不可避免的一切作好准备，设法幸存下去。当我说"幸存下去"的时候，并不是说只有人类自身存活，而是整个星球及其多彩的生态系统必须存活下去，因为它们是我们赖以生存的家园。

对于世界的毁灭我们有多种方法可以应对，但是我们的第一直觉通常都很消极。如果一颗彗星正在从太空中快速撞向我们，你又能做什么呢？除非你是布鲁斯·威利（Bruce Willis）和他的超级宇航员团队，能够利用大量核武器对撞击物进行破坏。你又能做什么来制止全球环境变化呢？这种"什么都不能做"的回答完全可以理解，但是这种回答却不会产生务实的思考，即如何拯救我们自身。相反，我们要想象一下这个世界如果没有人类会是什么样子。我们尽可能说服自己，如果没有人类的干预，所有的一切可能真的会更好。

我并不打算消极放弃，希望你也如此。让我们假定人类在时间长河的演化之路上才刚刚起步，我们该如何切换到生存模式上呢？

幸存主义 vs. 幸存者

许多人对于如何在灾难中幸存都有非常明确的想法。幸存主义者通常建造庇护所，储存食物，防备从核武器袭击到超级风暴等各种灾难。我们中大多数人即使并不在山中建造掩体，也都是一定意义上的幸存主义者。我居住在旧金山市，对于这里的居民来说，在家里储存大量水和食物觉得习以为常，我们都是为了预防随时到来的大地震。市政府建议我们都要存储可持续一个星期的燃料、饮用水以及药品等。生活在这里，我总是非常清楚这座城市可能明天就会变成一片废墟。正是由于这种需要时刻面对的危险，我才会为家庭制定出地震万一发生时的应急计划：如果发生大地震，我们彼此无法通过手机取得联系，那么我们就在多洛丝（Dolores）公园的西南角碰头，那里是一片开阔地，可能相对安全，不易被毁坏。我们选择多洛丝公园是因为，100多年前发生旧金山大地震时，当时的幸存者们也聚集在这个公园。

决定写这本书的理由之一是，我曾经花费大量时间思考未来可能发生的种种灾难。当然，这不仅仅包括即将摧毁我家乡的地震。我一生中的大部分时间都对世界末日很困惑。所有的一切可能源于我小时候和爸爸一起观看的怪兽哥斯拉（Godzilla）*电影，长大以后，我反复品味所有听到看到的各种有关天启的故事，从热映的电影如《地狱奇兵》（Hell Comes to Frogtown），到文学味道浓厚的小说，比如阿特伍德（Margaret Atwood）的《末世男女》（Oryx and Crake）。后来我拿到了博士学位，我的博士论文写的是一些暴力怪兽的故事，我试图探索为什么人们总是反反复复地沉迷于同样的灾难传说之中。后来我离开学院，成为了一名科学记者，可是这并没有降低我对毁灭类故事情节的喜好。我编写过从计算机黑客到流行病等各种题材的各种故事。后来我在麻省理工学院从事骑士科学新闻创作工作，那时才第一次接触到关于灭绝的看法，即全球范围的大灭绝是地球历史中至关重要的一部分，也是未来不可避免的一部分。我曾经在科幻作品中读到的所有内容都让我得出了一个简单而令人失望的结论：人类就要完蛋了，我们的

---

* 哥斯拉怪兽最早出现在日本电影中，它从受到辐射污染的海域中诞生，身高约100米，类似恐龙，影片也呈现了怪兽对人类文明带来的毁灭性打击。——译者注

星球也要完蛋了。

　　早在几年前，我就着手开始著书，探讨为什么我们的命运已经注定。我甚至把我要具体研究的项目列出简要的大纲，并在最后一行写上："生命仍是令人厌倦、残忍而短暂的。"我心中有了这种想法之后，就开始大量阅读关于大灭绝的科学文献。但是，很快我就发现一些我未曾想到的情况——一条简单、明快、易于理解的线索贯穿在所有与死亡相关的故事之中，这条线索就是生存。在地质历史和人类历史中，不论境况变得多糟糕，生命总是能够承受。我内心中的乐观主义开始得到捍卫，在即将到来的大灭绝中，也许数十亿计的生物都会死亡，但是总有一些幸存者。我仔细审视这种假设，开始研究如何把人类纳入那明快、可讲述的线索之内。我曾经采访过百余名物理学、地质学、历史学以及人类学领域的专业人员；我从科学期刊、工程手册、科幻小说中了解关于生存策略的种种文字；我也曾周游世界，去寻找人类在远古城市或现代实验室中渴求生存的种种实证。我的研究综合起来，结论大致就是，人类为了继续生存100万年所能进行的抗争远远不止一种。

　　人类或许在毁坏包括自身生命方面非常擅长，但是在保护生命方面也有独到的天赋。在所有人类自私与杀戮的故事中，总有相当数量的人能够在面对致命危险的时刻肯于舍身，拯救陌生人脱离水火或残暴的政府。我们对生的渴望充溢周遭的一切：生存的同时我们也需要陪伴。在未来可怕的大灾难中，我们在拯救自身的同时，会尽量拯救更多其他生命。不只是以个体而是以一个社会和生态系统的方式生存下去，这种迫切需求如同人类的贪婪与玩世不恭一样深植在人类心中。或许求生的欲望更加根深蒂固，因为求生欲同生命本身一样古老。

　　根据逐渐积累的科学证据，对于我们内心深处所要经历的这种改变实在难以表达。索尔尼特（Rebecca Solnit）在关于人类生存的历史评论《从地狱中构建出天堂：大灾难中诞生的独特社区》(*A Paradise Built in Hell: The Extraordinary Communities That Arise in Disaster*) 中，让我们看到了一丝希望。我又在拉夫加登（Joan Roughgarden）的著作《友善的基因：解构达尔文的自私性》(*The Genial Gene: Deconstructing Darwinian Selfishness*) 中为这种希望找到了科学依据。这些思想者以及更多的学者均指出，我们在文化上以及演化生物学方面都具有一种驱动力，使我们可以互相帮助，以求得彼此存活。另外，在一些影片中，我也获得了一些安慰，比如《复仇者联盟》(*The Avengers*)，片中的英雄们团结起来拯救了世界。

所有的生存策略，尽管微小，却是一种寄予未来希望的象征。问题在于，包括我的地震计划在内的大多数生存策略，都是针对个体的。对于即将到来的灾难，仅仅为自救或是少数几个近亲的救助做了准备，储藏足以使用一星期的罐装物品以备不时之需，对于整个地球以及全人类而言，这个计划实在不合适。尽管为个人的家庭在庇护场所中储备物品，这个主意并不坏，但是，我们靠这种方法是绝不可能在大灭绝中幸免于难的，我们的生存计划要庞大得多。

我们不得不对生存策略作出调整：从保护个体幸免于小灾小祸，到帮助人类整个物种幸免于大灭绝。

从过去汲取教训

这种生存策略上的转换似乎危言耸听，然而，我们最近的先祖们也曾濒临灭绝，知晓这一点或许能为我们带来一丝宽慰。在本书的第一部分，我们将一起重回到地质历史的时间长河中，共同追溯生命如何度过那么多次惨烈的大灭绝，那些大灭绝在过去 5 亿多年以来就发生在我们的星球上。在本书的第二部分，我们将转入人类演化的历史，以及人类的奋争经历。有些人类学专家相信智人（*Homo sapiens*）曾经历过一次人口瓶颈期，在近10万年前，人类总数下降到了数千，其原因可能是气候变化，或仅仅是因为走出非洲之后所面临的艰难处境。导致人类瓶颈期的不论是何种原因，化石记录和遗传学研究均暗示人类曾一度极为稀少。在地质历史时期，很多物种都曾在有毒气体以及多次大规模爆炸的环境中存活了若干个世纪，为了生存，人类也曾与这些物种一样，采取过种种策略，其中最为基本的一项便是适应。

当你与研究大灭绝的人进行交谈时，你经常会听到"适应"这个术语。当他们谈论大灭绝的时候，往往带着一种怪异的、黑色幽默般的乐观。地球科学家本顿（Mike Benton）[6]就是这样一个人，他在过去的10年中一直在从事大灭绝及其幸存者方面的研究。本顿通过具体工作，已经从数次全球规模的、极其严重的恐怖事件中筛选整理出了一些幸存者的资料。2.5亿年前，当大消亡发生时，若干超级火山喷发使大气中充满了二氧化碳。另外，可能同时有一颗小行星撞击了地球。尽管本顿本人对于大灭绝非常熟悉，但是，他对于我们这个物种的存活仍抱有希望。他告诉我"物种良好的幸存特征"，包括能吃多种不同的食物，能在任何地方生存，这些特点人类也拥有。当然，他也并不否认将有大量人员伤亡。他继续说道，从过去大灭绝中得到的证据表明，大灭绝最初的致命因素通常随机发生，因此也找不到特定的保护措施，但是在随后的残酷时期，地球的生存条件或许仍然恶劣，那时，那些具备适应性的生命开始快速繁衍，壮大种群数量，它们最可能渡过艰难期。

我们有生存的机会，因为我们人口数量庞大。另外，我们能够适应新的地域，能食用的物品种类繁多。这是良好的开端，但是，渡过艰难期又意味着什么呢？人类和其他生物都拥有扩散、适应以及追忆这3种生存策略，在本书的第三部分，我们将展开一些特定的实例。我们也将看到人类如何通过追忆过去而筹划未来，进而获得生存。对明天的想象能够为我们展示出具有象征性的图景，指引我们想要的去处。

未 来 的 故 事

问题是，我们究竟要去往何处？在本书的第四和第五部分，我们将置身于人类可能的未来。现今人类作为一个物种最大的问题在于，人口数量过于庞大，以至于我们的社会不再具有适应性了。超过半数的人生活在各个城市里，但是城市在大灾难中可能变成死亡陷阱，也是种种传染病蔓延的温床。更糟糕的是，城市并不是可持续的，其能量和农产品需要均远远超出当前所拥有的程度，这限制了城市的寿命，也限制了生活在城市中的人们的寿命。第四部分探讨下个世纪为了使城市保护人类和环境，使之更健康、可持续发展的几种改变方式。

通常，挽救城市的思路都始于实验室。而今，在俄勒冈州立大学校园内一处洞穴状的仓库内，一组科研人员正在设计史上最惨烈的海啸。这个冰冷而多风的实验室配备有大量的水箱，水量大约相当于一个奥运标准游泳池那么多，其中的水流通过一系列比房门还要大的划桨来控制。在这个大水箱中，波浪不停拍打着构造精致的城市模型，不断冲刷掉微小的木制房屋。水中的漩涡可以通过数百个动量监测仪器来监测，以帮助科研人员了解海啸的运动模式。在海啸实验室，土木工程师们不断毁坏城市，以便寻找泄洪的最佳场所和高地应急通道，为沿海城市提供参考。

在全美范围内，绵延数千千米，一个革命性的建筑师团队正在与生物学家们合作，试图创造出"活城市"的材料，这种材料具有环境可持续性，因为它们本身就是环境的一部分。这些建筑物的墙壁或许是由半透膜制造的，允许空气进入，也允许少量雨水进来，由发光藻类所构成的天花板能够发光。城市居民在家中的生物反应器内培养燃料，照料在窗边繁茂生长的空气净化装置。这些活城市与现今的城市不同，它们依靠生物燃料和太阳能。或许，这样的大都市才能使人类及其生态系统在未来数千年中兴旺发达。

在第五部分，我们将关注人类遥远的未来，让我们这个物种能够再延续 100 万年，对这个长期计划我们也有所考虑。当早期人类面临灭绝的威胁时，他们为了寻求新的家园，足迹遍布非洲，最终完全离开了那片大陆。迫切地离开家园向外扩散的生活方式在过去曾拯救了我们，在未来可能也会拯救我们。如果我们能够移居其他星球，在生存策略方面，我们仍需模仿我们的祖先。进军星辰的征途与我们祖先走出非洲的旅程遥相呼应，这可能是让我们世代长存不息的最美好希望。

美国国家航空航天局（NASA）的工程师们已经着手准备将更多的机器人派往月球、附近的星体，以及火星等处，旨在研究我们在其他星球里所发现的水体究竟如何才能保留在人类的聚居地之内。自从 2006 年以来，每年由科学家和企业家所组成的国际小组都在华盛顿州举行一次会议，探讨未来数十年里将要实现的太空电梯计划。该项目意在利用最小的能量使人能够脱离地球重力作用，使得穿越不同星球的旅行相对于使用火箭在经济成本上更加可行（也可减少对环境的破坏）。其他的研究团队正在想方设法为整个地球重新规划，以降低温室气体的排放，为越发膨胀的人口提供足够多的食物。

这些计划设计目的都是为改善地球上的城市，同时为移居其他星球铺平道路。人类为了应对将来不可避免的大灾难不得不做出准备，这些计划只不过是其中的几种方式而已。这也强烈表明我们愿意为了彼此的存活而互相帮助。

人类还有一种生存技巧是在其他生物中尚未发现的，即我们能够把如何应对灾难的故事不断流传下去，使得后来者能够轻松应对。人类关于生存的种种传奇故事往往跨越国界，世代相传。人类是文化的产物，也是大自然的恩宠。在我们陷入难以想象的不测与麻烦之中时，这些故事给予我们希望，也激励我们为应对灾难而进行科学研究。就把这些故事作为务实乐观主义的传奇吧！

本书充满了类似的传奇故事，这些故事中，一些拥有务实乐观主义的人某一天拯救了世界。科学家、哲学家、作家、工程师、医生、宇航员以及你我百姓都在为改变世界而不倦工作着，幻想着那一天，所有生命都得到了极大规模的拯救。所有人的工作都看到了成效，我们的世界变得不再一样，更加宜居。

如果人类打算为此而做出长期规划，并一直生活在这个星球上，就需要明白，无物常驻，万物皆变。人类在漫长的时间长河中存活至今，已经做出极大的改变，以后将不得不进行更多更大的改变——重塑我们的世界、我们的城市，甚至我们的身体。本书就是告诉你，我们将如何去做。毕竟，人类能繁衍至今的唯一原因就是，我们的祖先在数千世代中不断进行着改变。

第一部分

大灭绝史话

地球史上七大灭绝事件

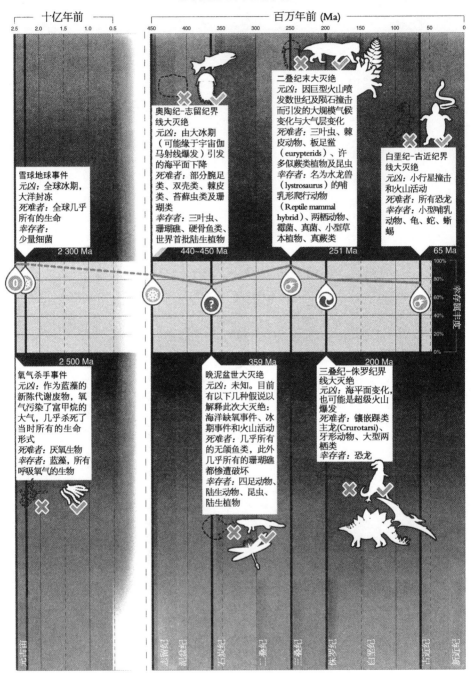

百万年前 (Ma)

雪球地球事件
元凶：全球冰期，大洋封冻
死难者：全球几乎所有的生命
幸存者：少量细菌

2 300 Ma

奥陶纪-志留纪界线大灭绝
元凶：由大冰期（可能缘于宇宙伽马射线爆发）引发的海平面下降
死难者：部分腕足类、双壳类、棘皮类、苔藓虫类及珊瑚类
幸存者：三叶虫、珊瑚礁、硬骨鱼类、世界首批陆生植物

440~450 Ma

二叠纪末大灭绝
元凶：因巨型火山喷发数世纪及陨石撞击而引发的大规模气候变化与大气层变化
死难者：三叶虫、棘皮动物、板足鲎（eurypterids）、许多似蕨类植物及昆虫
幸存者：名为水龙兽（lystrosaurus）的哺乳形爬行动物（Reptile mammal hybrid）、两栖动物、霉菌、真菌、小型草本植物、真蕨类

251 Ma

白垩纪-古近纪界线大灭绝
元凶：小行星撞击和火山活动
死难者：所有恐龙
幸存者：小型哺乳动物、龟、蛇、蜥蜴

65 Ma

2 500 Ma

氧气杀手事件
元凶：作为蓝藻的新陈代谢废物，氧气污染了富甲烷的大气，几乎杀死了当时所有的生命形式
死难者：厌氧生物
幸存者：蓝藻，所有呼吸氧气的生物

359 Ma

晚泥盆世大灭绝
元凶：未知。目前有以下几种假说以解释此次大灭绝：海洋缺氧事件、冰期事件和火山活动
死难者：几乎所有的无颌鱼类，此外几乎所有的珊瑚礁都惨遭破坏
幸存者：四足动物、陆生动物、昆虫、陆生植物

200 Ma

三叠纪-侏罗纪界线大灭绝
元凶：海平面变化，也可能是超级火山爆发
死难者：镶嵌踝类主龙（Crurotarsi）、牙形动物、大型两栖类
幸存者：恐龙

幸存属丰度

100%
80%
60%
40%
20%
0%

无古宙　志留纪　泥盆纪　石炭纪　二叠纪　三叠纪　侏罗纪　白垩纪　古近纪　新近纪

大灭绝时间轴（包括雪球地球事件）

第 1 章

灾难中孕育新生

如果你以为人类糟蹋地球的方式前所未有，那你未免太瞧得起自己了。在我们之前也曾有过别的污染大王，它们对地球的破坏力更大，曾把其他物种逼入绝境。奇怪的是，这样的毁灭不见得是坏事。20 多亿年前，一类细菌突然崛起，给环境造成了巨大灾难。如果没有它们，人类及其祖先恐怕不会演化成形。实际上，地球历史上的末日悲剧屡见不鲜，无数种生命死去，在尸骸中又有无数生命孕育新生。要想知道这些奇特的灾难是如何发生的，我们需要回望历史，返回到地球形成之初。

元古宙（25 亿年前至 5.4 亿年前）：氧气杀手事件

地球已有 45 亿年高龄了[1]。在这漫长的岁月里，大气层大多数时候都毒气弥漫，不适合人类等现生生物生存。在现代环境学家眼中，彼时的地球笼罩在极端温室气候下：空气灼热，充斥着甲烷、一氧化碳和二氧化碳，酸化的海水在广袤的大洋中拍打翻滚。虽然今天的地球表面充满凉爽的水体和坚实的土壤，但那时却是被沸腾的岩浆所包裹。彼时太阳系刚刚形成，大块的岩石不断被年轻的行星抛来掷去，它们不时落到行星上，在其表面引发剧烈的爆炸。某一次，这样的撞击太过激烈，以至于地球抛射出大量碎片，这些碎片形成了月球。而生命竟然就在这个毒气四溢、不宜生存的世界上悄然萌芽。

约 25 亿年前，地质学家们称为元古宙（Proterozoic）的时代，一些能够在这种环境下呼吸的强壮微生物漂流到了海洋表面。这些名为蓝藻（或称蓝绿藻、蓝细菌）的微生物互相编织成皱巴巴的"草席"，看上去就像水面上黏稠的黑色泡沫，在浪花下展开长长的羽毛状卷须。一些原始的蓝藻黏液残存为神秘的化石，藏身于一种叫叠层石（stromatolite）的岩石中。这种石头年代悠久，形状特殊，具有球形的外观。若是把它们剖开，就能看到其中的深色细线，沿着它的内表面弯曲，绕成一圈圈指纹状的图案——这些图案就是远古藻席的遗骸。在这个世界上，只有少部分人独具慧眼，识别出这些老得不可思议的生物遗迹，萨门斯（Roger Summons）就是其中之一[2]。作为美国麻省理工学院的地球生物学家，他研究地球生命起源已经数十年了。他同时也研究毁灭生命的大灭绝事件。在他的办公桌上，摆满了几十亿年高龄的化石。

萨门斯是澳大利亚裔，有一点儿冷幽默，他有一间办公室，不过你得穿过他那宽大通风的实验室才能到达。实验室里堆满了氢气罐和笨重的质谱仪。大块头的质谱仪就像是插满管子的老式复印机。我拜访了他，并和他谈起远古时期的地球，他从标本柜顶上抽出几片叠层石薄片，向我展示密布于其表面的藻类遗迹："这片是 8 亿年前的，这片是 24 亿年前的。"他指着一片片边缘参差不齐的半球形岩石，如数家珍，"噢，这片很可能是 30 亿年前的，但它是块粪化石。"

即使是块粪化石，萨门斯也能通过仔细观察保存它的沉积物，为生活于 20 亿年前的化石生物精确定年。研究者们在他的实验室里把这些远古岩石碾碎，倒入真空管内，经受冷冻、激光照射和强磁场作用后，置于质谱仪中。经过质谱仪处理后，一块叠层石通常就剩不下什么了，只留下一团离子化的气体。而要让质谱仪精确分析每块样品中的原子构成，也确实要做到这个地步。矿物中的原子会以一定的速率衰变，解读一块岩石中的原子状态可以让科学家们知道岩石形成的年代。地质学家不会用激光对付化石本体，而是用类似萨门斯实验室里的机器来估算化石周围岩石的年龄。这种方法叫作伴生测年（dating by association）。

知道最古老的叠层石于何时形成，我们就能获悉那些永久改变了地球的大事件所发生的年代。后来化身为叠层石的藻席并不仅仅是喜食甲烷的浮垢，它们还为大气层注入了氧气，虽然这种气体对它们来说是致命的。而随着氧气的蔓延，第一次全球大灭绝的帷幕也悄然拉开。

和今天的植物一样，古老的蓝藻通过光合作用为自己提供养分。这一过程会将光能和水转化为化学能。蓝藻是第一种演化出光合作用的生命形式，在进行光合作用时，它从阳光中捕获光子，从海洋中吸收水分子。水分子由 3 个原子组成，它们是 2 个氢原子和 1 个氧原子（因此，水分子的化学式是 H_2O）。为了给自己提供养分，蓝藻利用光子将水分子撕开，把其中的氢原子纳为能量，而把氧原子释放出去。这条适应策略在原始地球环境下被证明是非常成功的，蓝藻最终遍布地球表面。它们呼出的氧气量足以启动一系列化学反应，从大气层中滤除甲烷和其他温室气体。这种在当时的地球上占主导地位的生命形式最终释放出了足够多的氧气，使气候发生了翻天覆地的变化，把大多数在富碳质大气中欣欣向荣的生命清扫出局。今天，我们担心奶牛放屁排出甲烷、污染环境；回到元古宙，蓝藻则确实用富氧的"臭屁"毁掉了当时的环境。

冰 火 交 替

氧气量上升之后发生的事一直是个谜，直到 20 世纪 80 年代晚期才解开。那时美国加州理工大学的地质学家基施文克（Joe Kirschvink）让他的学生萨姆纳（Dawn Sumner）[3] 研究一种岩石。这种岩石看上去不可能在世间存在，至少用当时流行的早期地球理论无法解释。它是在赤道附近被发现的，但它表面却有一道道划痕，这说明它一度被缓慢运移的沉重冰川刮擦过。据此，基施文克写就一篇短小精悍的论文，为地质学家们对气候变化的理解带来了一场革命。他认为，这块岩石让我们得以管窥一种新元古代的特殊现象，他把这种现象称为"雪球地球"（Snowball Earth）。

雪球地球时期，我们星球的气候进入了极端"冰室"模式，这种气候与温室气候可谓是冰火两重天。富碳质大气可以把气候加热成闷热的大温室，而富氧大气则可以将它冷冻成冰室。在地球历史上，气候就在温室和冰室之间频繁交替，这是一种地质过程，名为"碳循环"。简单来说，碳元素在大气中自由来往会引发温室，而碳元素被封固在海洋或岩石中时冰室就会来临。在冰室气候下，地球两极被冰雪所覆盖，有时冰盖还会蔓延至低纬度地区。而离今天最近的末次冰期与雪球地球相比，只能算是小巫见大巫。

20 亿年前，阳光比今天黯淡。随着越来越多的蓝藻泵出越来越多的氧气，地球开始降温。因为那时的太阳只是个相对较弱的热源，这一降温效应被扩大化为"失控的冰室"（runaway icehouse）。两极的冰盖开始四下蔓延，海洋表层被封冻住，大地被深埋于广袤的冰盖下。地球上形成的冰雪越多，它们反射的阳光就越多，全球温度就越低。最后，冰盖几乎从两极一直延伸到了赤道，巨大的重量将它下方的岩石碾成粉末。如果你那时从太空中遥望地球，就会发现它变成了一个大雪球，只在赤道上环绕着一道窄窄的海洋，塞满泥垢般的藻类。那时的地球就像今天的木卫二（欧罗巴）（Saturn's icy moon Europa）一样为冰雪所覆盖。这是一片名为"雪球地球"的奇异世界。

为了弄清楚后事如何，我到加州理工大学拜访了基施文克[4]。在地质大楼的地下室里，他宽大的办公桌上摆满了化石、家族合影和论文，还有他最珍视的财产——从南非带回来的便宜小玩意儿：塑料的"呜呜祖啦"助威喇叭。"这可是真货！"他激动地指着这东西说。在2010年的世界杯上，"呜呜祖啦"用它特有的呜呜声让观众们或喜或怒。无论是流行文化的纪念品，还是30亿年前的化石，只要谈及事物的来源，基施文克都会容光焕发。也许正是他奇特的想象力，让他在回溯地球历史上的环境模式时，能给出其他人心目中不可能的解释。

基施文克相信地球上曾出现过3次雪球地球事件。"这是地球上历时最长、最奇异的碳循环变动，"他说，"对此，我的解释很简单。这个时间段，生物圈正尝试着制造氧气并把它充填进大气层，而所有的生物正学着呼吸和利用氧气。"蓝藻周围的生物不会用氧气呼吸。它们当时所造就的大气层，可能比我们所知的任何环境都富氧。

蓝藻出现后的15亿年里，地球的生物圈一片混沌。这段时间里至少又出现过两次雪球事件，每次万里冰封后，都紧跟着火山喷发，碳元素被泵回大气，气候随即变成灼热的温室。与此同时，微生物慢慢学会利用氧气。一种名为真核生物的细胞开始在大洋中繁荣起来。蓝藻只有一层膜，其中包裹着遗传物质；而真核生物不仅有包裹DNA的细胞核，还有一些名为细胞器的细小"器官"。其中一种名为线粒体的细胞器可以将自由氧和其他营养物质转化为能量。最后，地球被呼吸氧气的生物所占据。我们今天所知道的世界逐渐成形。

正当真核生物忙于交换遗传物质，从大气中摄取氧气的时候，古老的嗜甲烷细菌却慢慢消亡。有些嗜甲烷细菌迁徙到了海底，在超高温的火山附近找到了生存空间。在那里，曾经纵横全球的甲烷生态系统遗风尚存。但是其他的嗜甲烷细菌却灭绝了。这是地球历史上最严重的大气污染事件，很快，不能呼吸氧气的生物就几乎被消灭殆尽。

"很快"，我的意思是少于 10 亿年，也可能是 20 亿年，总之这里的"快"没法用我们的日常思维去理解。但是要理解地球环境的变化，就必须用这么大的尺度。我们在后面几章所要讨论的灾难性变化是以百万年计的。对地质学家来说，我们的生活都是快节奏的，就像朝露般短暂，一个人一辈子也无法体会到环境的变迁。地质学家通常都认为，"人类尺度"的时间概念和他们眼中的真实时间有着强烈的反差，而这所谓的真实时间才能反映行星尺度的时间洪流。

作为一个物种，人类最不可思议的成就之一就是思考我们有生之年以外的问题。我们没有在地质历史中生活过，但能够知道地球的过去。而且知道得越多，就越觉得地球上曾有过许多迥异的气候和生态系统，以至于我们似乎看到了一颗颗不同的行星。当头脑中有这个观点后，我们再看麦吉本（Bill McKibeen）等环保主义者的作品就能想通了。麦吉本在他的《地二球》（*Eaarth*）[5] 书中说，人类燃烧的化石燃料太多了，我们正在彻底改变地球（因此他用了一个新名词来指代它：地二球）。他在书里书外都为"自然"的损失而嗟叹。在他心目中，"自然"是一块未被人类玷污的净土。但在人类站到地球大舞台的中心前，自然也曾重新洗牌过许多次。气候灾难是常态。实际上，能让地球当得起"地二球"之名的唯一转变方法，是让地球不再有环境变迁。

不可否认，我们的星球如今正经历着一场剧变，这场环境变化有着致命的危险。但它既不是第一场，也不是最糟的一场。对于那些已经灭绝的生命，无论是生活于元古宙的，还是在以后的章节里即将登场的，麦吉本所谓的理想自然都是致命的。在地质历史中，地球一直在变换着容颜，循环往复：一会儿是富碳的温室，一会儿是富氧的冰室（作为温室气候的反面，冰室对我们人类来说更加舒适）。我们仅仅是地球上首个洞悉气候循环运作的物种，能够意识到：阻止下一次环境变化关乎我们的生死存亡。

什么是大灭绝

尽管氧气杀手事件（oxygen apocalypse）惨绝人寰，但是基施文克和地球生物学家萨门斯不会拿"大灭绝"来称呼它。在一个原本充满生机的世界上几乎所有生命都走向了灭亡，如果发生这样的惨案都不能称为大灭绝，那么问题就来了：到底什么才是大灭绝？ 2011 年春，英国《自然》（Nature）杂志上发表了一篇令人瞩目的文章[6]，一个由北美和南美生物学家组成的团队详细总结了化石记录和现代灭绝中可搜集到的所有资料，最后为"大灭绝"下了一个清晰的定义。他们一致认为，地球上的大灭绝事件是指在 200 万年内就有超过 75% 的生物遭到灭绝的事件。氧气杀手事件进行得太慢了，因此还不够格。

马歇尔（Charles Marshall）[7]是一名统计学家和古生物学家，同时也是上述《自然》文章的作者之一，他提醒人们，"大灭绝"的定义相当微妙，与其所处的环境相关度很大。马歇尔的座位背后有一面巨大的窗户，透过它可以俯视芝加哥大学伯克利分校的整个校园，他坐在窗前告诉我，理解大灭绝事件的关键是从计算一个速率开始的，研究人员称之为"背景灭绝率"（background extinction rate）。物种灭绝每时每刻都在发生，正常的速率是每年每百万个物种中灭绝 1.8 个。除此之外，每 6 200 万年都有一个自然循环，在化石记录中表现为每 6 200 万年灭绝率都会升高一次。因此，即使许多生物正在灭绝，即使灭绝率已经超过背景灭绝率了，也并不意味大灭绝事件正在上演。马歇尔说，只有在你看见背景灭绝率分布图上出现一个高耸的峰值时，你才能说看到了一次大灭绝事件。超高峰值下限的选取是相对的，在地球上，它正好处在 75% 的位置。"你也可以想象一下，在某颗行星上最大峰值的下限是 30%，"马歇尔设想说，"那么，只要有 30% 的生物灭绝，这个星球上就发生了一次大灭绝事件。"

一些化石记录可以欺骗我们，明明没有发生大灭绝，却让我们误以为发生过。就拿广岛和长崎的原子弹爆炸为例。惨案的死亡率相当高，但若以世界人口为基数，那么当时的死亡率就低了。如果这类原子弹爆炸出现在了化石记录中，那就像是发生大灭绝一样。其实，这不过是把区域死亡率误当作全球现象的结果。当地质学家研究化石记录中的大灭绝事件时，总是不停地问自己，他们眼中的灭绝究竟是广岛那样的统计偏差还是更宏大的事件？大灭绝的概念是有条件的，要评估它就得先证明某一灭绝事件并非小尺度的区域事件。此外，我们还得将死亡率与正常背景灭绝率作比较。

从某种意义上来说，氧气杀手事件确实和大灭绝非常相似。它开创了一个全新的世界，催生了一类全新的生命形式。它把大气变得可供今天的生物呼吸，从此以后，我们熟知的生命开始萌芽。马歇尔说："这是一场翻天覆地的变化，以至于你已经不能用量级去计算它，你的脑中只会充斥着一个念头：世界永远改变了。"每发生一次大灭绝，世界都会发生一次不可逆的变化——这不是以 10 亿年计的缓慢变迁，而是短短几百万年的可怕剧变。在接下来的几章中，我们将一同去看看大灭绝事件到底是怎样的。

第 2 章

通向灭绝的两条末途

大约 200 年前，一些希望了解地球历史的科学家们参观了英国著名的游览胜地——多佛白崖（White cliffs of Dover）。在那里，大陆边缘正经受风侵海蚀，埋藏数百万年的岩石也得以重见天日。这些早期的地质学家们发现，断崖并非四分五裂的大块石灰板，而是由不同层的岩石所构成，每一层中都包含着不同类型的化石。从矿物沉积来看，它提供了一份大陆成长的年代记；而化石的组成又让它记录下了生态系统的历史变迁。

每个地质时代都以某岩石层而命名。这些岩石层就像是凝固时间的见证，通过其中生物和矿物沉积组合的独特性加以鉴定。一般说来，如果化石组成在岩石的层与层之间变化剧烈，那就说明当时发生过一些灭绝事件。尽管被认定为大灭绝的事件只有 5 次，但类似的，只消灭 20%～30% 物种的小灭绝却不在少数。你也许会说，地质时期是以生物的一次次灭绝来划分的，但是，如果你去一趟多佛白崖，放眼海崖崖面，就会看到一层层的岩石证据，生命总是从一次次大灭绝的灰烬中绽放，生生不息。

对这些岩层了解得越深入，就越发认识到，造成一次大灭绝事件的基本因素不外乎两点：第一是来自无机世界的无妄之灾，它通常以气候灾难的形式出现，比如超级火山，甚至太空爆炸物的碎屑；第二点则和上一章里的蓝藻毒化事件相似，生物使无机世界发生重大改变，以至于灭绝成为必然。当然，有很多灭绝事件是两者的结合，或是其中的一点触发了另一点。

为了一探两者结合导致大灭绝的案例，我们要上溯到亿万年前，那时，最初的两次大灭绝正在上演。奥陶纪（Ordovician）（开始于约4.9亿年前）和泥盆纪（Devonian）（开始于约4.15亿年前）时期，生命欣欣向荣，生物多样性前所未有。而且这两个地质时期都结束于一场灾难。奥陶纪末的世界被地球和地外灾害所席卷；泥盆纪末是由于入侵物种肆虐，造成全球物种单一化。

奥陶纪（4.9 亿年前至 4.45 亿年前）：
阿巴拉契亚山脉毁灭了世界

当世界将要跨入丰饶的奥陶纪时，海洋再也不像以前那样满是浮沫、混浊不堪，它变得兴盛起来。海底的水下丛林里，水生植物恣意生长，甲壳类动物四处游荡，珊瑚摇曳生姿，名为三叶虫的龙虾状节肢动物踽踽而行。新物种像按下了快进键一样迅速演化出来。这是一个大温室，大气中的二氧化碳水平是今天的 15 倍。然而，温暖、高碳的气候正好符合奥陶纪动植物的胃口。

希恩（Peter M. Sheehan）是美国密尔沃基公共博物馆（Milwaukee Public Museum）的地质学家[1]。在他眼中，奥陶纪拥有"地球历史上最大的热带大陆架地区"。换句话说，那个世界布满湿热的海岸。地球成为繁花似锦的热带天堂，既有气候的原因，也有大陆漂移的原因，后者是指组成地壳的巨大板块在地球高温熔融的圈层上方缓慢移动的过程。从海底火山中喷涌而出的岩浆让地壳承受了太大的压力，最终，它将所有的大陆推挤到一处，汇聚于温暖的南半球低纬地带。一块名叫冈瓦纳（Gondwana）的超大陆，由今天的非洲、南美和澳大利亚大陆所构成，缓缓向南极移动，冈瓦纳大陆拥有几乎纵横天下的海岸线，温和宜居，生机盎然。

奥陶纪生命的活动范围几乎仅限于海洋，只有少数植物开始向陆地进军。三叶虫快速占据了许多不同的生态域，演变为一个物种多样性极高的类群：其中一部分变身为游泳者；另一些则在浅海的海底游荡，生长出防御用的尖利棘刺或从泥沙中挖掘食物的铲形头部。贝类和海星依附于庞大的珊瑚礁，名为笔石（graptolites）的奇特群居性动物从自己的身体中分泌出蛋白质，搭建出了复杂的蜂窝状结构。它们的"蜂窝"看上去像相互交错的有刺管子，紧贴着海洋表面漂浮，笔石自身则把羽毛状的头部探入水中，享受着浮游生物大餐。

鲨鱼的祖先在海洋中徘徊，将一切能动的东西吞入腹中（还有一些安分的东西也没逃过它们的大口）。和鲨鱼一样"凶残"的还有无颌类（agnathan），它们柔软的嘴就像一道裂缝，与头部一起被龟壳般的骨板所覆盖。这些无颌的甲胄鱼是第一批脊索动物，是像我们一样拥有脊椎骨的生物。海洋中新生的多细胞门类都在寻找着漂浮于水中唾手可得的食物，而此时，成千上万种新型浮游生物正不断演化而来，恰好为它们提供了丰富的食物来源。

然而，几千万年之后，奥陶纪浅海中超过 80% 的物种灭绝了。

阿巴拉契亚山脉（Appalachion Mountains）恐怕要对这次大灭绝负一定的责任。它的山脊蜿蜒曲折，从加拿大的纽芬兰（New foundland）延伸到美国南部的阿拉巴马（Alabana）。这条山脉形成于奥陶纪，当时，由于两个大陆板块相互碰撞，古老的火山岩被挤上地面，形成众

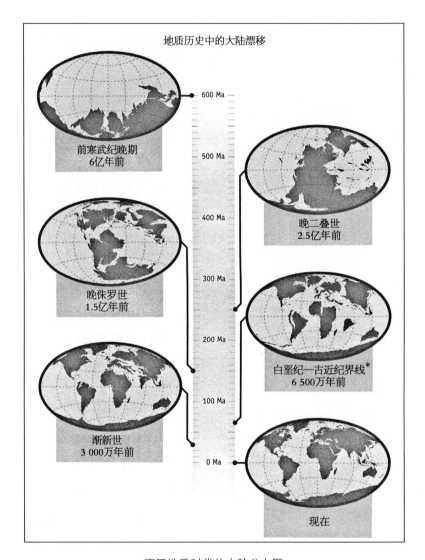

地质历史中的大陆漂移

600 Ma

前寒武纪晚期
6 亿年前

500 Ma

晚二叠世
2.5 亿年前

400 Ma

晚侏罗世
1.5 亿年前

300 Ma

200 Ma

白垩纪—古近纪界线*
6 500 万年前

100 Ma

渐新世
3 000 万年前

0 Ma

现在

不同地质时代的大陆分布图

* K 为白垩纪（Cretaceous）的代号，T 为第三纪（Tertiary）的代号。第三纪是一个旧的地质年代概念，目前已由国际地层委员会拆分为古近纪（Paleocene）和新近纪（Neogene）两个纪，分别包括古、始、渐新世三个世和中、上新世两个世；新近纪以后紧承第四纪（其中包括更新世和全新世）。虽然第三纪一词已被建议停用，但由于之前延用时间长、深入人心等原因，目前仍广泛使用。此处，原第三纪的下界相当于古近纪（简称 Pg 或 P）的下界，故 K-T boundary 即 K-Pg boundary。因第 14 页大图中采用的是 Paleocene + Neogene 方案，故在本书中将 K-T boundary、K-Pg boundary、K-P boundary 统一译为"白垩纪-古近纪界线"，简称"K-Pg 界线"。——译者注

多高低不等的山峰。很快，这些柔软的深色岩石开始经受风雨侵蚀。新生的山脉上满是厚厚的泥浆，泥和水汇聚成河流，一路奔腾入海，沿途又带走更多的泥土。这个被称为风化的自然过程实际上是改变地球大气圈的最强地质作用之一。暴露的地表被风化成碎块，这些碎块将大气中的二氧化碳揽入怀中，并带着它们沉入深深的海底。与此同时，滋养生命的奥陶纪温暖气候也随着埋入深渊的碳质而一去不返。

美国印第安纳大学的地质学副研究员杨（Seth Young）说："我们注意到一种由温室向冰室转变的机制，它与这些独特火山岩风化过程有关。"[2]奥陶纪的阿巴拉契亚山脉风化得非常快，在几千万年内就被夷为平地。今天的阿巴拉契亚山脉来自此地 6 500 万年前的一次板块碰撞，这个地方也因此隆升为一系列高山。在如今这个化石燃料当道的时代，清除大气中的二氧化碳听起来就像是个美梦，却是奥陶纪所发生的最糟糕的梦魇。地球失去了温室气体就无法保温，冰川以最快的速度大幅蔓延，地球历史上的一次大灾难不期而至。大约 4.5 亿年前，冰盖开始从两极扩展开来。冈瓦纳大陆和它的湿热海岸不幸成了冰封惨剧的第一案发现场。

随着冰川的扩大，液态水被封存起来，海平面急剧下降。珊瑚、笔石和贝类所喜爱的丰饶的海岸也逐渐干涸。受影响最大的是黏附于珊瑚礁上的固着型贝类，它们通常一动不动，在一个地方度过一生，因此也随着栖息地的消亡而消亡。据希恩估计，巨大的冰盖把环境中的水都冻结起来，短短 100 万年内共 85% 的海洋物种惨遭灭绝。奥陶纪的物种并不是一下子灭绝的，如地质学家所言，它们经历了两次"灭绝峰值"。第一次发生时，海洋突然冰封，海洋生命被毁。第二次发生时，冰雪突然消融，洋流变得缓慢，甚至不再流动。洋流变少意味着水体很难被搅动，水中的氧含量减少。海洋中因而产生了大片"死亡地带"，生物进入缺氧水体中就会窒息而死。先是冰川，后是水体停滞，两者的共同作用完成了一次大灭绝。

虽然我们对阿巴拉契亚山有一定了解，但奥陶纪末的大灭绝仍然是个谜。快速冰封和消融会残杀这么多生命，这确实易于理解，但典型的冰期形成往往要花上几百万年，而奥陶纪末的冰期却只持续了不到 100 万年，这在地质历史上短得令人难以置信。从一开始就只凭借风化作用，这样能快速形成冰川吗？恐怕不能。冰川的形成极可能与无形的宇宙射线紧密相关。

致命的宇宙射线

梅洛特（Adrian Melott）是美国堪萨斯大学的物理学和天文学教授[3]，他一直都被大灭绝的一个奇怪特征所吸引。他发现大概每 6 300 万年就会发生一次大灭绝。在为这一现象寻找原因的过程中，他偶然发现了奥陶纪冰期来去迅速的一种可能解释：冰期与太阳在银河系漩涡状星盘里的运动有关。

星系里的每颗恒星都绕着星系的中心旋转。当太阳在银盘边缘绕银心公转时，会相对于银盘面忽上忽下，这种上下跳跃具有 6 000 万年的周期性。当太阳穿越银盘面时，太阳系便会掠过包裹银河系的防护磁场，改变太空深处危险宇宙射线的方向（从小尺度上看，地球磁场能保护我们免受这些宇宙射线侵害）。宇宙辐射可以解释大灭绝事件倾向于以 6 300 万年一次的节律发生的原因。

宇宙射线是宇宙形成之初就开始在太空中游走的高能亚原子粒子。它们能够穿透生物有机体，损伤 DNA 并引发癌症。宇宙射线对组成地球大气圈的气体分子也不友好，它们会毁坏臭氧层，让地球暴露于致命的辐射下。梅洛特提出一个假说，认为宇宙射线的轰击会在大气中形成厚厚的云层，使温度降低、加速冰盖的形成。

随着全球变冷，灭绝事件也因宇宙射线轰击地表而愈演愈烈。"我们认为那时的地表及海洋表层所接受的辐射剂量非常大，这会引发癌症和变异。"梅洛特停顿了一下，似乎在想象阴云密布、癌症和灾难频发的惨状。接着他轻轻笑了笑，说："也许地球上还会爬满巨型蚂蚁。"

他是在拿 20 世纪 50 年代的电影《X 射线》（*Them!*）开玩笑。电影中一种因核爆炸而变身为怪物的巨型蚂蚁生活在洛杉矶的下水道中。梅洛特不过是借它们来强调，自己的工作很多都基于推测。他承认宇宙射线只是奥陶纪末的动物所面对的众多问题之一，"我喜欢打这样的比方：你本来就感冒了，没想到又被人放了一枪，宇宙射线就相当于感冒病毒。"但其他因素就像梅洛特那个比喻中的子弹一样起作用，它们可能是致使阿巴拉契亚山隆起的火山活动，可能是夷平这类山脉的风化作用，也可能是让奥陶纪冰期戛然而止的休眠火山的爆发。

奥陶纪结束的景象就像雪球地球的快进版。在冰室和温室间快速振荡的气候让大多数物种无法生存。因为这类致命的气候变化发生得过于迅速，地质学家把这个可怕的时间段称为"奥陶纪大灭绝"，这也是地球首次见证了这么多物种在同一时间遭到灭绝。

泥盆纪（4.15 亿年前至 3.58 亿年前）：入侵物种

当地球气温稳定下来时，奥陶纪生物圈已经一去不复返。当然也有一些生物幸存了下来，比如强悍的三叶虫。但在大多数地方，新的动植物演化出来，开始对海洋进行又一轮统治，甚至还有一些生物爬上了陆地。生命又变得多姿多彩，繁荣兴盛了 1 亿年，即便对地质学家来说这也是相当长的一段时期。要知道现代人从起源到现在只用了 20 万年，你就能想象：第 2 次大灭绝前的 1 亿年里，地球上有多少物种兴衰变化。而我们要谈到的第 2 次大灭绝发生在泥盆纪。那时没有横行的冰川，没有致命的宇宙射线，也没有极端的温室气候。但大灭绝还是发生了，元凶居然是生物自己！这是第一次由生物导致的大灭绝事件，到了泥盆纪末，海洋中有 50% 的属、75% 的种 * 消亡。奇怪的是，这些物种是以正常速率灭绝的，比典型的灭绝快不到哪儿去。那为什么要称它为大灭绝呢？这是因为，在长达 2 500 万年的时间段中都没有演化出足以填补老物种空缺的新物种。泥盆纪的大灭绝是一场消耗战。

科学家们把这种现象称为"成种低谷期"（depression in speciation），意思是说，新物种形成的速率很低。如果你能在晚泥盆世（约 3.74 亿年前）的海洋里漂浮上万年，你不会发现堆积成山的尸骨，也不会看到晚奥陶世那样大片延伸的死水，你只会看到相同的物种慢慢扩散到世界各地，迁居到庞大的礁体中。这些礁体占据的海域是今天珊瑚礁的 10 倍。在泥盆纪末大灭绝中，减少的并非生物本身，而是它们的种类。

入侵物种是如何毁坏地球的？这完全与一个独特时期的海洋生态系统有关。泥盆纪有大量的海洋生物，因此有"鱼类时代"之称。杰出的地质学家坎菲尔德（Donald Canfield）对该时期的大气成分进行了研究，认为泥盆纪的海洋富氧，催生出一些大个头的动物[4]。一类身披坚硬骨板被称作"盾皮鱼"（placoderm）的鱼类在与鲨鱼的竞争中，逐渐成长为最为恐怖的捕食者。盾皮鱼可以长到 10 米多长，头部完全被甲片所覆盖。它们还是第一批长出颌骨的生物（实际上，在这场披鳞片、长利齿的捕食者之战中，鲨鱼笑到了最后，盾皮鱼最终灭绝）。泥盆纪的礁体与今天我们所熟知的珊瑚虫占主导的珊瑚礁很不一样，是由某些海藻和早期海绵构成的，而这些造礁生物都在这个时代结束之际灭绝了。海底爬满了菊石，它们看上去像是带着旋卷壳体的章鱼。

_____

　　* "属"与"种"同属于生物分类单位，"属"由相似的"种"组成。——译者注

陆地上到处都是有水的栖息地。在后来成为北美大陆的板块上，覆盖着宽广的热带内陆海。美国中部和西部的大多数地方都淹没在水中，因此，今天的古生物学家才能在中西部绵延的草原中找到鱼类化石，而这些鱼显然生活在离岸较远的海水中。到了泥盆纪末，几乎所有巨大的盾皮鱼和扬着触角的菊石群都无影无踪了。这是怎么回事呢？

美国俄亥俄大学的古生物学家斯蒂格尔（Alycia Stigall）提出了一个理论[5]，解释了当时生物由多样化走向单一化的原因。她认为当时是入侵物种统治了全世界的大洋和内陆海，这就像蟑螂、葛藤、老鼠和人类今天在地球上"横行霸道"一样。

斯蒂格尔生活在俄亥俄州，那里在泥盆纪时期是一片浅海。实际上，从她家的窗户向外眺望，就可以看见当年那片内陆海的海底，而这片海洋在大灭绝中也遭受重创。斯蒂格尔说："现代找不到类似的海洋。"这些内陆海中的生态系统永远消失了，虽然她觉得也许它们与北美哈得孙湾（Hudson Bay）有些类似。到了泥盆纪末，海平面可能变得非常高，扩张的海水将几个分散的内陆海连成一片。地质构造运动产生了一些新的山脉，这也让许多原本孤立的生态系统联系起来。

很多具有强大或广泛适应力的广适种开始侵入新的领地中。也就是说，它们正在与各个地方的本地特化种，比如三叶虫，争夺食物。本地特化种对温度及食物来源都很挑剔，它们没办法像鲨鱼那样在整个泥盆纪海洋中穿梭，也没办法见什么吃什么。因此，当入侵物种占据它们的领地、夺走它们的食物时，本地特化种就无处可去了。它们的种群数量缩减，并最终灭绝。到了泥盆纪大灭绝事件晚期，整个地球都被宽广单调的内陆海所覆盖，无论在哪里，所见之处都是一成不变的广适种。斯蒂格尔相信，在这种情况下生物无法逃脱大灭绝的命运。

虽然斯蒂格尔的说法只是众多关于泥盆纪大灭绝理论中的一种，但它有事实证据支撑，即在这段时间里存活下来的都是和鲨鱼类似的广适种——它们既不挑住处，也不挑食物。另外一类幸存者是长相怪异的海百合，它们有点儿像海星，口的周围环绕着多条触手用于进食。这副尊容不禁让人想起电影《异形》（*Alien*）中处于抱脸虫阶段的外星怪兽。海百合固着于海底滤食浮游生物，但此前它要经历漂浮的幼虫阶段，幼虫可以漂到新的环境中去。

泥盆纪单调的生态系统很容易使各种生命面临灾难。广适种的耐受性确实很强，但它们也具有相同的弱点。比如在美国中西部发生一场旱灾，如果这里只种一种麦子，而且这个种对高温少雨的天气束手无策，那么只要来一次短时间的气候变化，就可以让一大片麦地变得寸草不生。不同作物可以忍受不同程度的干旱，只种下单一的作物，那么干旱来袭之时就是所有麦子的死期。麦子枯萎后，吃麦子的动物也会饿死，接着，以这种动物为食的捕食者也难逃厄运。很快，不同物种的灭绝纷纷上演，就因为食物链被破坏。斯蒂格尔下结论说："多样性越低，越容易发生灭绝。"泥盆纪很有可能就是这样走向终点，那时，仅有寥寥几种入侵生物勉强度日。直到新物种进化出来，生态系统才重新变得丰富多彩。

对斯蒂格尔来说，埋藏于她家四周的化石是古老内陆海留下的遗产，那片内陆海不同于今天的任何海洋，却蕴含着深刻的教训。她说："今天我们也要面对物种入侵的问题，但罪魁祸首不是海平面，而是人类，因为我们喜欢把东西东挪西放。"她陈述了许多入侵物种从一个小地方扩张到全球的过程，这些物种包括鸽子、老鼠和一些草木。如果这种趋势持续下去，她预言："长期趋势就是总的生物多样性大减。"关于这个预言，只要我们回到晚泥盆世，看看大灭绝的始末就能感同身受，泥盆纪末大灭绝早期不过是成种低谷期，而到后来却演变为致命的物种单一性。

　　有时候，尽可能扩大生存地域的冲动往往事与愿违。泥盆纪入侵物种已经告诉我们，生命不一定能创造更多的生命。一些生存方式也可以像气候变化和宇宙辐射那样具有致命杀伤力。

　　虽然奥陶纪和泥盆纪的大灭绝已经非常严重，但它们却都比不上7 500万年后席卷全球的那场大灾难。被地质学家们称为"大消亡"的那次灭绝事件是地球上已知最惨烈的大灭绝。它很有可能是由多个因素引发，是无机世界和生物界共同酝酿的悲剧。

第 3 章

大消亡

美国伯克利地质年代学中心（Berkeley Geochronology Center）是测量地球远古年龄的研究所。它坐落于绿树成荫的山脊上，可俯瞰整个加州大学伯克利分校（UC Berkeley）。有些奇怪的是，它竟然和太平洋神学院共用一栋楼。神学院的学生们在大厅外不远处漫步。我采访了地质学家、地质年代学中心主任伦尼（Paul Renne）[1]。他身穿 T 恤衫，个子高大，和蔼可亲，带着我在布满各种激光器和大型质谱仪的实验室间穿行。在这种地方看到这么多实验器材都在预料之中，此时我意识到，将地质年代学中心安排在神学院里似乎有着某种特殊的合理性。不过，我此行的任务是要向伦尼请教，发生最大规模的灭绝时，地球最可能见证了什么。

二叠纪（2.99 亿年前至 2.51 亿年前）：
超级火山阴影下的生命

2.5 亿年前的二叠纪末期，短短几千万年里有上万种生命相继灭绝。在这场千年浩劫结束之际，地球上有95%的物种销声匿迹。这是我们地球历史上发生的最严重的大灭绝事件，因此得名"大消亡"。

大灭绝的第一幕由一场大灾变触发，这场灾变在地球上画下了难以磨灭的一笔，它所留下的信息也很容易被破译。如果你去参观今天被称为"西伯利亚玄武岩"的广袤地带，就会看到被低草覆盖的美丽山地。但在2.5亿年前，一座超级火山却在此处张开巨口，吐出滚烫的岩浆，将整个地区淹没。物如其名，超级火山的力量远非今天的火山所能比拟。根据伦尼和其他地质学家们估算，超级火山爆发后，其横扫地面的炙热玄武质岩浆覆盖了270万平方千米的土地。当年的玄武岩浆冷却变硬后，仍有100万平方千米留存至今，被侵蚀为高原和低谷。现在还不清楚，导致这片岩浆之海的到底是一两次短期的巨型喷发事件，还是一次持续数世纪的喷发事件。

但是这片火海并不是大消亡发生的原因。大规模的火山喷发释放出大量气体，其中包括二氧化碳和甲烷等温室气体。佩恩（Jonathan Payne）是斯坦福大学的地质学家，据他估计，超级火山爆发可能向大气中排放了13万亿～43万亿吨的碳[2]。不仅如此，还释放出了高反射率的硫颗粒。这些硫颗粒能长期悬浮于大气中，反射阳光，使气候迅速变冷。正是这样的气候变化，才是大消亡的罪魁祸首。

来自西伯利亚超级火山的熊熊烈焰居然开启了一次短暂的冰期，这确实出人意料。近岸海水被封锁进冰川中，海平面下降，另一种可释放温室气体的物质也随之暴露出来。甲烷水合物（或译为"可燃冰"）是存在于大洋深处、紧贴着大陆架边缘沉积的大片甲烷冻结物。当它的笼状结构融化后就能释放出甲烷。甲烷是一种很强的温室气体。因此，二叠纪冰期来也匆匆，去也匆匆，在一片前所未有的温室氛围中结束。这种大气和气候的剧烈变化让大多数生物难以承受。食物变少了，物种一个接一个灭绝。

虽然二叠纪结束得很凄惨，但整个二叠纪却是陆生动物快速进化的时期。当超级火山开始爆发时，哺乳动物的始祖正在地球上爬行。森林覆盖了海岸，银杏和松柏身姿挺立，种子蕨在它们的树冠下伸展着羽毛状的叶片。属于单孔亚纲的似哺乳爬行动物漫步于大地上，有些长得像巨大的蜥蜴，有些则像小犀牛。其中有一种叫"异齿龙"（dimetrodon）的捕食者，背上高高的帆就像骨质的鳍。它是个难对付的"猎手"，古生物学家认为，它以鲨鱼为食。这些生物都生活在同一块大陆上，因为板块运动将地球上所有的陆地都推到一起，形成了一块连通南北两极的广袤大陆——泛大陆（Pangaea）。泛大洋（Panthalass）包裹全球，水体中生机盎然，从微小的单细胞生物、珊瑚到大体型鱼类，不一而足。

这些新的生物种类是今天地球上千奇百怪生物的祖先。但是，它们在二叠纪却险些全军覆没。二叠纪大灭绝的特别之处在于，它几乎波及每种类型的生物。而反观其他大灭绝，要么只毁灭海洋生物，不打击陆地生物；要么只毁灭动物，不打击植物。只有二叠纪末大灭绝才是一场全面的大灭绝。随着超级火山将碳质泵入大气，其中的大多数碳都溶解到海洋中，海水变得越来越温暖。由于贝类对温度变化极为敏感，温度升高的水体将它们的栖息地毁灭。同时，海水的酸度也升高了。构成贝壳的碳酸钙可以被酸溶解。许多海洋生物无法存活，只是因为它们的后代在高酸化的海洋中无法形成壳体。

佩恩告诉我，与此同时，大量植物死亡，造成了陆地表面去森林化的恶果。土地裸露后，便发生了速度惊人的风化。酸雨倾泻而下，热风呼啸而过，越来越多的土壤被冲进海洋，进一步提升了水体的碳含量和酸度。大片海岸水体变成了无氧的死亡地带。由于水体贫氧，大型鱼类无法生存，尤其是那些靠近海洋表层生活的鱼类，表层海洋被严重破坏，这些鱼类都难逃厄运。

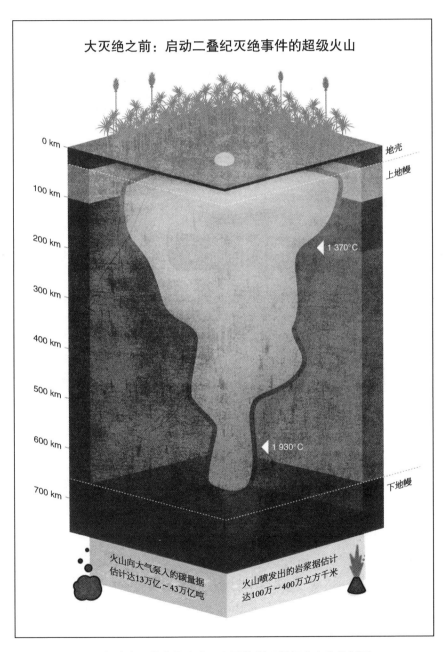

二叠纪末大灭绝的导火索——西伯利亚超级火山的纵剖面

甚至连生命力惊人的昆虫都受到了毁灭性的打击。90% 的海洋物种和 70% 的陆地物种都灭绝了。伦尼和他的同事们发现，那个时期全球岩石的碳值狂飙突进，这说明地上、水中的动植物尸体堆积成山。植物腐烂后，释放越来越多的碳质到环境中去。这场浩劫如此彻底，以至于我们能在这个时期的岩层中看到一个"煤层空白期"。植物死亡后可以形成煤，但在二叠纪末大灭绝后的 1 000 万年里，残存下来的植物少得可怜，根本无力形成化石燃料。

地球一直在经历着冰室—温室的循环，忍受着宇宙射线的轰击和成种低谷期的折磨。但唯有二叠纪大灭绝时，地球上损失了多达 95% 的物种。而这一切仅发生在 10 万年之内——在地质历史上，这不过是眨眼之间。

泥泞世界的幸存者

当然，也有幸存者。斯坦福大学的地质学家佩恩向我展示了代表那个时期的一块岩石。一层充满细小贝类的海底沉积物被另一层像淤泥般的黑色物质所覆盖。很明显，这说明一个多样性极高的生物群落突然被烂泥所取代，烂泥中毫无生命迹象。佩恩和他的同事把这个时期戏称为"泥泞世界"，因为此时的海洋被软泥状的深色菌落所主宰，这些细菌在多细胞伙伴的尸体上大快朵颐。

水龙兽（*Lystrosaurus*）是陆地上最大的幸存者之一，这种动物幸存之后逐渐繁荣。它体型笨重，粗腿如橡，鸟喙状的嘴边长着两根象牙般的牙齿，是一种四足单孔亚纲动物，或者说是似哺乳类爬行动物。水龙兽大小与猪相似，营穴居生活，肌肉强健的后腿和臀部之后连着一条会摆动的短尾巴。在"不死小强"蟑螂的祖先奄奄一息时，它们却设法存活了下来。水龙兽是食草动物，它们的喙很可能使得其有能力咀嚼粗硬的植被，掘食植物的根系。

　　在二叠纪大灭绝之后的数百万年里，水龙兽都孤零零地生活在死气沉沉的世界里。但它们没有退缩，反而尽己所能，扩散到大陆上的许多角落，直到这块泛大陆裂解为今天的样子。非洲和亚洲都发现有水龙兽的化石，甚至南极洲也不例外——在水龙兽生活时期，南极洲还是热带地区。没有捕食者，也不必担心抢食，水龙兽可以大摇大摆地占据任何地方。据我们所知，它们对世界的控制权之大可谓是空前绝后。在数百万年内，陆地上的四足动物除了水龙兽还是水龙兽。

水龙兽是极个别能在二叠纪大灭绝中存活下来的生物。它的后代在早三叠世遍布整个南半球。

为什么我们遥远的祖先水龙兽能在其他生物凋零时存活于世？解释的理论很多。二叠纪专家本顿（Mike Benton）[3]认为，水龙兽恐怕"只是幸运罢了，它们很可能本身就是适合生活在缺氧的世界里"。它们生活在地下洞穴中，自然就能在最初的火山爆发中找到去路，以躲避高温和大火。而且，它们的洞穴里本就缺乏氧气、满是灰尘，与大消亡之后持续数世纪的碳饱和大气颇为相似。对这样的环境，它们早就习惯了。它们还有着肺活量非常大的桶状胸腔，可以携带更多氧气。因此，水龙兽是在正确的时间拥有了正确的呼吸系统。

随着时间的推移，水龙兽的后代重新入住泛大陆南部，繁衍出许多类型。它们喜欢的这半块超级大陆最终从北边开始裂解，其中一块名为"冈瓦纳"（以奥陶纪时一块南方大陆为名）的大陆相对独立，大陆上居住着恐龙和原始的哺乳动物。地球又经历了 3 000 万年才再次进化出一个强健的生态系统，包含五花八门的捕食者和食草动物，以及千姿百态的动植物。

早三叠世（2.5 亿年前至 2.2 亿年前）：崩溃的食物网

生态系统在这 3 000 万年里的抗争又是一番故事。虽然每一次大灭绝都呈现出不同的样子，但它们都以建立一个新的生物群落为终点。这个生物群落被统计学家马歇尔（Charles Marshall）描述为"完全不同的生命形式"。二叠纪结束后的三叠纪早期，由完全不同的生命形式所构成的新群落，正以一种令人担忧的节律经历兴亡。新的生态系统建立后，撑不过几百万年就全面崩溃。接着又一个新生态系统崛起。如此循环，大灭绝似乎永无尽头。

为什么地球要那么久才能从大消亡中恢复元气？为了寻求答案，我拜访了加利福尼亚科学院（California Academy of Sciences）的动物学

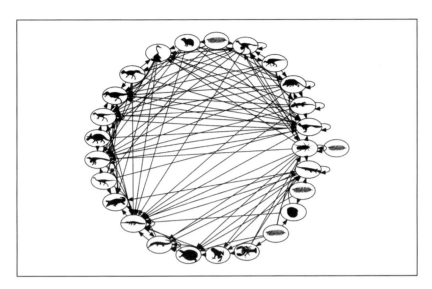

路普那林绘制食物网示意图，各种生物间的箭头指示了彼此间的捕食关系。该图展示的是白垩纪的食物网。

家路普那林（Peter Roopnarine）[4]，他在同行中业绩杰出。他开发出了一种计算机程序以模拟食物网，再现生态系统中捕食者和被捕食者间错综复杂的关系。路普那林利用这个程序研究了大灭绝中最糟糕的情况，他发现火灾或火山喷发并不是最坏的凶手。这些不过是继发性事件，而食物网不稳定、无以支撑生命才导致了科学家们所说的"间接灭绝"事件。

一款经典的电脑游戏 Wator 为模拟简单的食物网提供了完美范例。在游戏中，红点代表鲨鱼（捕食者），绿点代表其他鱼（被捕食者），这两者要争夺海洋的制胜权。你可以设置一些简单的参数，比如鲨鱼和鱼数量的初始值、它们繁殖的频率、饥饿的间隔等。当你按下开始键后，就能观察它们后代数量的变化。如果鲨鱼数量太多，或者鱼繁殖得太慢，那么鲨鱼的种群数量就会渐渐缩减至零，Wator 的界面也会变成一片绿色。这就意味着你输了。Wator 告诉我们，捕食者和被捕食者是一枚硬币的两面，两者同等重要。食物链中任何一种生命形式的缺失都会导致食物网的整体失衡。

路普那林的模拟要比 Wator 复杂得多，其中囊括了最小的浮游生物和最大的捕食者，以及两者之间的每一种生命形式。他还描述了亿万年前捕食者和被捕食者之间的关系。根据这些模型，路普那林建立了相关理论，用以解释三叠纪众多食物网毁灭的原因。

刚开始创立模型时，他设法生成了一个真实的食物网，但这个食物网中所包含的物种都已经灭绝了。他将化石记录中已知的所有生命形式都放入模型中，并且基于今天已知的动物行为及关系，推测出捕食者—被捕食者的关系。"你没法确切知道一种化石动物的食性，你甚至不知道一些现生动物吃什么，"路普那林说，"但我们会用体型、牙齿形状和某些其他指标决定它们吃什么。"捕食者的体型很有用：很明显，小型捕食者会选择小型的猎物，而大型捕食者的食谱却更广，因为它能咽下大大小小多种类型的猎物。

但路普那林也承认难题总是存在。许多物种共享同一种被捕食者或捕食者，而且，我们也很难确定一个物种是广谱食性的大胃王还是专性捕食者。然而运用计算机模拟食物网的好处就在于你可以反反复复地演算，每当古生物学家对化石捕食者的分布范围或食性有了一点新认识，都可以将这些参数加进去，导出全新的古代世界。此外，程序指令有一些规则，其中之一就是，专性捕食者远多于广谱性捕食者。路普那林说，一旦在他的程序中建立一个古代食物网，他就可以模拟食物网中的扰动，比如早三叠世所呈现出的情况。

路普那林根据迄今为止演算出的结果所建立的理论认为，早三叠世食物网最初的不平衡性，导致了千万年中短命的生态系统急速起落和演替。最初的问题在于，能活过二叠纪的生物实在是太少了。路普那林说，幸存者中的食肉动物有一些比较小，还有一些是体大凶狠的两栖动物——它们是鳄鱼的祖先，而食草动物，只有水龙兽。一个很大的问题是，没有什么动物真能把水龙兽当猎物。捕食者们要么体型不对称，要么不在合适的环境中。实际上，面对这么多食肉动物和这么少的被捕食者，食物网从一开始就岌岌可危了。

那些"体大凶狠的两栖动物"被称为镶嵌踝类主龙（crurotarsan），互相之间的竞争十分激烈。它们是致命的捕食者，血盆大口中密布着利齿，尾巴强劲有力。路普那林说，早三叠世食肉动物间的竞争比他在其他任何食物网中看到的都要激烈。这些食肉动物仅仅为一丝来之不易的猎物，就会将对方赶尽杀绝。新的物种演化出来后，马上就被这种残酷的竞争所消灭。只有食草的水龙兽以及后来发展出来的其他食草动物，才真正能弥补失去的生物量。经过了几千万年，终于出现了少量足以使食物网稳定下来的食肉动物。

群 落 选 择

问题来了：到底是什么才能造就一个长期稳定的食物网呢？答案很简单：多样性——路普那林回答得很明确。食物网要很"强韧"，拥有各种各样的食肉动物、食草动物和植物，这样才能经受住摧残生命的环境，使之无论面对火山、干旱还是海平面升降都稳如泰山。只有食物网中有许多连结点，捕食者和被捕食者之间形成一种健康的平衡关系时，生物群落才能在环境动荡时保持稳定。

"也可以由此判断一些群落比另一些更容易存活吧？"我问道。

路普那林点点头，"这个问题有争议，但你也可以说这是群落水平上的自然选择。"食物网之间的竞争与物种竞争不同，它们并不彼此相邻，也不以同一种东西为食，更不是生活在一个洞穴中。它们的竞争是表现在时间上，是在一段时间内同一个地理区域里的相互取代。一个食物网要在自然选择中成为赢家，就必须比其他食物网都长命，稳稳地占据一方，坚如磐石。从这个角度看，地质历史其实就是食物网的竞争史，所有食物网都想在一次次环境灾难中存活，在劫数面前坚忍求生。

能幸存下来并不仅仅是因为一个物种特别能干。只有自身所在的食物网幸存下来，物种才可能幸存。当一个食物网开始崩溃时，一种生物的灭绝会触发多米诺骨牌式的"次生灭绝"（secondary extinction）。

路普那林和他的同事观察了许多食物网崩溃的模拟后，发现了一个模式。如果一个系统中被排除的生命形式不超过 40%，那么次生灭绝量就不会显著增加。"但是有一个关键时期，之前是触发事件加速变化的节点，那里会出现门槛效应，"路普那林说，"（这个关键时期中）次生灭绝量将急速上升。"

想象一个与今天相似的世界，那里有各种各样在不同环境中生活的生物。接着让我们开始拆解一种环境，比如美洲大草原：清除草地，杀死捕食者和被捕食者，清理昆虫。这时，食物网看上去仍然稳定。局部区域的动植物灭绝了，但涟漪效应（ripple effect）并未发生。然而几百年过去后，终于走到了临界点。草原食物网中超过 40% 的连结点都消除了。突然之间，捕食者能捕到的食物变得非常少，死亡的阴影笼罩它们，捕食者们开始为少得可怜的口粮展开命搏，甚至，它们已经找不到食物。接着，大旱袭来，剩余的青草枯死。本已所剩无几的食草动物群落也大部分走向灭亡。最后剩下的是少量的捕食者，被捕食者已快绝种。早就不稳定的食物网分崩离析，多米诺骨牌式的死亡开始，而这样的死亡又使整个群落在气候动荡前更加不堪一击。

"别指望这种崩溃是线性的。"路普那林警告说。死亡呈指数级增长。一旦踏过这道门槛，这个食物网就在群落选择中落败。一个新的食物网会出现，并取代它的位置，将美洲大草原变成一个谁都没见过的新世界，其中充满陌生的新型捕食者和草类。

因此，我们可以从二叠纪大灭绝中得到存活的两方面教训。首先，它提供的证据极有说服力，说明由温室气体引发的气候变化能够杀死地球上几乎所有的生命。不管温室效应如何开始，是因超级火山还是工业革命，气候变化的杀伤力都比陨石撞击更强。当然，大气组分的变化在持续3 000万年的灾难中仅仅是个开幕式而已。其次，我们可以认为，食物网的崩溃才真正让二叠纪大灭绝成为"大消亡"。由二叠纪超级火山引发的浩劫在历史的长廊中回响了几千万年，食物网一个接一个被摧毁，直到三叠纪才达到平衡。

幸好，还有幸存者。人类和许多其他哺乳动物都可以把自己的源头上溯到一类生物身上，它们长得像猪，口鼻部像鸟喙，热爱南方的晴朗天气。它们就是水龙兽，在地球上存活了千百万年（比我们智人要长得多）。它们证明，即使是复杂的生命也可以活过最可怕的天灾。这些步履迟缓的似哺乳爬行动物也为我们留下了保命良方，让我们知道，面对毒气弥漫的大气时应该如何做。哺乳动物踏着水龙兽的脚印躲过了下一次大灭绝，尽管大多数恐龙倒毙不起。

第 4 章

恐龙身上到底发生了什么

古生物学家斯密特（Jan Smit）说："很难说发生了什么。"[1]他所描述的是 6 500 万年前地球被一颗直径约 10 千米的陨石撞击后的日子。斯密特是 20 世纪 70 年代最先发现这一惨烈历史事件的科学家之一，今天他的许多同行都认同这点，正是这个事件导致了白垩纪 - 古近纪大灭绝（K–Pg 大灭绝）。这次大灭绝由于恐龙的灭绝而广为人知。

白垩纪（1.455 亿年前至 6 550 万年前）：陨星撞击

尽管几乎每个人都对这段故事耳熟能详，斯密特还是发现，自己要一直纠正人们对它的误解。他轻轻地笑道："根本就不像电影《绝世天劫》（*Armageddon*）那样。"地球并没有陷入一片火海，也没有猛烈的沙尘暴将快要灭绝的恐龙卷得窒息。斯密特说，大多数因撞击而熔化的岩石又被抛入高空，这才是天灾如此致命的关键。

陨石在墨西哥尤卡坦半岛（Yucatán Peninsula）上撞出了一个 30 米深的大洞，它释放的能量也足以在大气层中穿出一个大孔。斯密特说:"这种程度的撞击要吹开大气层不过是小菜一碟。"熔化了的岩石和金属组成的细小液滴射向天空,迅速包裹了整个平流层,在极高空形成厚厚的云层。问题的复杂之处在于,陨石撞击的位置在地质学上恰好是地球的一个敏感地带。斯密特解释说,在尤卡坦之下"有3 000米厚的灰岩、白云岩、镁、石膏和石盐。石膏的一半都是硫元素。在地球上,很少有地方含有这么多硫"。陨石击中了一个深藏不露的炸药和毒物库,致使这些有毒物质撒得到处都是,甚至挥发到空气中。但据斯密特说,席卷全球的大灭绝并不是由酸雨和其他毒化反应造成的,而要归咎于气化硫的一个特性:当它在高层大气中化身为细小液滴时,所形成的云具有强反射性。"从太空看,地球白得发亮。"斯密特猜测道。地球在至少1个月里变成了巨大的反光灯,几乎所有阳光都无法穿透这圈硫质的云层。它是二叠纪超级火山将硫质射向大气层并使全球变冷的终极版。

这圈硫质的云层之下,是数周至数月的黑暗。死亡迅速蔓延,一切依靠阳光生活的生物(包括大多数植物)都未能幸免。植物死去后,噩运开始降临到植食者身上。接着,包括恐龙在内的捕食者都陷入饥荒,食物链的上层也岌岌可危。想象食物网在一瞬间轰然倒塌的景象吧,路普那林口中百万年计的早三叠世生命消亡之景,在这里出现了快进版。这意味着,地球上最臭名昭著的灾难之一,虽然有着电影特效般的爆炸,但仅仅是因为关闭了全球的光合作用,才导致了大灭绝。

在谈及的所有大灭绝中,K-Pg大灭绝中表现出的灭绝与环境变化关系最具戏剧性。尤卡坦附近因陨石撞击而毁于一旦。在时下这个叫作希克苏鲁伯(Chicxulub)陨石坑的地方,当时被毒气、大火和特大海啸变成了不毛之地。然而,就连黑暗带来的死亡也不过是个开始。之后的几百年甚至几千年,大灭绝才真正达到高潮。恐龙不是死于那个硫黄漫天的长夜，实际上，斯密特强调了硫质云层的另一重杀伤力——它很可能使地球温度下降了 10℃，并且低温维持了至少半个世纪甚至更长。白垩纪郁郁葱葱的热带世界被冷却了，海洋温度降低，无法迁徙的动物发现它们陷身于充满敌意的生态系统中。这次大灭绝夺去了 76% 物种的生命，所有非鸟类的恐龙都位列其中。与此同时，一些老鼠般大小的、我们现在称为哺乳动物的带毛生物开始发展壮大。

死亡火球之争

K–Pg 大灭绝是地球历史上最近的一次大灭绝，它所留下的证据比我们所知的任何一次大灭绝都要充分。因此，研究 K–Pg 大灭绝的科学家也要直面这个生态系统崩溃时生命的复杂性。由此引发了古生物学上最激烈的争论，这也丝毫不令人惊奇。

斯密特和他加州大学伯克利分校的同事——地质学家沃尔特·阿尔瓦雷茨（Walter Alvarez）从开始猜测恐龙死于陨石撞击开始，承受了数年的被怀疑和嘲弄。在此之前，古生物学家都将大灭绝归咎于宇宙射线轰击引发的饥饿事件。要让科学界接受天外火球的观点需要一段时间，但斯密特和阿尔瓦雷茨的证据充分。他们俩的工作地点在地球的两头——斯密特在西班牙，阿尔瓦雷茨在美洲。两位研究者发现了陨石撞击的天然遗迹，颠覆了之前的理论，重新阐释了恐龙在统治地球 1 亿年后突然灭绝的原因。阿尔瓦雷茨与他身为诺贝尔物理学奖得主的父亲——路易斯·阿尔瓦雷茨（Luis Alvarez）于 1980 年发表了一篇历史性的文章，证明在 K–Pg 界线附近的岩层中富集铱元素。这种金属几乎只存在于太空中。同时，斯密特发现"陨石球粒"（spherule）在世界各地的同一层岩石中均有分布，而这些细小的岩石球粒正是急剧熔化后迅速淬火的结果。在阿尔瓦雷茨发表有关"铱异常"[2]论文的同年,斯密特发表了陨石球粒的文章。具有年代意义的太空金属和高温冷却后的岩石都散布于全球,这两篇文章如两记重拳,它们告诉我们:地球上曾经发生过一次强度足够大的事件,足以造成全球性灾难。

但火球之争远未终结。到了20世纪80年代晚期,普林斯顿大学的地质学家凯勒(Gerta Keller)[3]开始发表一系列文章,质疑陨石撞击能否引发全球性事件。她声称她有更好的解释:印度的超级火山。尽管科学界的不屑之声甚多,接下来的20多年,她一直在收集证据以证实她的假说。加州大学伯克利分校的古生物学家马歇尔[4]说:"科学界里没人拿她当回事儿。"斯密特对英国广播公司(BBC)说[5]她的想法"根本不科学"。跟之前的斯密特和阿尔瓦雷茨一样,对待质疑,凯勒用事实欣然以对。

当我和凯勒交谈时,她刚刚从印度回来,在那儿她已经有了一系列不可思议的发现。她和当地的一群科学家在一块叫德干高原(Deccan Plateau)的区域工作,试着从地下3 000米的地方取样。德干高原在很早以前就被认为是一处古老超级火山的遗址。在印度石油与天然气公司开始在此打钻起,这个地方就对科学家开放。凯勒是个坦率的人,热爱无偏见的科学争论。她认为一些重要材料能揭露恐龙死亡的真相,为了获得这些材料,她倾注了极大的心血以说服相关的人。最终,她达成了愿望,得以与一群印度科学家合作。她所获得的发现也超过了预期。

凯勒和她的同事用中空的钻头从地下深处钻取"岩芯"(core)——由特制工具制造出的圆柱形岩样。他们发现,德干高原是由至少4次紧挨着的大型火山喷发事件造就的。某一次火山爆发如此猛烈,以至于一道岩浆在没有阻拦的情况下,从火山口延伸了1 500千米,最后奔流入海。然而最有价值的发现却在各岩浆层中间所夹的沉积岩层里。凯勒和同事在这些沉积物里找到了化石，它们能够反映火山喷发的时代。基于目前的证据，德干超级火山看来是在约 6 740 万年前开始喷发岩浆、释放毒气的，这个时间比 K–Pg 界线早 160 万年，时机很契合。凯勒在沉积物中所看到的灭绝模式也是一一对应的。随着岩浆流一次次出现，能从灾难中恢复生机的生物越来越少。"第 4 次岩浆流后，什么都没有了。"凯勒说。

凯勒认为，也许岩浆流来得太快，以至于附近的生命根本没有恢复的机会。火山爆发释放的毒素和碳质引发了与二叠纪末相似的气候变化，开始绞杀全球生命。温室效应失去控制，酸雨飘落，海洋死亡地带蔓延，这一切让地球不适合大多数生物生存。"这就是可能的灭绝机制。"凯勒实事求是地总结道。

孰是孰非？很有可能斯密特和阿尔瓦雷茨这一方以及凯勒这一方都找到了 K–Pg 大灭绝的原因。当然，关于此次灭绝还有其他理论。化石记录显示，在这次大灭绝中，真菌出现了一次峰值。这至少让一名科学家相信，恐龙死于真菌感染[6]，就像今天一些两栖类和蝙蝠因真菌感染而灭绝一样。地质历史中的证据越新鲜，就越会让你察觉到，地球上的大多数大灭绝都有多重原因。就像凯勒的工作所告诉我们的，在欧洲和美洲以外搜集到的证据可以为旧理论增加新视角。我们知道气候变化时尸体会堆积如山，但遍布全球的很多事件都可能促成这些变化。

晚三叠世（2.2 亿年前至 2.0 亿年前）：今日世界的雏形

要厘清恐龙身上到底发生了什么，最大的困难不在于地质证据，而在于人类文化。恐龙在有关史前世界的流行文化中受到了很大的误解，这让我们很难退回去欣赏这种多样化的生物，了解它们的真容，探明它们死亡的真相。

要知道真实的故事，我们就得返回混乱的三叠纪，那时大消亡刚刚结束，许多物种经历着快速的兴衰。到了2.2亿年前的三叠纪晚期，恐龙开始演化出来。如美国布朗大学的地质学家怀特赛德（Jessica Whiteside）所说[7]，它们这时"只有德国牧羊犬那么大，种类也不多"。它们的主要竞争对手是镶嵌踝类主龙，这些凶猛的食肉动物最终进化成鳄鱼和短吻鳄。一小群小小的恐龙如何战胜尖牙利齿、时有甲胄护身的野兽？"如果回到三叠纪，你肯定会赌镶嵌踝类主龙获胜。"怀特赛德说。可令人惊奇的是，许多镶嵌踝类主龙并没有在三叠纪末的大灭绝中存活下来，这让恐龙有了可乘之机，把一度为大型的鳄鱼祖先所主宰的陆地收归己有。

怀特赛德将这次奇特的逆袭归咎于地球历史上一座巨型水下火山的喷发。喷发是在2亿年前开始的，位于分隔美洲东部和非洲西部的窄窄水带（narrow body of water），此处后来形成了著名的"中大西洋火成岩省"（Central Atlantic magmatic province，简称为CAMP）[8]（那时美洲和非洲仍与泛大陆相连）。从中大西洋火成岩省流出的岩浆流量巨大。它将两边一度相连的大陆板块远远推开，形成今天的加拿大和摩洛哥，中间的水体则成长为大西洋。

如果这次喷发能将今天最宽广的大洋之一带到世上，可想而知，会有多少碳、甲烷和硫被泵入水和大气中。当三叠纪在一片混浊中结束时，超级温室效应包裹了整个地球。怀特赛德简单描述了随之而来的死亡：随着温度的攀升，三叠纪末期覆盖全球的热带森林变得干燥易燃，在野火中化为灰烬。这些灰烬和富含碳质的土壤一起流入海洋，导致海水变酸，水体变得缺氧，结果海洋生物纷纷死去。珊瑚礁首当其冲，它们的死亡触发了多米诺骨牌效应，食物链中的物种一级级死亡。这是一场摧毁食物网的完美风暴，从海洋开始，然后登上温度渐高的陆地，而此时的陆地已是树木毁于野火的一片焦土。气候变化又一次把世界带入末日。

恐龙世界的兴衰

三叠纪至侏罗纪保存了许多完好的植物化石，这为重现那段时间极端温室改变环境的现象提供了可能。麦克尔爱尔文（Jennifer McElwain）是爱尔兰都柏林大学（University College Dublin）的古植物学家[9]，数年来，她都在格陵兰岛研究晚三叠世到早侏罗世这个过渡时期的植物化石。研究的材料各种各样，从叶子、花到显微尺寸的花粉等，以此来重建那个让恐龙获胜的世界。今天的格陵兰海岸是一片不长树木的冰冻苔原，但在晚三叠世和早侏罗世，那里却是植被丛生。麦克尔爱尔文把它称为"新西兰针叶林和佛罗里达沼泽地的过渡"。在这个世界中，"宽阔的曲流河"和"宽广的泛滥平原"围绕着森林，森林中满是高耸的树木和拥有粗短茎干、顶生棕榈状羽叶的本内苏铁。后来，中大西洋火成岩省的超级火山喷发，释放出大量的含碳气体，导致全球温度攀升。

持续千万年的温室气候导致了一场又一场的野火。麦克尔爱尔文认为，原本绿树成荫、植被丰富的陆地变成了满眼蕨类的沼泽。"目之所及都是蕨类，树都没有了，到处都是野火。"麦克尔爱尔文说。森林中再也没有复杂的多级树冠，地面上变得比以前明亮。然而 10 万年后，这个地方又变回松柏类为主的森林。在这片古老森林长了烧、烧了长的快进画面中，有一些东西让我们一步步接近恐龙诞生的真相。恐龙是剧烈环境变化中唯一的幸存者，它们的竞争对手都灭绝了。大多数镶嵌踝类主龙都在被大火焚毁的食物网中灰飞烟灭，但是早期的小型恐龙却设法开疆辟土，适应了新的环境和陆地。

当森林代替沼泽、最终占据这片陆地时，恐龙已经进化得足够大了。它们分化出各种类型：食草龙中有三角龙、背插骨板的剑龙等；食腐龙鬼鬼祟祟；食肉龙中有 12 米长的霸王龙，从 1933 年版的《金刚》（*King Kong*）到《侏罗纪公园》（*Jurassic Park*），都有它的身影。那时的恐龙就像今天的哺乳动物一样种类多样，各个物种的习性恐怕也是千差万别。它们中的许多都靠两足行走，体态与鸟类相近——头向前伸，脊柱近水平，尾巴有力后展而非拖在地上。事实上，今天的大多数古生物学家都相信鸟类是由兽足类恐龙进化而来。而兽足类则是一类有羽毛的两足恐龙，其中还包括臭名昭著的霸王龙。如果你要想象自己勇于面对兽足恐龙的情景，那就把它想象成一只庞大笨重、足足 12 米长的大乌鸦，然后把乌鸦的喙换成满口利齿的巨嘴。

近年来的证据显示，许多恐龙的羽毛与今天的鸟并不一样。大多数有羽毛的恐龙身披灰色或红色的原羽（也经常被称为"恐龙绒羽"[10]），与针状的鸟类绒羽差不多。事实上，在鸟类进化出飞行能力前的几百万年前，恐龙可能就拥有这些原羽了。与它们的鸟类亲戚相似，很多恐龙会搭窝产卵。尽管我们很难拼凑出有关白垩纪恐龙行为的完整图景，一些古生物学家仍提出假说，认为它们像鸟类一样具有社会性[11]，群居且具备交配行为。

就我们所知，在白垩纪末日来临时，恐龙在生态系统中所处的位置与它们早年的对手——镶嵌踝类主龙相差无几。许多恐龙都演化成为特化种，只要全球气温有一点儿变化，它们所在的脆弱食物网就会瓦解。这时，一类与老鼠相似的带毛动物幸存下来，它们就是哺乳动物——二叠纪的赢家、水龙兽的后代。

哺乳动物有着奇特的爪子和没有毛的脸，当它们开始在地球上繁衍时，地球也开始经历复杂的事件。这些事件的真正影响只在几千万年后才会凸显出来。在地球深部岩浆和太空火球的作用下，生态环境经历一次次改变；大气的组成被微生物、山川和植物改变；气温在极端冰室和极端温室间波动；陆地和海洋的形状反反复复地经受巨变。如果最后一批恐龙中有一位古地质学家，她可能不会把同伴的死亡归咎于单一的原因。扼杀腕龙之后，让一群小型灵长类来接管这个世界，地球的历史势必将因此而经受考验。

幸存的恐龙

对古代的恐龙，地质学家还有一个难题，那就是恐龙并没有全军覆没。作为兽脚类进化的一个旁支，鸟类幸存至今，而且还演化为动物中最成功的纲之一。它们的多样性非常高，展现出五花八门的社会性行为，能进行已知生物中某些最不可思议的迁徙。它们的恐龙祖先当然已经灭绝了，大多数人类祖先也一样，但是恐龙的进化之路却没有中断。

人类对恐龙最大的误解就是认为它们和它们的世界已经永远消失。其实恐龙和哺乳动物一样是幸存者。它们的后代掠过天空，空留地上的我们心存敬畏，但这些后代与祖先又如此不同，以至于我们很难将两者联系起来。当我们从地质历史中的世界走向人类的起源地时，我们需要深思，我们对于"存活"的理解是否像对待恐龙那样不明不白。

恐龙活过了两次大灭绝，但在我屋旁树梢上停歇的乌鸦，与昔日打败镶嵌踝类主龙的犬状恐龙却完全两样。实际上，说镶嵌踝类主龙被完全推下了环境大舞台也不完全准确。难道我们没有看见过这样奇特的幸存者组合吗？一只鸟飞落在一条鳄鱼的头顶——这个组合将三叠纪和侏罗纪的进化产物拼合在一起。相较于说恐龙已经灭绝，也许更加恰当的说法是：恐龙变了。

在下一次大灭绝来临时，人类可能维持原样吗？历史告诉我们，不可能。然而，如果存活意味着我们能进化成与自身相似但具备新能力（比如飞翔）的物种，那么它就变成了好事。一些人也许还把这样的存活称为"升华"。幸存者可能会比我们想象得更新奇、更美好。

第 5 章

第 6 次大灭绝开始了吗

在美国俄勒冈州的高地沙漠中，一座有裂缝的深色山脉耸立于宽广的沙尘地和绿色灌木丛中。从几百米外看，它只是一块裸露的岩石。但退回到几千年前，它却是一个地标，指示了一处了不起的入口。在山脊之下隐藏着宽广的地下入口，通向佩斯利洞穴（Paisley Caves）。这是一个宽敞的藏身处，在数千年里，人类都把这里当作休息时的落脚点。在过去的 10 年中，俄勒冈大学（University of Oregon）的考古学家詹金斯（Dennis Jenkins）[1]在这些洞穴里主持了一系列发掘工作，相继出土了 1.4 万年前人类居住的大量证据，证明了这个地方曾是人类在美洲的最早居住地。

佩斯利洞穴标志着人类历史中的一个重要时刻。许多科学家将第一批来到洞穴中的人看作新一次大灭绝的先声。这次大灭绝由智人谱写，速率在近 300 年来逐步加快。散布于佩斯利洞穴中的遗物包括一些动物的遗骨，这是第一批被人类赶尽杀绝的动物：乳齿象、猛犸（经常被称为"巨型动物"或"巨型哺乳动物"）、美洲野马和美洲驼。数百万年来，这些动物都是这片大陆上广袤草原和森林的主宰者；然而人类一来，就将这些地方占为己有。当人类在佩斯利洞穴中生起炊烟时，人类这个物种就已经走到了人口膨胀的边缘，而这膨胀的人口足以将其他物种驱逐出原来的栖息地。在接下来的几千年里，人口持续膨胀。人类开始进攻新的栖息地，将更大的哺乳动物挤出局，把这些动物屠杀一空。巨型动物是新石器时代人类食谱的重要组成部分。在先人留下的早期居住地内，有它们被啃咬过的焦骨，洞穴中绘有围猎猛犸的场面。

当人类初卧于佩斯利洞穴之时，巨型动物还在俄勒冈山上漫步，四周的环境也比今天更加葱翠湿润。美洲，以及整个地球，还没有因为人类的入侵而发生巨变。詹金斯运用自己的想象力描绘了 1.4 万年前洞穴中的典型景观：今天洞穴入口处布满灰尘的大片空地上，溪水潺潺流过，骆驼和乳齿象在此饮水。即使在那时，洞穴也无法成为理想的村庄，它们离湖泊太远了。"人们只是偶尔来歇歇脚，不把它当成家。"詹金斯说。这是新石器时代两片沼泽区域间的休息点，里面贮存着食物和水。几千年中来往于两地的人们，他们在此过夜时留下的篝火灰烬、工具和垃圾变成了层层岩屑。这些洞穴证明，人类在 1.4 万年前就开始在这方土地上奔波。那时，在今天的叙利亚和土耳其，一些人正忙着建造历史上最早的庙宇和城市；而美洲的这些先民却成为第一批探险家，奔忙于富饶的处女地。

人类以太平洋沿岸的小舟和海岸前哨为起点，开始向内陆进发，在美洲大陆上扩散。他们在扩散的同时，把许多本土野生生物消灭干净。到 1 万年前，大多数美洲巨型动物都灭绝了。

加州大学伯克利分校的生物学家巴诺斯基（Anthony Barnosky）[2]致力于研究巨型动物灭绝和当今可能的"第 6 次大灭绝"间的关系，并走在这项研究的最前沿。他是一位严谨的学者，同时也是一名社会活动家，一边在享有盛誉的《自然》杂志上发表文章，一边在家登录推特（Twitter）与环保主义者对话。他认为我们身边已经布满大灭绝的信号，而且这些信号已经闪耀了上千年。巨型动物的死亡就是第 6 次大灭绝的开始。但巴诺斯基认为人类的捕猎和扩张并不是这些大型动物灭亡的唯一原因，名为旧仙女木期（the Older Dryas）的小冰期造成的气候变化，也会让巨型动物爱吃的草枯黄。巴诺斯基总结说，如果我们身处一次大灭绝中，那么它的启动子应该是"气候变化和人类的协同作用，很显然，这种协同作用造成的影响很不好"。在过去的几百年里，工业化和人口膨胀让地表的变化更加显著。我们已经将大量物种送入灭绝的深渊，这样的例子比比皆是。但是，我们真能把这次大灭绝与白垩纪末或二叠纪末的那些灭绝相提并论吗？

巴诺斯基和他的许多同事（包括统计学家、古生物学家马歇尔）认为是可以的。他们以"地球上的第 6 次大灭绝已经来了吗"为题写就一篇传阅甚广的论文，发表在 2011 年 3 月 3 日的《自然》杂志上[3]。他们在文章中解释说，当今地球上的灭绝率已远高于背景灭绝率。如果今天所有的濒危物种都灭绝，地球就会在 200 年内走上大灭绝的不归路。不出 1 000 年，地球就会像我们讨论过的每次大灭绝后一样，变成一个全然陌生的世界。巴诺斯基承认，要确认我们是否处在一次大灭绝中是非常困难的，因为大灭绝中的事件总是以极长的年代单位来度量。

巴诺斯基对我说："我觉得我们已经在风口浪尖上了，我的想法是，我们刚进入大灭绝阶段不久。真正意义上的大灭绝要牺牲掉 75% 的在案物种。而我们损失的物种只占到已知的 1%～2%。所以，我们想挽救的一切还都在。"但是他也提醒我们，最大的问题不是我们现在的世界，而是我们将要面对的下一个百年。他和同事根据数据认为，哺乳动物的灭绝率已经超高了，灭绝的物种数量比我们预想中由背景灭绝率导致的典型灭绝量大得多。巴诺斯基叹息道："它发生得太快，已经是背景灭绝率的3～12倍了。"考虑到人类只会继续扩张势力范围，更深地插足这些濒危物种的地盘，他估计灭绝数量还会增长。如果把人类排入大气的碳质成分也算在内，那么，我们恐怕真在重新创造过去那些大灭绝的发生条件了。

沃德（Peter Ward）是华盛顿大学的地质学家[4]，著有数本大灭绝方面的书，其中的《美狄亚假说》（*The Medea Hypothesis*）很有影响力。他认为碳质排放意味着气候变化将不可避免。"我们会回到中新世。"他带着苦笑说道。中新世结束于530万年前，是最后一个北极没有冰盖的地质时代。那时温室气候控制全球，到处炎热不堪，人类祖先还没有出现。尽管许多动物在中新世的气候下继续繁衍，但人类却没有这个能力。我们与许多哺乳动物一样，是寒冷地球的产物。"我们得保住那些冰盖。"沃德说。

巴诺斯基和沃德这些科学家担心，当几百万年后的智慧生命回望我们这个地质时代——第四纪时，会说它结束于地球上的第6次大灭绝。如果真是这样，那么，就是把人类归入蓝藻之流：一种生物只手遮天，推动致命的环境变化，让全球生物尸横遍野。然而，就像我们在过去的大灭绝中看到的那样，我们很难把这样一个大事件归罪于单独一次灾难，也很难把罪责推给一种生物。

如果人类正站在大灭绝的入口处，那么，将这次大灭绝与前面5次区别开来的重要一点，就在于出现了一个能够力挽狂澜的物种。我们是顽强的幸存者，非凡的发明家，我们证明自己有能力为未来筹谋规划，甚至能牺牲小我，顾全大局。我们用于制订计划的非凡技艺之一，就是懂得历史。我们不仅记录了上千年的人类文明，还开发出科学方法，探索我们起源前的世界。我们用闪电般的速度回顾的地质历史中，充斥着种种生命消亡的危险，而这些危险，地球已经反复经历。

铭记这段历史，我们就能基于事实作出判断——要让人类这个物种生存下去，接下来该怎么做。

千万年来，人类是如何熬过环境灾难、疫病和饥荒的？在本书的下一部分，我们将探索这个问题。人类经过千锤百炼，对存活之道已经越来越谙熟于心。

第二部分

人类险遭灭绝

第 6 章

人类演化的非洲瓶颈

大多数人对人类演化的基本脉络都耳熟能详。我们遥远的祖先在几百万年前出现在非洲的土地上,他们是一群似猿猴的生物,那时刚学会直立行走。他们以非洲为原点,向世界各地扩散,最终进化为脑容量更大的现代人类。遗传学进展让我们对人类演化的过程有了更清晰的理解,逐步明白了从"直立行走"的古人类到"购买最新款平板电脑"的现代人之间是如何发展的。但是,另一个故事却鲜有人关心。

早期人类的种群数量曾经缩减至一个非常危险的数量,以至于古老的非洲祖先濒临灭绝。这次事件在人类的基因组中打下了深深的烙印。种群遗传学家将类似的事件称为"瓶颈"(bottleneck)。它是某个物种的多样性极为有限的时期,这个时期会剔除物种基因库的大量基因,而且该物种的几千代子孙都会保持这种基因库狭小的状态。有时种群数量的缩减是由于物种大规模死亡造成的,事实上有证据表明,约 7 万年前,在人类"走出非洲"的过程中,曾与一次天灾擦肩而过。但是,从 200 万年前开始,人类这个物种恐怕已经经受过多次遗传瓶颈的考验。而引发这些早期瓶颈事件的是一种比大规模死亡更强大的力量，它就是演化过程本身。

实际上，非洲瓶颈事件极好地体现了人类生存进程中自相矛盾的特性。它告诉我们，人类曾多次濒临灭绝，同时又告诉我们，人类如何在濒临灭绝时幸存下来，如何走出非洲，并在演化之路上越走越远。

人类演化的根本性谜题

人类数量众多，广布全球，可是遗传多样性却异常低，与其他哺乳动物没法比。现在的 60 亿人都是一小群早期人类的后代，而这群人的数量只有区区几万。当种群遗传学家谈及此类情形时，他们其实将人类的实际数量和"有效种群数量"（effective population size）[1]作了区分。有效种群数量是实际种群数量的子集，它代表了整个种群实际的遗传多样性。换句话说，人类种群就像一个巨型舞会中的各色人等，这个舞会中有数十亿人。而种群遗传学家却是舞会中的人精，他们设法找到了一个 VIP 包厢，那里虽然只有一小撮人，却几乎囊括了舞会中每个群体的遗传多样性。这个包厢理论上代表了舞会的有效种群数量。如果 VIP 区里的成员互相随机找对象，那他们的孩子就几乎能复制出整个舞会成员的遗传多样性和遗传变异。

匪夷所思之处在于，VIP 区的人类有效种群数量与实际种群数量相比，实在小得不成比例。今天人类的有效种群数量[2]大概只有 1 万人。让我们拿家鼠作个比较——它们的有效种群数量却有 16 万！为什么我们有这么多人口，遗传多样性却这么低？这到底是怎么回事？

这就是有关人类演化的根本性谜题之一，科学家们对此争议很大。很多相关的理论听起来都有一定道理，我们在后面会简略谈到。尽管理论众多，但是所有演化生物学家都在一点上达成了共识：我们都是200万年前一群原始人类的后代；他们在向智人演化的途中经历了瓶颈，多样性由高走低。演化史上的这次挫折使我们的基因库变小，把我们的有效种群数量降到了今天的水平。在我们的祖先身边曾潜伏重大危机吗？这次重大事件把人类种群数量挤压变小，最终只有不多的人幸存下来，成为我们的祖先？显然有这个可能性。演化生物学家道金斯（Richard Dawkins）将"多巴灾变"（Toba catastrophe）[3]假说传播甚广，该假说认为：8万年前，印度尼西亚的多巴超级火山爆发，这场大型冲击可能让非洲气候转凉，并维持了许多年，破坏了该地的食物供给，让所有人都饥肠辘辘甚至倒地不起。最终，一批恐慌的智人逃出非洲，远离这片饿殍之地。

然而，威斯康星大学麦迪逊分校（University of Wisconsin-Madison）的霍克斯（John Hawks）却告诉我[4]，对人类基因进行检测后，并未发现任何证据，表明人类是因某次超级火山爆发般的剧烈事件才拥有极小的基因库。比起好莱坞大片那样炫目的华丽演出，人类历史更像是一趟危机四伏的迁移之旅。要想知道人口如何在迁移中由多变少，我们就得回溯上百万年，返回到我们的起源之时与兴起之地。

全人类的大流散

美国自然历史博物馆的人类学家塔特索尔（Ian Tattersall）说[5]，人类演化史上的第一次革命要数500多万年前人类学会直立行走。那时的人类属于人族[6]成员南方古猿（*Australopithecus*）。南方古猿与类人猿拥有最近的共同祖先。他们的家乡在温和宜人、满目绿意的东非海岸。他们个子矮小，身高相当于现代人类8岁的孩童，全身覆有薄薄的毛发。水果是他们的主食，他们开始用后腿行走可能正是为了方便找寻和摘取水果。但无论是什么原因，直立行走都是南方古猿的绝招。当时的其他灵长类直到今天都保持着四足步态。

接下来的几百万年，南方古猿从今南非一路走到今天的乍得和苏丹。他们的头骨变得更大，这也在之后成为了人类演化的趋势。南方古猿在 200 万年后演化为一类与现代人外貌非常相似的物种，他们就是匠人（*Homo ergaster*，有时也叫直立人 *Homo erectus*）。匠人的身高与今天的人类相似，如果一对匠人夫妇穿上牛仔裤和 T 恤衫，只要他们用帽子遮住微凸的眉弓和斜展的前额，就完全能混迹于城市大街而不被人发现。此外，许多匠人已经能掌控轻便适手的工具，这一点也让他们在现代逛街时不会无所适从。现代人的工具包括以先进化学蚀刻工艺制造出来的微芯片，但智能手机的大小和重量都可与匠人的手斧相比拟。人类学家认为手斧是匠人最常用的工具。匠人也不需要谁来解释烧烤架上慢火熏烤的肉串，因为有证据表明他们在 150 万年前就会用火了。

匠人及其子嗣身上到底发生了什么，才使他们最终演化为会制造智能手机、将厨具发展得登峰造极的我们？我们可以从很多角度叙述这个故事。匠人从南方古猿演化而来，是漫步于非洲东部和南部、会使用工具并用两足行走的人族成员之一。那时的化石证据凤毛麟角，所以我们不知道到底有多少种人族成员，也不知道他们之间有什么交往，甚至在有些情况下，不知道他们之间的演化关系。但每一支人族成员都有特定的基因库，其中一些基因仍存在于今天的智人身上。我们会顺着这些基因的传递路线追溯一些人族成员的故事。

这些路线既是在自然界有迹可循的古老脉络，又在基因中留下了痕迹。如果你参观位于纽约的美国自然历史博物馆，就能在化石中追溯它的进程。玻璃橱窗中的世界让我们一瞥匠人的生活场景，了解他们制作手斧的过程——用一块石头击打另一块，剥离掉足够多的石片，

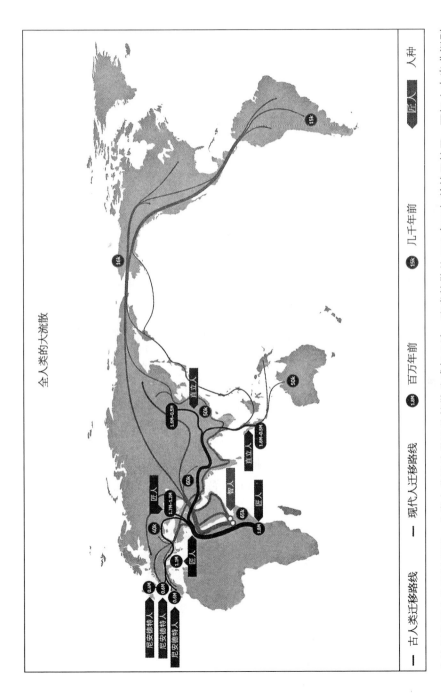

全人类的大流散

在这幅地图中你可以看到，人类向非洲外世界的扩散分成好几波。这类扩散从 100 多万年前就开始了，而智人走出非洲则可以追溯到 10 万年前。

最后只剩下锋利的尖刃。重建的早期人类骨骼立于稀稀拉拉的化石和工具旁，人们正是利用这些极少量的化石碎片和文化遗存，构想他们的形象和生活。塔特索尔的大部分工作都扑在这些碎片上，以期重建盘根错节的人类演化之树。

我们可以确定，早期人类是四处游荡的流浪者。从 200 万年前开始，他们不仅将脚印踏满整个非洲，还数次走出过这块大陆。人类学家通过他们使用的工具识别出使用者的人族种类，追踪这些古人类的落脚点和村落遗址，由此描绘出可能的迁移路线。如此，就能勾画匠人及其后代的迁移之旅。

塔特索尔认为至少有三波走出非洲的大型辐射事件，或者说是种群扩散。尽管道金斯的多巴火山理论十分流行，但塔特索尔却相信这些迁移"与环境因素无关"。相反，演化发展让人类有能力驾驭环境，这才促使人类迁移闯荡。"第一次大辐射似乎与身体结构的改变同时发生，"塔特索尔若有所思地说。匠人的骨骼结构比以往的人族同伴更现代化，他们的腿变长了，在各种地形下都能走得更快更有效率。塔特索尔解释说，那时的非洲确实发生了环境变化，但这些变化不足以让人们惊恐到抱头鼠窜，逃到草原地带去。他认为，他们只是想探索"未知的环境，看看与他们祖先生活环境不一样的地方"。匠人摇摇晃晃的步态是一种适应，通过走向其他人族成员未涉足的新土地，他们的行走姿势也将继续演化和适应。

随着早期人类步入新的地区，他们开始分化为不同的小型团体。每个团体都随着他们居住地的环境继续演化。在这场人类演化的大戏中，我们将着重介绍 4 名主角：早期祖先匠人和由她繁衍出的 3 个兄弟物种——直立人（Homo erectus）、尼安德特人（Homo neanderthalensis）和智人（Homo sapiens）。

塔特索尔说过，人类走出非洲的浪潮有三波，而直立人很有可能就是在第一波大迁移中演化出来的。大约180万年前,直立人从今天的埃及走出非洲,一路向亚洲扩散。这些人很快发现他们所处的环境与非洲迥然不同。新天地中寒风刺骨,雪片纷飞,干冷的草原上满是陌生的野生动物。在那以后的千万年中,直立人的头骨形状和工具样式一直在改变。实际上,追溯我们祖先石器的变化史要比研究他们的身体改变容易,因为石头比骨头更容易保存。直立人所使用的石器与其他人类的石器相去甚远,科学家通过发掘这些石器来重建他们的迁移路线。我们将已知的信息拼凑起来后发现,直立人似乎创立了延续几万年的社会文化,迁移路线东达中国、南下爪哇。

在接下来的几百万年里,其他人类成员也追随着直立人的脚步穿过埃及,把他们的子孙送出非洲。但是斯坦福大学的古人类学家克莱因(Richard Klein)[7]却告诉我,这些迁徙并不是一次性的大规模跋涉。相反,人类一小群一小群地离开,每次只向远处走一点点,缓慢地拓展着自己的疆域。

欧洲的化石遗迹说明,在50万至60万年前,一些匠人的后裔在走出非洲后决定不再右行而是掉头向左,开始在欧亚大陆的中西部游荡。这些定居于欧洲的人类演化为尼安德特人。他们一般把家安在宽广的洞穴中。有证据表明,一些尼安德特家族会在同一批洞穴中生活十几代人之久。他们的足迹遍布意大利、西班牙、英国、俄罗斯、斯洛文尼亚以及其他国家。尼安德特人演化出浓密的眉毛和宽阔的胸膛以应对寒冷的气候。在下一章中我们会再谈到他们。

留在非洲的匠人也忙忙碌碌,他们把家园拓展到了这块大陆的每一片海岸,从非洲南部北达今天的阿尔及利亚和摩洛哥。到20万年前,匠人的骨架形状已经和现代人相差无几,被我们称之为智人的物种最终诞生了。此时发生了人类演化史上的又一次飞跃,人类的能力进一步提高,迈向新天地的步伐也愈发有力。

我们是如何演化为故事大王的

"人类进入智人阶段后发生了一项根本性的改变,"塔特索尔说,"开始的 10 万年,智人的表现和他们的祖先确实没有区别。但是突然之间,他们的行为体现出一种完全不同的模式。"简单来说,人类开始用大脑填塞他们日益增大的脑腔。变化在哪里呢?塔特索尔认为很难说清楚。但是演化常常是跳跃式的,并以那样的变化为起点。比如,鸟类在开始飞行的几百万年前就已经演化出羽毛,动物在懂得爬行前很久就拥有了四肢。塔特索尔总结说:"我们在学会象征性思维前就已经拥有了具备这种潜能的大脑。"10 万年前,人类经历了一场被现代人类学家称为"文化大爆炸"的事件,开始发展出复杂的符号化交流方式,包括语言、艺术、流行文化和复杂的工具。人类不再把世界简单看作躲避危险、获得食物的场所,而是把它拆解成精神层面上的符号,升级换代为一个适合人类的新版本。

人类运用符号的新能力让我们能够从同伴那儿了解周围的世界,而无须在每一次到达一个新地方时再从头进行直接的观察。就像直立行走一样,象征性思维这项适应能力让我们发展出更多适应性。现代人*有能力向新的领土进发,发现其中的资源和危险,然后转告给其他人群。他们甚至还会互相传授制作工具的工艺——比如怎样制作轧坚果用的器具和挖块茎用的铲子,这样在到达一个新地方时就能更容易获得食物。借助于其所拥有的想象力,古人类在拜访陌生地方前就能对这些场所有一定了解。人类有史以来第一次拥有了"先见之明",仅

---

* 文中的"现代人"并不单单指生活于现代的人类,更多地是指身体解剖学意义上与现代人类一致的人类,也就是古往今来的"智人"。——译者注

靠伙伴带来的故事就可以在抵达新领地前想出生存适应之策。象征性思维让我们在远离温暖临海的非洲老家后仍然人丁兴旺。从物种层面上看，我们的身体进化得非常到位，让我们更容易找到新家。确实，我们走得越远，我们讲故事的技能就越发精湛。

让我们暂且回到 200 万年前，那时正值第一批人类走出非洲之际，匠人带着他们小巧玲珑的石器走到了西奈半岛（Sinai Peninsula）。此时的人类正经受着第一次遗传瓶颈的摧残。然而，就像塔特索尔和其他许多学者指出的那样，我们并没有找到证据，说明那里发生过引发人口削减的大型灾难，更不能说劫后余生的人们不得已远遁中东和亚洲。瓶颈效应说明人口确实经历过骤降，但原因到底是什么呢？我曾经谈过，智人的有效种群数量只有区区 1 万人。但是犹他大学的遗传学家胡夫（Chad Huff）最近却论证说[8]，在匠人刚走出非洲时，人类的有效种群数量为 18 500 人。也许这次瓶颈只是人类横跨亚欧大陆时人口逐步缩小的记录，因为他们每迈出一步都会遇到艰难险阻。人类学家霍克斯还认为，这种瓶颈是演化改变的标志，仅发生在一直处于迁移的种群中。

瓶颈效应从人类刚踏上非洲外的土地起就萌芽了，那时的人类分化为多个类群。霍克斯在 2000 年和他的同事发表了一篇论文[9]，文中述及：导致遗传瓶颈的原因之一是成种作用（speciation），这是一个物种被分化为两个或两个以上具显著遗传差异类群的过程。我们说过，匠人是如何演化为三类后裔的，但这个演化图景其实已被大大简化。比如匠人恐怕在非洲首先演化成海德堡人（Homo heidelbergensis），然后分化成智人和尼安德特人，之后，尼安德特人又演化为丹尼索瓦人（Denisovans）。直立人的谱系也错综复杂，特别是抵达亚洲的那一支。演化过程缠结凌乱，满是岔路和死胡同。当匠人到达西奈半岛时，这群人至少经历了一次成种事件，演化成为早期的直立人。这意味着只有一部分匠人的基因被直立人保存下来，而其他基因则留在了那些止步不前的匠人身上。如果这两部分人都不多（大量证据都支持早期的小种群性），那就等于把原来的基因库一劈两半，而且每个单独基因库的多样性都比原基因库小。成种作用正是这样导致了遗传瓶颈效应[10]。

然而，即使没有成种作用，人类浪迹天涯的秉性仍会导致瓶颈作用发生。远走他乡的行为会让人类直面身处陌生环境可能带来的危险，而这样的冒险会使人口数量和基因库一代代变小。种群遗传学家将其称为"奠基者效应"（founder effect）。想看看奠基者效应是怎么运作的吗？那就让我们追寻一群直立人的脚印，沿着地中海边缘行走，向印度进军。记住，这不是一次性的长途跋涉。很可能有几个直立人被今天古吉拉特邦（Gujarat）海岸的美好风光吸引了，并决定在那儿定居一段时间。这些定居者就叫做奠基者种群，它的人数少，种群多样性自然低。到了下一代，又有一小群人从定居下来的古吉拉特人中分离出来，沿海岸线走向南方。让我们作出一个一般性的假设：每当一小群人从原有群体中分离出来、奔向未知领域时，都会有一群人被留在原地。因此，每个新群体都会变成一个新的奠基者种群，而且其遗传多样性比古吉拉特的原种群来说将越来越低，即使你把不同奠基者种群的通婚行为也考虑在内，事情也不会发生改变。连续发生的多次奠基者事件会演变出一幅奇特的景象：人口越来越多，人类的遗传多样性却越来越低。印度直立人的遭遇其实是全球人类演化的缩影。人类在流浪了千百代后，终于让自己的种群数量慢慢回升，但由遗传瓶颈造成的低多样性却留存至今。

在非洲大陆，早期人类也在迁移中分化为不同的物种，结成新的团体，而且这些团体的遗传多样性也逐步降低。但是，当 20 万年前一小群叫智人的人族成员出现的时候，奇怪的事情发生了。塔特索尔相信人类发生了某种遗传变化，并由此催生了一场文化上的飞跃。在5万至10万年前，化石记录中出现了包括雕塑、贝壳首饰、用各种材料打造的复杂石器、赭石和碳笔绘就的洞穴壁画以及精美的墓葬遗址在内的大量文化遗迹。如同纽约大学的人类学家怀特（Randall White）在其《史前艺术》（*Prehistory Art*）[11]书中所说，也许那时的人类是想用首饰和服饰宣称自己的部落归属。智人不仅是在与世界相互作用，还用符号与之沟通。但是，为什么会发生这种突然性的变化，让古人类从具备文化表达的能力变为能主动创造文化呢？

也许一小群智人身上出现了突变，使他们开始实践各种文化表达方式。然后，这种能力借由各种群间的通婚传播开来，毕竟，善讲故事和象征性思维对人类这个经常遭遇陌生环境的类群来说，是弥足珍贵的生存技能。一群人可以用语言和故事形式向另一群人转述生存的知识，比如如何猎取当地的动物，如何识别安全可食的植物。在这些知识的武装下，人类征服新领域的速度也加快了。任何一个掌握这些技能的种族都会在一次次迁移中赢得更多的生存机会。随着这些种族一次次存活下来，他们也越来越倾向于保留与符号化沟通方式相关的基因。

智人有关象征性文化的才能恐怕也是性选择的结果，在性选择中，一些基因之所以能留传下来是因为它们的携带者在异性眼中更加迷人。简单地说，这些俊男靓女能留下更多后代，因此他们将自身基因流传下去的概率就更高。演化心理学家米勒（Geoffrey Miller）在他的《交配策略》（*The Mating Mind*）[12]中说，在古人类眼中，最有魅力的人必须能言善辩且擅长利用工具。而经过一代代这样的性选择，擅长使用象征性文化的人也将成为人群的主体。柯克兰（Gregory Cochran）和哈本丁（Henry Harpending）这两位人类学家将上述观点进行了扩展。他们认为在过去5万年来，与脑容量、脑部大小和语言能力相关的基因在人类种群中像野火般蔓延。柯克兰和哈本丁在他们的书——
《万年大爆炸》(*The 10 000 Year Explosion*)中这样写道[13]："生命就是
一场交配实验。"

　　人类在象征性思维方面的能力发展迅速，部分原因就在于人类心
怀追寻新天地的梦想，而性选择正遵从了这个愿望。人类繁衍近百万
年，终于演化成了能探索和适应世界的终极幸存者[14]，而我们正是通
过分享新世界的故事成就了自己。

我们是如何知道这一切的

　　反映人类走出非洲路线的证据有很多，其中的实物与地点，你都
可以用双眼实实在在地看见。古生物学家不仅发现了古人类用过的工
具，还找到了他们的骨骼。要弄清楚这些工具和骨头是什么时候留下
的，我们就要采用与地质学家估测岩石年龄手段相似的技术。实际上，
当人类学家说"为化石定年"时，他们并不是直接对骨骼下手，而是
先从地下仔细挖出骨头、对其周围的岩石取样，再假设包裹或紧覆这
些化石的岩石或沙土与之年代相仿，并为围岩定年。科学家基本上是
靠相关的围岩测年的，因此才会把某一化石的地质年龄放在一个宽泛
的时间段内，比如 10 万年至 8 万年前。尽管我们没法把每一次发现的
化石的时间归属精确到何年何月，但是我们却有充分的证据，证明在
地质演化史上一些人类物种（比如匠人）比另一些（比如直立人）出
现得更早。

　　然而，近 10 年来的化石骨骼研究已经被新的基因测序手段所革
新，科学家还从早至 5 万年前的尼安德特人及其他人族成员化石骨骼
中萃取出了 DNA[15]（很遗憾，我们无法为南方古猿和匠人进行 DNA
测序，因为他们的 DNA 降解程度太高了）。在德国莱比锡的普朗克研

究所（Max Planck Institute），演化遗传学家斯帕博（Svante Pääbo）及其团队开发出了一种技术，能从尼安德特人的骨骼中提取几近完整的基因组。首先，他们将骨头研磨成粉末，并用化学方法对他们能够找到的 DNA 分子进行扩增；接着，使用可解读现代生物 DNA 的碱基测序仪分析这些遗传物质。在下一章中我们会对尼安德特人的基因组着墨更多，而在本章中我们只需知道，目前已经有实在的证据证明智人和尼安德特人的遗传关系。

从 20 世纪 90 年代初期第一幅人类基因组草图测定完成开始，科学家就已经通过 DNA 解码技术获得了人类遗传多样性过低的证据。虽然绘制第一幅人类基因组图谱花费了整整 10 年，但是现在已经制造出高效的仪器，让我们能在短短几小时内读取一套基因组中的全部碱基。种群遗传学家也因此积累了全世界各色人等的基因组序列样本。有了这些基因组序列样本数据库后，科学家就可以将它们输入软件中进行各种分析，既能简单比较两个基因组（逐个碱基比对两条基因链的异同点），又能完成这些基因组随时间演化的极复杂模拟。

科学家为了分析世界不同地区的人遗传多样性需要收集足够多的样本，当这些 DNA 序列样本多到一定程度后，他们得到了多级奠基者理论的第一份遗传学证据。遗传学家发现了一个很能说明问题的分布模式：出身非洲和印度的人要比其他地方的人拥有更高的遗传多样性。这与人类从非洲起源又一步步分化出奠基者种群的世界人口分布精确对应。要注意，这些依次出现的奠基者种群的遗传多样性一级级降低。因此，滞留在非洲或印度的种群所繁衍的后代脱胎于早期的奠基者。而欧洲、澳大利亚、亚洲和美洲人的遗传多样性则已被上百代的奠基者效应所冲淡。当你把这些遗传学证据与走出非洲后的人类化石和石器结合在一起时，就可以推导出一个颇为可靠的结论，即奠基者效应导致了我们的遗传瓶颈。

人之所以为人

尽管人类种群中可见的遗传瓶颈恐怕主要由奠基者效应和性选择导致，但也有证据表明人类最后一次走出非洲的大辐射是由一次天灾所促成。古人类在100万年里都是从西奈走出非洲并奔赴世界各地，但在大概8万年前一次极大的人类迁移给世界和每一个人带来了翻天覆地的变化。智人会使用语言，会制作和穿戴衣物，会打造精巧的石器。已经接管非洲的他们，此时开始了新一轮迁移，突破了非洲的疆界。这次人类迁移事件很可能是因为多巴火山爆发造成的大灭绝而发生。但是这个假说仍具争议。

然而，可以肯定、同时也为大家所公认的另一样东西确实发生了：那就是人类的符号化沟通体系。人类有效种群数量极低的现象明确表明，人类喜欢探险、乐于流浪的天性深植于人类演化史的深处——在智人这个种演化出来前很久，就已经存在于祖先的血脉中。而当人类远离温暖的西非沃土、远离这片南方古猿首次双足站立的故乡时，创造文化的能力又让人类得以在危机四伏的土地上生存。人类从不在一个地方停留太久，而是迁往新的地方，建立新的家园。当人类演化出复杂的象征性思维时，制造工具的能力和语言能力进一步提升，使得迁移之旅变得更容易。比如，人类可以利用各式各样的环境，通过口耳相传，让后来者在进入一个新环境前就能了解当地的资源和危险。

当智人如决堤之水般涌出起源之地时，他们发现这个世界已经被其他人类兄弟占据了。我们的祖先需要适应一个已经有人居住的世界。下面一章就让我们见识一下人类种群遗传学和人类演化史上最具争议性的问题。

第 7 章

相遇尼安德特人

尼安德特人灭绝于 2 万～3 万年前。尽管人们对他们的身份存有争议，但毫无疑问，当今世上已经没有活的尼安德特人了。这些曾经生活在欧洲和中亚的数百个尼安德特人种群，遗留至今的是一些尚存争议的墓葬遗址、骨头、石器和艺术品碎片，以及现代人从他们身上继承下来的少量 DNA。我们如何才能避免尼安德特人的命运呢？这取决于你对他们灭绝的看法——在遇见智人后的几千年里，到底是什么把尼安德特人赶尽杀绝？

经过一批又一批的迁居，人类到 4 万年前已经扩散至世界上绝大多数地区，他们的足迹从非洲延伸到欧洲、亚洲，甚至远达澳大利亚。但是这些人长得并不一样。其中，一群智人在势如破竹地冲出非洲后，进军北上然后折向西方。在这片被浓密森林覆盖的土地上，他们与另一类人打了个照面，这些人比起智人来，显得身材粗矮、皮肤白皙，他们已经在欧洲、俄罗斯和中亚的寒风中生活了千万年。今天我们把他们称为尼安德特人，这个名字来源于德国尼安德山谷中的洞穴——第一批尼安德特人的头骨化石在 19 世纪发现于此。

尼安德特人并不是一个统一的种群。他们分布的范围非常广，身影遍布欧洲、亚洲和中东，以至于在不同的地方形成了地方性的小种群。这些小种群与现代人的种族和民族相似，彼此外貌差异很大。尼安德特人与智人一样，都会使用工具和火[1]，不同种族可能发展出了不同的语言和文化传统。但是从很多方面上看，他们都与智人相差甚远——他们的交际圈很小，总是结成 10～15 人的小型团体，持有的资源也非常有限。他们拥有几种石器，包括打猎用的石矛和剥皮切肉破骨用的锋利燧石。尼安德特人的生活环境恶劣，食物匮乏，食谱不像智人那么荤素均衡，而是基本以肉类为主[2]。有证据表明，他们能够在艰苦的环境中同甘共苦、相互照料：从伊拉克一个洞穴发掘出的化石中，发现了一具尼安德特人的骨架，此人已严重受伤，一只眼窝被砸烂，手臂也断了，但是这些骨头却有愈合的迹象，这说明他们和今天的人类一样，在同伴伤及命脉后能彼此照料，直到伤者恢复健康。

在他们首次遇上智人后约 1 万年，所有尼安德特人族群都灭绝了，智人成为了地球人族的王者。对尼安德特人来说，智人只是与自己相仿的异类。那么，在这两个相似物种比邻而居的 1 万年里，到底发生了什么呢？

几十年前，大多数科学家都认为，那是一段噩梦般的时光。斯坦福大学的克莱因[3]在法国工作过许多年，致力于研究尼安德特人和早期智人的石器。当我请他描述这两类人会面的场景时，他的嗓音变得低沉："你不会喜欢大屠杀这个想法的，但这种可能性很大。"在这里，他指的是许多人类学家笃信已久的理论——智人以高人一等的武器和智慧将尼安德特人屠灭。很长一段时间以来，没有其他假说能解释尼安德特人在智人到来后的快速消亡。

然而时至今日，群体遗传学领域有越来越多的证据表明，当这两类人生活在一起，共享洞穴和炉火时，呈现的是一幅完全不同的画面。

一些人类学家如霍克斯和密歇根大学沃尔波夫（Milford Wolpoff）认为，两类人共同形成了一种新的混合人类文化，智人并没有杀害尼安德特人，反而与他们共同孕育孩子——直到千百代人之后，尼安德特人的基因独特性被智人的基因所稀释。近年来已有令人信服的证据表明，现代人 DNA 中携带着尼安德特人的基因，这也成为上述理论的有力佐证。

在欧洲和俄罗斯的寒冷森林中，不管智人遇见尼安德特人后是痛下杀手还是喜结良缘，这些胸肌发达的亲戚们如今都不再与我们并肩同行了。人类的这一支香火已经断绝。但是在尼安德特人的灭亡故事中，他们如何存活以及如何遭遇毁灭，都一样精彩。

尼安德特人的生存之道

关于智人来临前的尼安德特人生活，我们只有零星的证据。尽管他们与智人长得不像，但两者却可能是同一物种。一些人类学家把尼安德特人定为智人的一个亚种，并暗示他们是我们演化路线上的旁支，但是也有强有力的证据表明，他们能够而且确实与智人有过通婚。与大众的认识相反，尼安德特人的肤色恐怕并不黑，他们很可能是红头发、白皮肤[4]。我们还知道，他们利用长矛猎取猛犸和其他大型猎物。许多人的骨骼扭曲变形，难看畸形，这些都是骨头断裂后又愈合的痕迹[5]。这也说明他们在杀死猎物过程中曾有过贴身的肉搏战，留下了许多伤痕。他们也与剧烈的气候变化抗争过。在尼安德特人的全盛期，欧亚大陆的气候在小冰期和暖期之间振荡往复，气温变化不停地把尼安德特人驱逐出他们熟悉的围猎场。为了躲避天气变化，很多人都把家安在宽敞的洞穴里，洞穴的位置较高，可以俯瞰密林遍布的山谷和海岸边的悬崖。

虽然尼安德特人分布的地域很广，从西欧到中亚都有他们的踪影，但人口数量其实很少——据乐观估计[6]，他们在人数最多的时候也不过 7 万人，而且许多科学家还认为[7]他们一度少于 1 万人。通过检查他们牙釉质的生长情况，人类学家得出结论：很多尼安德特人在年幼时都遭遇过极严重的饥荒。这个问题还因他们倚重肉类的食性而加剧。如果猎取猛犸的活动受挫，或者寒冬把他们喜欢的猎物饿得皮包骨头，那么他们就得忍受长达数月的营养不良。尽管尼安德特人会埋葬逝者、制造工具、（至少有一次考古发掘证明他们会）用猛犸骨头建造房屋，但是我们却没有传统的证据证明他们有语言和文化。这里所说的传统证据指的是他们遗留下来的艺术品或象征性物品。尼安德特人在遇到智人后确实开始制造艺术品和复杂的石器，但是我们还没有找到任何确凿无疑由尼安德特人自己创造的艺术形式。

尽管如此，令人饶有兴味的隐性证据确实存在。最近在西班牙发现了一处 6 万年前的尼安德特墓穴[8]，它也许能说明尼安德特人在智人抵达前就开始用符号传递信息。研究者在此挖掘出 3 具尼安德特人的遗骨，他们看起来都被小心地摆成了同样的姿势：胳膊高举过头顶，遗体上覆盖着石块，边上还发现几只切割下来的豹爪。一切不禁让人们产生这样的想象，这里曾举行过一次具陪葬品的葬礼仪式。华盛顿大学圣路易斯分校的人类学家特林克豪斯（Erik Trinkhaus）说，这处遗址表明，尼安德特人可能拥有和现代人一样的象征性思维。

这处墓地让包括特林克豪斯在内的许多科学家相信，尼安德特人能够交谈甚至吟唱[9]，但是还没有发现足够的考古学证据以动摇整个科学界对于尼安德特人的看法。

智人第一次接触尼安德特人时就已经留下了象征性思维的丰富证据，这与尼安德特人形成鲜明的对照。智人有骨针，说明他们会缝制衣服；有穿孔的贝壳，说明他们拿它作首饰。我们甚至在智人的营地里发现了大红与赭色混合的涂痕，这些东西可能是用来绘画，也可能用作染料或者用来化妆。各种证据凑到一块儿，表明智人使用工具并非只为了生存，他们也将其用于装饰。我们现在所知道的人类文化，恐怕也是以这些简单的装饰品为起点。

在尼安德特人眼里，新来的智人与自己之间有巨大的差异。这些新人不仅长得怪（瘦高个儿，小脑袋），还会用难以理解的复杂语言唧唧喳喳地说话，身上穿戴着奇异的服饰。尼安德特人试过与他们交谈吗？有没有邀请他们共进猛犸肉晚餐呢？

"没有！"对克莱因等相信大屠杀说的人类学家来说，答案毋庸置疑。他认为智人在遇到尼安德特人时，心中只有仇恨和厌恶，对他们的困境漠不关心。而眼睁睁看着智人抵达的尼安德特人，由于智人用上等的武器杀害他们或抢走他们的猎物，其生活也将进入写满杀戮与饥饿的黑暗一章。尼安德特人人口稀少，处境凄惨，他们的灭绝不可避免。

每个熟悉美洲殖民史的人都会觉得这个故事似曾相识。智人与驾船而来的欧洲殖民者扮演着同样的角色，而尼安德特人就像是很快被灭绝的美洲原住民。但是克莱因认为尼安德特人和美洲原住民之间还有一个明显的区别。他声称，因为尼安德特人没有发展出文化，所以在智人到达时两者之间"没有文化交流"。试想一下假如美洲原住民没有财富，不懂科学，没有庞大的城市，也没有宽广的农田，那么西班牙人到达美洲时将会发生什么？这一幕也发生在了尼安德特人身上。尼安德特人没什么拿得出手的东西与智人交换，因此这些新来的家伙就把他们当作野兽看待。克莱因承认，尽管尼安德特人可以四处躲避智人的性骚扰，但"智人男性对任何东西都下得了手"。塔特索尔同意他的观点，他开玩笑说："可能更新世就有少数滥交的坏蛋。"这种性关系没有一丝文化纽带的意义。对克莱因和塔特索尔等人类学家来说，这两类人之间结成的非战斗关系不是友爱之情，最多是绥靖招安。

但是新一代人类学家却讲述着完全相反的故事。这些科学家在现代人的基因组里找到了尼安德特人的基因，这项遗传学发现让他们相信尼安德特人与智人间有着比偶尔的滥交更稳固的关系。确实有证据表明，智人的到来大大丰富了贫乏的尼安德特文化。一些尼安德特洞穴遗址中同时出土了传统的尼安德特式石器和智人式石器。我们确实很难说，这些遗物体现了一种演化中的混合文化，还是仅仅是智人接管尼安德特人的洞穴后、在原来的地方扔下的杂物。此外，许多住过尼安德特人的洞穴在他们灭绝前的一小段日子里曾撒满了各种装饰品、石器甚至颜料。尼安德特人是在模仿智人吗？还是说他们与智人融合了，而克莱因和塔特索尔却没有看到他们所经历的文化改变？

消灭还是同化

我们可以把有关尼安德特人的复杂争论概括为两个主要理论[10]：智人要么毁掉了其他人类，要么加入了他们的行列。

"非洲智人取代说"（African replacement）有时也被称为晚近非洲起源说。这个理论认为，智人冲出非洲后，把尼安德特人狠狠踩在脚下。它与克莱因的大屠杀理论相符。智人在取代他们的远亲时，很可能是采用战争的方式接管了他们的领地。这个理论很简单，也与一些考古证据吻合，因为我们在洞穴中发现，尼安德特人的遗骸被压在智人遗骸的下面，这就好像智人把尼安德特人挤出老家，逼入苦寒之地，导致他们灭绝一样。

在 20 世纪 80 年代晚期，夏威夷大学的生化学家卡恩（Rebecca Cann）和同事找到一种方法，用遗传学证据支持[11]非洲智人取代说。卡恩的团队发表了有关线粒体 DNA 的研究成果。线粒体 DNA 是遵循母系遗传的少量遗传物质，它忠实地将母方的遗传信息传递给子代。卡恩的团队发现，地球上所有人的基因都可以追溯到非洲的一位智人女性身上，她就是"线粒体夏娃"（mitochondrial Eve）。如果我们都可以在一位非洲女性那儿寻到根，那么现代人又怎么可能是古人类杂交的产物呢？我们肯定完败了尼安德特人，继而把线粒体夏娃的 DNA 传播至我们到过的每个角落。但是，线粒体 DNA 只提供了遗传画卷的小小一角。当科学家为尼安德特人做过全基因组测序后，他们发现现代人和尼安德特人居然共享了许多 DNA 序列。

另外，智人流浪者怎么可能主动攻击尼安德特人呢？他们毕竟只是些探险家，全部身家恐怕都背在背上。尼安德特人的工具虽然不多，但他们确实拥有能杀死猛犸的致命长矛，何况他们还有火。就算智人的人数更多，这些闯入者真有足够的资源发动一次毁灭文化的进攻吗？在许多智人看来，与其向邻居发起一场耗费甚靡的战争，还不如与这些长相奇怪的本地人发展贸易，最终，智人得以与尼安德特人比邻而居。随着日子的推移，这两类人通过贸易（没错，还有偶发性的战争）共享了大量文化和基因，到了最后，谁也没办法把他们区别开了。

上面的猜想就是人类进化的多地区起源说（multiregional theory）。由沃尔波夫和霍克斯向大众推广[12]，这个理论同样能解释对非洲智人取代说有利的考古学证据，只不过解释的角度完全不同。

沃尔波夫假说的重点在于，尼安德特人和智人的祖先并非各不相干的两种人，也不是到了克莱因口中惨烈的致命性相遇后，才得以会面。沃尔波夫认为，180 万年前走出非洲的人类打开了一条通途，后来又有许多其他古人类也走上这条路。这条路两端的人类来来往往。人类不是一拨又一拨地离开非洲大陆，不是不远万里向新家跋涉，而是一点点拓展他们的疆域，最后挪到他们那些老亲戚的家门口。实际上，

"走出非洲"式的人类大迁移概念建立在人为划分的亚非界线上[13]，而这条线对我们的祖先来说毫无意义。他们向外扩张，住进他们喜爱的热带森林，恰巧这片森林在人类演化的许多阶段都从非洲一路向亚洲延展。数万年以来，早期人类都应该会在非、亚、欧三块大陆间来回迁移。对尼安德特人和智人来说，这些地方都是一样的森林。

如果说沃尔波夫等科学家是正确的（为了支持他们，霍克斯还出具了令人信服的遗传学证据[14]），那么智人恐怕就不是在冲出非洲的单次长征中打败了所有其他人类。相反，他们在全球各地区演化，罗织出复杂的亲戚网，这张血缘大网将尼安德特人、丹尼索瓦人和直立人等其他古人类都包罗在内。

我们必须着重理解一点：多地区起源说并不意味着两三个分离的人类谱系可以经平行演化变成今天的各个人种。这是一个普遍性的误解。多地区起源说所描述的人类迁移其实与今天很相似——人类一直在各地间来回穿梭。对于持这个学说的学者来说，不存在前后相差数万年又相互独立的两波迁移浪潮，人类并非在一次迁移中演化为尼安德特人，又在另一次中变身为智人。相反，智人的迁移（和演化）自 180万年前就从未停止过。

许多古人类学家相信，真相介于非洲智人取代说和多地区起源说之间[15]。他们认为，古代或许发生过多次各不相干的迁移之旅，但是智人没有"取代"尼安德特人，相反，他们利用通婚的方式逐步将这些不同寻常的"表兄弟"同化。

也许，当尼安德特人站在光滑的石洞入口处、首次看见智人走进树木成荫的山谷时，他们并没有感到未知的恐惧，反而看见了机会的降临。在这个版本的故事中，我们的穷亲戚虽然资源匮乏，生活窘迫，但在智力上却不输于我们。他们与新来的伙伴交换想法，促进交流，共同养家。他们的混血儿对人类这个物种的发展影响深远，尼安德特人的若干优良基因融入一些智人种群中。尼安德特人灭绝了，但他们的混血儿却活在我们中间。

　　智人对尼安德特人采取的策略是消灭还是同化？这其实取决于你对自己所在的物种持什么态度。克莱因并不认为尼安德特人是低人一等的种族，命中注定该死，他只是认为早期智人在横跨欧洲时不会与他们交好，只会一路烧杀抢掠。克莱因对男性智人性偏好的评价就摆明了他的态度，他是基于对现代世界中智人行为的观察才建立这个理论的。塔特索尔将克莱因的评价推而广之，他认为智人 4 万年前在尼安德特人身上加诸暴行，这种对待方式与现代人类互相杀戮的行为无异。塔特索尔说："今天，现代人自己已经成为了自身生存的最大威胁。（尼安德特人的灭亡）正与此相称。"他相信智人消灭尼安德特人的方式与今天人们残杀同类的手段别无二致。

　　霍克斯却把智人和尼安德特人的关系描述得更加复杂。他相信尼安德特人有能力发展出自己的文化，他们的困难在于资源匮乏。他说："他们在那样恶劣的环境里活下来了，我们中恐怕没几个能够做到。"这"恶劣的环境"即指苦寒少食的尼安德特家园。霍克斯说，人类学家在研究他们时，常常会问一些错误的问题，比如"为什么你们不发明弓箭？为什么你们不建房子？为什么我们活下来了而你们却灭绝了？"他觉得尼安德特人并不是做不到，只是他们无法像智人那样让各个族群共享知识。他们散得太开、走得太远，他们甚至找不到机会分享信息，也无法及时将工具磨制得适于对付新环境中的野兽。霍克斯总结说："他们与智人不同，但并无不可逾越的鸿沟。他们在很有限的条件下生活，今天的人们很难理解他们的处境。"为了给孩子挣一口饭吃，他们整日与野兽殊死搏斗。到了夜晚，他们已经累得无力发明弓箭。尽管条件非常有限，他们仍然团结成小型聚落，集体打猎，互相照顾，给予逝者以荣光。

智人到达后，尼安德特人终于能够获得他们未及发展出的符号化交流和工艺改造方法。大量考古证据表明，他们很快就学会了智人带来的技术。在与其他种族共享这个世界时，他们开始用这些技术适应环境，并与他族定期交流。他们并没有被智人逼入灭绝之境，相反，他们喜爱智人的文化财富，同时掀起了一场属于自己的文化大爆发运动。尼安德特人被智人同化了，这个过程无疑显得半推半就，如同今天我们常常看到的同化方式一样。

霍克斯的假说在尼安德特人的 DNA 中找到了更多证据。他们的遗传学样本能揭开尼安德特人在遭受更新世花花公子的骚扰后，到底发生了什么。德国普朗克研究所的遗传学家在帕博的领导下，对几个死于 3.8 万年前的尼安德特人的基因组进行测序。在分离出一些为尼安德特人所特有的基因序列后，他们发现，人类的基因组中隐藏着前述基因序列的子集，它们是在智人与尼安德特人第一次亲密接触后溜到智人基因组中去的。虽然它并非基因流由尼安德特人指向现代人的铁证，但也透露了尼安德特人没有为智人所灭这一信息，为同化说提供了很强的支持。

人类学家心中有一个巨大的疑问，他们想知道现代人是否像线粒体夏娃那样拥有"纯粹"的谱系。然而，随着遗传学证据越来越多，他们发现人类谱系是我们的祖先在地球上扩散时，融合多个人类文化才拼凑起来的"百家衣"。当今人类的祖先曾经历过一次次令人筋疲力尽的迁移、严酷的气候和全球性灾难。

许多人类学家都会坦然承认，我们对早期人类刚离开非洲时的经历一无所知，只有出现新证据时他们才会忙着修订自己的理论。克莱因在他颇有影响的教科书——《人类演化史》（The Human Career）中详细罗列了饱受争议并曾反复修订的理论。其中就包括 2011 年由人类学家阿米蒂奇（Simon Armitage）在一篇论文中发表的观点，即智人是在 20 万年走出非洲的，然后在中东定居下来[16]。在此之前的理论则认为智人是到 7 万年前才走出非洲的。我们的祖先如何从非洲的诞生地离开的故事如同一出复杂的肥皂剧，其中包含着性和死亡。

谁活着把故事流传开

不管是人类消灭了尼安德特人还是同化了他们，我们都得面对人类演化史中一个根本性的事实：只有现代人活了下来，尼安德特人已永远灭绝。也许尼安德特人不会交换符号信息，这成全了智人；尼安德特人人口稀少、居住分散、贫穷无依，这个种族根本无力像他们的非洲表亲那样，走到文化演化的临界点。但是尼安德特人最终似乎被整合到了智人的生活方式中。他们与这些新邻居结成的亲密纽带，让自己活在了现代人的 DNA 中。

帕博是尼安德特人 DNA 测序工程（Neanderthal DNA sequencing project）的领导者[17]，他最近宣称，他们又发现了一条线索，说明智人要比尼安德特人更适于生存。丹尼索瓦人是古人类的一种，他们与尼安德特人的关系远比和智人的关系密切。在分析了丹尼索瓦人的基因组后，帕博的团队下结论说，智人 DNA 中很多独特的区域，科学家在尼安德特人和丹尼索瓦人身上找不到。此类区域的一些基因可用于建立人类大脑中的神经连接。换句话说，与智人象征性思维能力相关的 DNA 序列非常独特，在尼安德特人身上并未发现。

"猜想存活性与大脑中的神经连接相关，这种想法很有道理，因为尼安德特人的大脑和现代人一样大，"帕博在 2012 年发布他的发现时如此说，"如果考虑到体型，他们的脑容量甚至要大过智人。但是智人身上肯定发生了什么，否则他们的技术和文化以及大型的社会体系就不会发展得如此迅猛。"也就是说，智人的大脑与其他人族成员相比肯定有某些特别之处。而当尼安德特人被智人所同化，为新来者产下后代时，这些混血儿的大脑也带上了这类特殊的印迹。如此看来，智人将尼安德特人同化的过程既是生物学上的又是文化上的，这种同化让人类社会具备了知识共享的传统，这个传统让人类在面对极端严峻的条件时也能迅速适应、游刃有余。

从早期人类那里演化出的大脑使我们能传递思想，即使颠沛流离、远隔千里，即使混迹于新的社会环境，同胞间依然交流不辍。这种神经学和社会学的双重纽带极有可能是智人得以同化尼安德特人的利器。人类擅长讲故事的本领也让今天的我们不会忘记这些相貌奇特的远亲。

人类在 3 万年前展现出同化其他文化的强大力量，但在后续的人类历史中，这种相互联系的特性险些把我们葬送。一旦人类发展壮大到一定程度，我们对同化的需求就会在整个现代世界中传播瘟疫，这在历史上数次险些摧毁了人类文明。它还会产生致命的饥荒。在接下来的两章我们将会看到，人类旧有的社区建造方式带来了大规模的疫病。在尼安德特人与智人融合数千年后，这种在冰期前得以让人类存活于欧洲的方式，竟然变成了不利因素。它将整个人类文明连根拔起，让人类痛下决心从此永远改变其社会结构。

第 8 章

大瘟疫

这次疫病流行，被他杀害的人已不下千数；先生，你未见到他以前，我想应该有些准备，不可轻敌；随时随地都要防范着他。

——摘自《坎特伯雷故事》中"赦罪僧的故事"

（乔叟作于 14 世纪 80 年代）*

大多数人都是从《坎特伯雷故事》（ *The Canterbury Tales* ）知晓英国诗人乔叟（Geoffrey Chaucer）的，这本书是最早用英文写就的文学作品之一。也许你不知道，乔叟成年时正赶上一个劫后余生的时代。他生于14 世纪 40 年代，黑死病 1348 年第一次袭击英国时，他还是个小孩子；其后不过短短几年，黑死病就扫灭了不列颠群岛上超过 60% 的人口[1]。乔叟是富裕的酒商之子[2]，在伦敦长大。那时的伦敦已经是一座繁华的大都市了，从欧洲大陆跨海而来的商贾云集于此，带来东边大陆"鼠

---

* 此处译文出自：方重（译），1993 年，上海译文出版社《坎特伯雷故事》，246 页。为使文字更通俗，本文略作改动：第一句原文为"疫症"，在此改为"疫病"；最后一句中的"防范"原文为"防御"。——译者注

疫"肆虐的消息。这种病后来被称为淋巴腺鼠疫，它也被恐惧的人们称为黑死病。瘟疫在 14 世纪 40 年代晚期进入第一次大流行期，夺去了成千上万人的生命。教堂的墓地已经尸满为患，大多数尸体只能被抛入万人坑中集体掩埋。即使有地方下葬，也可能请不来牧师主持葬礼。到乔叟长大成人时，瘟疫已经使伦敦的人口下降了一半。

乔叟著作等身，但其作品中却鲜有关于黑死病的记述，我从《坎特伯雷故事》中摘录的就是最值得注意的诗行：腐败堕落的赦罪僧给其他旅行者讲述了一个故事，故事中 3 个怒气冲天的醉汉决定杀掉"死神"，为他们的同伴复仇。他们醉醺醺地命令拖死人去墓地的男孩，要他告知去何处寻找死神。男孩警告他们在上一波疫病的侵袭下，"被他（死神）杀害的人已不下数千"，他们必须"随时"做好准备与死神狭路相逢。在黑死病第一次侵袭伦敦的 40 年后，乔叟竟用日常的"疫病"（pestilence）一词称呼它。这说明，对乔叟那一辈人来说，尸横遍野的疮痍之景已是很平常。到了 14 世纪晚期，尽管瘟疫已经不如乔叟童年时猖狂，但它仍然不断侵扰着人们的生活，动辄夺去上千条性命。虽然黑死病在乔叟的作品中只留下了只言片语，但是它所造成的社会反响却在诗人和他的国人心中打下了深深的烙印。

人类在适应不断发展的社会时遇到了许多问题，黑死病只是其中之一[3]。当历史的车轮隆隆开进中世纪时，原始的象征性文化仍然笼罩着人类。这种文化虽然让智人活得比尼安德特人长久，但要用它把众多不同的小团体联合为大型社会，智人还缺乏经验。在古典时代（classical antiquity）*，人类第一次将这种社会形式投入实践，亚述、罗

---

* 是指以古希腊古罗马为主导、以地中海为中心的西方文化的辉煌时代。其持续时间一般泛以荷马史诗描述为起始（公元前 8 世纪左右），经历基督教兴起，一直到罗马帝国的崩溃（5 世纪）为止，欧洲历史随后进入中世纪。本文中的"古典时代"仅指其延续的时段，而摒除了地域限制。——译者注

马、汉族和印加等众多民族都建立了幅员辽阔的古老帝国。但是对大多数民族来说，这些文明形式只是美好的例外，而非标准的社会形式。直到乔叟生活的中世纪，人类才开始为未来的现代化、全球化的社会奠基，并为建立那样的社会耕耘了 500 年。这次转变意味着：有史以来第一次，人类面对的最大威胁不再来自自然，而是来自我们自己。

黑死病带来的革命

乔叟长大之后，英国的人口只及他出生前的四成。在这个满目疮痍的国家，乔叟适时地收获了大量机遇。他头脑聪慧，接受过非同一般的教育，在国王爱德华三世的宫廷中担当持盾扈从（esquire）*，这条成长之路与他巨贾之子的身份十分相称。他拜中世纪著名法学院——内殿律师学院（Inner Temple）的大律师们为师，接受了良好的法学训练。从学校毕业后，他得到了一份报酬甚丰的工作，为形形色色的王室成员担当代理，替他们打理国内外的大小事务（他还借出国的机会学会了法语和意大利语）。因为乔叟为皇室成员处理的事务量很大，所以他留下了大量翔实的记录，其中包括通关文牒、消费账目、付款保证书和法律文书。学者们可以通过这些资料拼凑出乔叟生活的全貌。

我们从记录中得知，这位前持盾扈从与他的妻儿在当时伦敦最富有的地区阿尔德门（Aldgate）生活了 12 年。他的家建在古老城墙一座城门的正上方，拥有许多漂亮的房间。按照当时的封建传统，市长为他提供了这处免费的住所。与此同时，爱德华三世也开始让这位未来

---

* 简称盾扈，本义是修补骑士、准骑士、骑士随从等，适用范围非常广。在封建骑士精神衰微的英王亨利三世时代，国王为遏止逃避骑士义务的行为，采取骑士财物扣押制，对不情愿或不配获取骑士资格者，降级为骑士随从，大敌当前时需紧随骑士，手特盾牌组成挡箭大军，以尽义务。14世纪以来，一些无贵族背景，对王室成员或国家有贡献者也被英王封为持盾扈从。——译者注

的诗人在伦敦海关负责羊毛出口税的征收。乔叟显然做得很好。白天，他为这个国家处理巨额的账目；晚上，他可能已经开始了诗歌创作的最初尝试。虽然他为王室经手的财富是个天文数字，但是他和他的家庭却仍属于日后被称为"中产阶级"的阶层。与王室的关系只是让他们能过上好日子（乔叟的薪水中还包括每天一加仑葡萄酒），住上好房子。黑死病带来的副作用是上流社会的重新洗牌，因为瘟疫杀害了很多人。乔叟接手了一份又一份不错的工作，还常常随侍于王室左右，毕竟那时，急缺有良好教养又无贵族血缘的绅士。

可怕的人口骤减将乔叟一家送入社会上层，并对农民阶层产生了巨大影响。到1381年，乔叟的生活也因此受到威胁。这一年发生了著

法国国家图书馆藏画（作于1385—1400年），描绘了伦敦市长在国王理查二世（Richard II）的监督下，处决英国农民起义领袖泰勒（Wat Tyler）的场面。

名的英国农民起义（Peasants' Revolt），要求增加收入、提高待遇的农民制造了一系列激烈的暴动。这些暴动就发生在乔叟家窗下的阿尔德门，许多暴民手持武器和火把，愤怒的抗议者把乔叟身边很多富裕的邻居推入死亡的深渊。

为什么一种流行病会导致一场加薪暴动？这是因为文化适应机制起了作用。洛约拉大学（Loyola University）的历史学家海斯（Jo Hays）致力于古代及中世纪流行病研究[4]，他解释说，黑死病把数世纪来已趋僵化的社会关系搅得天翻地覆。农民以前一直被封建制度中的土地所捆绑，除了沦为农奴之外没有其他选择。随着农民数量越来越多，地主付给他们的薪水也就越来越少——这完全是地主导向型的市场。穷人没有办法，只能忍饥挨饿。当黑死病来袭时，倒下的大多数是这些穷人，因为他们已经被饥饿折磨得失去了健康。存活下来的农民和乔叟一样，发现了这个世界突然空出了大量工作机会。在这种情况下，他们不仅能得到地里的收入，还能拿到更高的工资（就像乔叟这样的商贾之家一样），这是几世纪以来农民们第一次尝到一定程度上自由选择工作的甜头。

大瘟疫也让民众对中世纪各种形式的权威产生怀疑。虽然教廷声称黑死病是来自上帝的惩罚，但是他们却无法否认，那些所谓的善男信女与无神论者遭遇了相同的命运，而且他们也无力阻止瘟疫的发生。实际上，乔叟在《坎特伯雷故事》中对神职人员提出了尖锐的批评，他所表达的这种情感反映了那个时代普遍而矛盾的心声。与此相似，普通人也因为黑死病而觉醒，他们开始质疑政府的权威[5]——这种情况在农奴有机会讨要更好生活后，表现得更为明显。

当然，那些权威们也在尽其所能维持旧秩序。黑死病发生后，面对劳力短缺，英国政府竟然试图用法律来降低工资。1351 年——仅仅在黑死病首次暴发后 4 年，《英国劳工法案》（English Statute of

Laborers）就规定，将一切工资下调到 1340 年瘟疫前的水平。形势急转直下，要求加薪的农民在群情激愤中扫荡了乔叟邻居的家，他们火烧豪宅，把富人从房间里拖出来杀死。我们不清楚在起义时乔叟是否在家，但是，他的一些朋友和商业伙伴都在暴动中被杀。不久之后，政府就废除了该法案及相似的法令，允许农民赚取更多工资，并且从地主手中夺回一定的自由。在农民起义的日子里，乔叟放弃了阿尔德门的舒适寓所，永久定居于肯特郡坎特伯雷市附近，开始了地产经理人和城市设计者的新生涯。他出生长大的城市变化太大了，以至于他在那儿已经不再受欢迎。

当幸存的劳工认识到他们在人口骤减的欧洲的巨大价值后，类似的暴动也席卷了法国和意大利。尽管暴动一开始非常血腥，却提高了劳动者的待遇，并最终导致中产阶级的兴起。这些社会变革甚至惠及妇女，要知道她们之前从未被列入带薪劳动者之列。黑死病之后，自己经营小酒馆的妇女数量增加了[6]（我们在留存下来的记录中发现，购买谷物酿造啤酒的妇女数量有显著上升）。

第一波瘟疫的侵袭也直接导致城市规划者致力于提升大众生活质量。疫病流行过后，许多城市成立了公众健康机构，比如到 15 世纪，像佛罗伦萨和米兰等城市的公众健康机构就负责管理公共卫生和垃圾处理。这些机构也开始组织类似我们今天所说的"健康监控"（health surveillance），每周将感染瘟疫而死的人名编纂成册，以便让官员们在疫病大流行前就能发现苗头。就像我们今天所做的那样，文艺复兴早期佛罗伦萨官员会为疫病感染者建立隔离所，以防止瘟疫大爆发。

"无人关注的穷人"

社会结构的不合理让 14 世纪的黑死病夺去了千万条生命。拥挤的居住环境使得这种可怕的疾病演变成一场末日般的瘟疫。纽约州立大学阿尔巴尼分校的人类学家德维特（Sharon DeWitte）[7]与一群生物学家合作[8]，测定了中世纪黑死病受害者体内致病细菌的 DNA。他们通过充分证据表明，淋巴腺鼠疫是由鼠疫杆菌（*Yersinia pestis*）所引起，它无法通过空气传播，而是一种接触性传染疾病。城市社区中人口密集，正是滋生鼠疫杆菌的温床。另外，还有一个重要原因导致了乔叟童年时近乎人口灭绝的灾难，那就是饥饿。1348 年，黑死病紧承一场大饥荒而来，在那之前，饥饿就已经削弱了人们的免疫系统，食物最少的贫民更是首当其冲。一场流行病之所以能造就"黑死病"的狂潮，一定程度上要归咎于统治阶级对经济资源的配置方式。

到了 14 世纪晚期，依然频发的瘟疫让人们意识到，有一样东西已经成为人们适应城市化的最大威胁。简单来说就是，富人和穷人之间鲜明的阶级划分。当许多人挤在一起生活，而且大多数人都贫病交加时，整个社会就会陷入灭绝的危机。疫病在这群人中迅速传播，把其中的每一个人都带入死亡的深渊。但是，这不仅仅关乎流行病学。作为一种经济体制，封建制度将大多数人困死在贫困线之下。这种制度是僵化的，以至于社会秩序的任何波动都会把整个社会葬送。乔叟笔下"随时"出没的疾病之所以能攻击整个社会，就是因为社会内部的规范让它无论在生物学上、还是在文化上都不堪一击。

然而，从人类历史上最严重的瘟疫中活下来的人们并没有气馁，也不甘于继续这种不开化的状态。与我们今天所想的不同，当时并没有出现死气沉沉、畏畏缩缩的场面。相反，农民起义导致的社会变革在接下来的数十年里改善了广大贫民的生活。尽管距启蒙运动时才开始的科学研究时代甚远，尽管几百年后才会用细菌理论解释疾病，但是从瘟疫中幸免于难的人们已经设法为一种新的政治制度奠定了基石，在这种制度下，每个社会阶级都能为自己争取利益。与此同时，新成立的健康机构也让疾病的易感人群得到了保护。

当欧洲城市开始发展、封建制度开始瓦解时，新兴的市场经济也开始通过国际贸易打造城市间的新联系。由大量易感人群组建起的全球化文明催生了新的危机，人类再次疲于适应危险之境。

这场疫病大流行给整整一代英国人带来了沉重的打击。然而时至1665 年夏，又一场被后世称为"大瘟疫"（Great Plague）的流行病夺去了许多生命。这也是一个文化大变迁的时期，社会各阶级划分鲜明。一位出身名门的年轻海军军官佩皮斯（Samuel Pepys）在他的日记里记录下了当时的日常生活。

在他 1665 年 8 月下旬留下的日记里，佩皮斯是这样描述伦敦街道的：

> 但是现在，我见到的人是多么少呀，少数几个人也是摇摇欲坠随时会离世而去……到这个月结束时，公众会因为瘟疫的肆虐而承受巨大的悲伤，王国的每一个角落都会听见悲伤在回响。每天都传来病例增加的消息，这让人越来越沮丧。这周城里死了7 496 人，其中有 6 102 人都是身染瘟疫而亡。但是，人们担心本周的实际死亡数已经接近 10 000 人——这一方面是因为无人关注的穷人死得无声无息，另一方面则是因为贵格会和其他团体都不会为他们敲响丧钟。而我呢？我挺好的。我只是害怕得上瘟疫。

佩皮斯的恐惧随着死亡人数的上升而增加，但他必须继续经营自己的生意——顺便一提，海军所从事的生意在大瘟疫时非常红火。当他的邻居在病痛中倒下时，他看见一支大多由妇女组建的"检查者"队伍，入室检查黑死病的踪迹，一旦发现有人感染黑死病的迹象，就对其隔离，并且在其家门上打红叉。在上文所摘录的日记中，佩皮斯描写了空荡的街道，少数如他一般有勇气走出家门、却目瞪口呆的人。他在末日般的城市中游荡，这样的景象触目惊心，会让今天的我们想起电影《惊变28天》（*28 Days Later*）和美剧《行尸走肉》（*The Walking Dead*）。

　　缺医少药，在拥挤不堪的贫民窟中生活——伦敦的穷人很快就屈服于瘟疫的淫威下。纽约大学的文献历史学家吉尔曼（Ernest Gilman）[9]仔细查阅了那个年代的文字资料，当时教廷的代言人仍然坚称黑死病是来自上帝的惩罚。但是他也注意到，17世纪时他们与一群被嗤为"死硬自然派"的思想家进行过对话。这些人具有原始的科学思想，相信瘟疫有着世俗的起源。那时的大多数医药在今天看来只不过是江湖骗术，官方也并未意识到这是一种接触性传染的疾病。他们认定疾病是靠空气中的"瘴气"传播。这种思想导致了具有国家强制性的隔离措施，也让人们开始戴口罩，甚至在交易转手后用醋清洗货币。在佩皮斯生活的年代，医学和科学开始在社会上一点点流行起来。从乔叟敢于在《坎特伯雷故事》中讥笑教廷起，许多事情都发生了改变。

　　商业圈里也发生了变化。新的商人阶层崛起，在英国和欧洲经济体系中占据了中心地位，并在世界各地建立贸易路线。城市变成了新型经济的中心，穷人纷纷涌入像伦敦这类大城市的贫民窟，希望能在这个重商轻农的世界里发横财。结果，佩皮斯发现社会被鲜明地划分为两个阶级，一方只被瘟疫所伤，而另一方则被瘟疫所毁。由于要处理海军的相关事务和贸易，佩皮斯也从这种阶级分明的经济体制中受益，然而，正是这种体制成为了滋生大瘟疫的温床。这确实令人悲痛——全球资本主义的兴起竟然与大瘟疫携手而至。

　　佩皮斯也同样在日记中写下了一个关键点，这对理解17世纪及其后的疫病流行至关重要：贫民的死亡率高得惊人，却没有人将其记录在案。他写道，许多人都认为总的死亡数量要比官方数据多 2 500 人，"这一定程度上是因为无人关注的穷人死得无声无息"。

这一点在美洲的大瘟疫中最为明显。当瘟疫席卷美洲大陆时，佩皮斯已经从那儿赚得盆满钵满，荣归伦敦了。

殖民带来的瘟疫

在佩皮斯生活的时代，欧洲人在美洲拓展殖民地的历史已逾 150 年。为人们带来暴利的货物和人口贸易把大西洋变成了一个航道交织的迷宫，各式货船繁忙往来，满载着金银、奴隶、牲畜和土产。当然，船上还有一名不速之客——疾病。

美洲史上有个让人百思不得其解的谜：美洲的两块大陆富饶美丽，阿兹特克（Aztec）和印加帝国（Inca empires）的庞大城市遍及大陆，军队训练有素，农田遍地，人口众多。为什么一群来自欧洲的乌合之众能在短短两个世纪内就把这里的一切占为己有呢？对此，17 世纪的主流观点是，上帝对这些异教徒实行了天惩。而一直到 20 世纪中叶，历史学家和人类学家也没能提供更好的答案——他们认为美洲原住民愚昧无知、野蛮低等，根本无力与欧洲殖民者平起平坐，公平对抗。但是，到了 20 世纪 90 年代晚期，戴蒙德（Jared Diamond）在《枪炮、病菌与钢铁》（*Guns, Germs and Steel*）中声称[10]，印加人在文化上并不落后，他们不过是历史和环境的受害者。戴蒙德认为，印加人之所以败给西班牙人，是因为"石器时代"的技术和不会书写，让他们在欧洲的枪炮、骑兵和知识面前措手不及。这些问题，再加上欧洲人带来的瘟疫，使印加帝国在欧洲人的进攻下变得脆弱不堪。

然而在过去的 10 年里，有关古老美洲文明的研究又有了新进展。如同曼（Charles Mann）在他的著作《1491》（这是一本有关前哥伦布时代知识探索方面的著作）[11]中所述，凭印加人的技术水平完全能够打败西班牙人。他们也有高度发达的书面语言奇普（quipu）*，这些错综复杂的记事绳结到了今天才被破译[12]（令人遗憾的是，西班牙人几乎把奇普图书馆焚烧一空）。印加人的确没有高头大马和金属武器，但他们高超的织布工艺能编织出适合湍流的大船，他们也能用弹弓远距离投掷燃烧的石块，当然，当地还有十分有利的山地地形，在那里良驹也无法攀爬。让印加帝国衰落的原因非常简单，那就是一场堪比乔曳少时的大瘟疫，而一些印加权贵死于天花后所留下的权力真空又导致了激烈的内乱，这更加剧了灾难。

西班牙的征服者全副武装到达南美洲时，这个地方早已被疫病折磨得满目疮痍。可怕的传染病在印加和阿兹特克帝国与外界交易的广大贸易路线上曾经畅行无阻、四处肆虐。想象一下，如果一群武装到牙齿的士兵突袭农民起义后的伦敦会怎样？这个城市已经空虚破落，居民也因为对未来的规划而口角不断。就算只有一小队异族士兵插足，也能把城市变成废墟。在迈恩看来，欧洲人并不是用高人一等的技术和文字征服了美洲，他们不过是无意中带来了天花、流感和鼠疫，而这些疾病在皮萨罗（Francisco Pizarro）等侵略者"征服"南美洲前很久，就给美洲原住民部落带来了毁灭性的打击。

历史学家克罗斯比（Alfred Crosby）通过其 1972 年的著作《哥伦布大交换：1492 年以后的生物影响和文化冲击》（*The Columbian Exchange: Biological and Cultural Consequences of 1492*），首次让这种新理论变得流行起来。他在书中论证说，欧洲人和美洲原住民的相遇是一场巨大的环境实验，让已分隔了百万年的植物、动物和细菌又突然

---

* 奇普是古代印加人的一种结绳记事方法，目前已经失传，无人了解其具体含义。据推测，作为信息载体，绳结的大小、朝向、颜色、形状不同，记录下的信息也不同。奇普是一种能在三维空间"书写"的会意文字。——译者注

重逢。豌豆、南瓜、土豆、西红柿、玉米和其他一些美洲本土农作物被带回欧洲；马匹和猪牛被输入美洲。梅毒借由探险家的身体从新世界返回旧大陆，欧洲的疫病也以相同的方式到达新世界。

佩皮斯时期的伦敦人没有应对瘟疫的科学手段，同样，在相当于今天墨西哥和秘鲁的地区，特诺奇提特兰（Tenochtitlan）和库斯科（Cuzco）等大城市中的居民也对欧洲的疾病束手无策。根据那个时期探险家的记述和教会的死亡记录，许多历史学家和人类学家都认为，美洲原住民中有九成死于传染病。亚利桑那州立大学的法医考古学家布伊克斯特拉（Jane Buikstra）[13]检查了由墨西哥和秘鲁出土的殖民期间原住民遗体。她认为，哥伦布时期的瘟疫对原住民来说的确是雪上加霜，在欧洲人到达美洲前，这些人的骨骼中就可以"找到战争和营养不良的证据；一些人生活窘迫，居住地肮脏拥挤、垃圾遍地"。生活压力很大的人群比其他人更易得传染病，他们与 17 世纪伦敦的贫民和中世纪饥饿的农民很是相像。

然而与英国不同，美洲正处于被外来武装殖民的阶段。因此，根据堪萨斯大学历史学家凯尔顿（Paul Kelton）的说法[14]，这一点可以解释欧洲瘟疫的死亡人数（60% 死于黑死病）和美洲死亡人数（高达90%）的差异。凯尔顿研究了北美原住民切诺其人（Cherokee）留下的历史文献，他认为由殖民所造成的社会经济剧变使美洲的瘟疫进一步恶化，如果以往相互独立的人群和地区没有因为殖民者开辟的贸易通道而彼此相连，疾病也不会传播得那么快。而疾病的传播主体就是从美洲原住民中俘获的奴隶。尽管现在大多数人已经不知道这些了，但实际上，在 17 世纪的美洲，贩卖原住民奴隶是一笔很赚钱的买卖。因为争夺奴隶的战争，美洲各敌对部族间一直保持着紧张气氛，胜者可以把俘虏卖给欧洲人，换取各种货物，从枪支弹药到马匹、羊毛衣物，应有尽有。抢夺奴隶的行为导致战争频繁发生，打乱了狩猎农耕生活的古老秩序。因奴隶制而惨遭屠杀的部族中，最强壮的战士漂洋过海，乘船抵达西印度群岛的甘蔗种植园，藏身于远离仇敌的村落。然而，这些地方虽然能防守敌人，却无法获得足够的粮食。当天花袭击这些村落时，巨大的死亡也不可避免了。

比起欧洲中世纪的大瘟疫，美洲人根本没有时间恢复元气。黑死病过后，英国的普通民众可以不离故土，重操旧业，农民起义还让许多人因劳动力升值而生活得更好。但是在美洲，新的殖民政府和民兵团体却动用武力迫使受瘟疫摧残的人们远离故土，或者用枪支和马匹诱使他们偏离固有的生存之道。生物大灾难后就是政治大灾难，它让美洲原住民背井离乡、贫穷困苦，这与流行病造成的巨大死亡脱不了干系。在许多地区，传教士们还强迫原住民生活在基督教会中，将男女隔离开，确保他们无法建立新的家庭并养育孩子，他们不可能从巨大的人口损失中恢复元气。

琼斯（David S. Jones）是哈佛大学的历史学家和内科医生，他在其颇有影响力的论文《重返处女地》（*Virgin Soils Revisited*）[15]中简要总结道：所有能够施加精神压力和肉体痛苦的因素——背井离乡、战争、旱灾、农作物歉收、土地肥力耗竭、过度劳作、受奴役、营养不良、社会和经济混乱——都让人在面对疾病时更加脆弱。类似的社会和环境因素也会降低生育率，让人们难以填补人口损失的缺口。

美洲的传染病大流行可能是因为与欧洲相同的因素而触发，然而它们之间的主要区别在于，美洲殖民侵略的进程迅速，让原住民在一波又一波的疾病侵袭中没有喘息的时间。

幸存和变存

过去 700 年间的疫病流行表明，人类组成的大型社会可以放大自然界的威胁（比如疾病）。因此，当人类群体规模增长时，在灭绝面前暴露的弱点也会增加。人类已经不能像祖先那样不惜四处流浪以寻找新的家园，于是，在试着适应新环境时就出现了许多失败的模式。严格划分社会阶级和发动战争就是两类失败的模式，在它们身后，疫病流行总是如影相随。科罗拉多大学的历史学教授肯特（Susan Kent）出版了一本有关 1918—1919 年大流感的书 [16]，这次大流感是乔叟时代的黑死病后人类历史上最严重的瘟疫。她在书中说，那次的流感病毒因为第一次世界大战中士兵的流动性而迅速积累毒性。一批士兵因为流感倒下了，就会有新的一批填补他们的空缺。因此，病毒总能找到新的宿主，而这些充当宿主的士兵又会被军舰运送到全球各地，让流感有机会控制新的地区。和黑死病一样，1918—1919 年的大流感不仅导致了卫生健康事业的革命，还点亮了殖民地起义的星星之火（这与英国农民大起义颇为相似）。

我们可以从大瘟疫留下的累累白骨中，挖掘出有关幸存者的残酷教训。我们正在为适应全球化的社会而努力奋斗，在这个社会中，自然界的危险已经离我们远去，取而代之的是城市中各色文化充斥、各色人等密集的威胁。我们正在慢慢适应。每次疾病流行后都会兴起一场社会运动，将我们朝经济平等的目标推得更近，让公共卫生中采取的措施更加科学。

美洲大瘟疫所留下的社会影响至今犹存，它提醒我们，未来要做的还很多。殖民时代的一波波流行病带来了一个悲伤的纪元，那时，殖民者与被殖民者的地位有如天上地下，繁荣上千年的美洲文明毁于一旦。然而，阿尼什纳比族（Anishinaabe）作家、新墨西哥大学美洲学教授维兹诺（Gerald Vizenor）却认为，美洲原住民和他们的文化尽管在形式上发生了很大变化，但还是在美洲幸存下来了 [17]，因为他们一直极力维持自己的部落形态，把先民的故事一代代口耳相传，并尽可能地争取政治主权。

　　维兹诺自创了一个术语"变存"（survivance），用于描述今天美洲原住民的行为方式——他们与自己的文化传统血脉相连，但这种文化处于变化中，他们浸淫其中时仍不忘重塑它，以适应这个被殖民后被永远改变的世界。幸存和变存的区别，就如勉强维生和自由生活之间的差异。当我们为人类未来的生活方式苦思冥想时，我们要把变存的概念放在心上。智人身上最妙之处在于，人类的外延远大于其生物学属性。人类还意味着思想、文化和文明。我没有愚蠢到认为，人类靠这些非物质的东西就能生存。但是，在我们渴望于灾难中幸存时，我们恐怕都没有意识到，我们渴望的并不仅仅是茕茕孑立地活下来。我们并不想让幸存后的自己变得像奴隶般困苦，更不想过奴隶都不如的日子。

　　欧洲和美洲的大瘟疫从环境和经济上改变了世界。它们也揭露出一条真理：幸存具有生物学和文化两方面的属性。要想活着，我们需要食物和住所；要想自主地生活，我们就必须牢记我们是谁，我们从哪里来。就像我们将在下一章里读到的那样，这在应对人类幸存的另一种威胁时意义重大，这种威胁就是饥荒。被饥饿逼入绝境的地区，一般都生活着被剥夺了社会和经济权利的人民。

第9章

挨饿的几代人

爱尔兰大饥荒或土豆饥荒，又被称为黑色 1847。从 1845 年到 1850 年，爱尔兰因土豆遭受连年枯萎病害而发生了 19 世纪最残酷的饥荒之一。200 万人死于非命，100 万人因处境艰辛而远赴英美。爱尔兰 1841 年拥有 800 万人口，但今天的人口大概只有 400 万。这个国家在 160 年后的今天仍未从这场灾难中恢复过来。这次饥荒不仅改变了爱尔兰，还彻底改变了我们对饥荒的看法。

自人类学会书写开始，饥荒就被记录到历史文献[1]和宗教典籍中，然而，时至今日，它作为人群大规模死亡的原因之一，仍未被人类认清。都柏林大学的经济学家欧葛拉达（Cormac Ó Gráda）[2]几乎毕生都在研究饥荒，他告诉我，当"多数人在大饥荒中死于疾病"时，要计算因饥饿而死的人数就变得非常困难。他还说，营养不良要比人们想象得更加致命，因为它可以导致我们上一章所讨论过的灾难——人们对流行病的抵抗力会因营养不良而降低。几百年以来，我们才获得了可靠而完整的饥荒记录，也正是如此，像欧葛拉达这样的学者才能拼凑还原出历次大饥荒的真面目。在这些大饥荒中，人员的大范围死亡是因为缺乏最基本的资源：食物。

饿死人的土豆

黑色 1847 爆发以前，关于饥荒的主流理论来自 18 世纪人口学家马尔萨斯（Thomas Malthus）。他相信流行病和饥荒是控制人口数量的天然阀门，通过它们可以使人口与资源相匹配。在他看来，饥荒按一定的规律发生，当人口数量超过某地区可承载的数量时，饥荒就会到来。然而当爱尔兰发生土豆饥荒时，报道这次事件的记者发现，马尔萨斯的理论不足以解释。这次饥荒有很深的政治渊源[3]。在黑色 1847 之前的数十年间，工业化进程完全改变了爱尔兰的地表景观。过去的土地上散布着小农场，里面种植着各种庄稼；而在那几十年里，地主却将这些小农场改造成牧场，放养畜牧以供出口。而那些仍然以耕种为生的农民，则一改种植作物的老路而种植土豆，因为这种高产的作物更能让他们的家人填饱肚子。许多农民都是佃农，只能从地主手中租得土地，并以此收获他们赖以生存的粮食。他们种的土豆仅能糊口，一旦收成不好，手头就没有现钱。当枯萎病侵袭土豆时，这些贫穷的农民立即就陷入了无钱无粮的困境中。爱尔兰大饥荒与其说是对这个岛上人口膨胀的自然控制，不如说是由政治经济灾难所导致（而这场政治经济灾难部分是由英国对爱尔兰的殖民统治所导致）。

从人们开始意识到这场饥荒有很深的政治基础起，经过 150 年的发展，将经济因素看作饥荒的成因也成了一种主流的观点。诺贝尔经济学奖得主森（Amartya Sen）于 20 世纪 80 年代第一次提出这种观点[4]，并在他极有影响力的著作《贫困与饥荒——论权利与剥夺》（*Poverty and Famines: An Essay on Entitlement and Deprivation*）中对这一著名理论进行了详细的阐述。他解释说，"权利"是人们获得食物的途径，而饥荒则是这些权利在一个特定的社会环境下作用的结果。直接权利（direct entitlement）指直接获得食物的方式，比如种植土豆。间接权利（indirect entitlement）是人们从其他途径获得食物的渠道，一般指挣取货币并用其购买粮食。转移权利（transfer entitlement）则是人们既无直接权利又无间接权利时获得食物的方式，一般指从饥荒救援组织获取食物。森的理论让经济学家们得以用"权利失败"的成因来判定饥荒产生的症结所在。而在黑色 1847 中，大多数爱尔兰人则是因为上述 3 种权利失败共同作用而饱受折磨。

但是森的权利理论中似乎还缺点什么，这缺失的部分在进入 20 世纪后恰恰变得愈发重要——那就是环境因素。加拿大安大略圭尔夫大学（University of Guelph）的地理学家弗雷泽（Evan Fraser）[5]致力于研究粮食安全和土地利用。他认为爱尔兰土豆饥荒说明环境管理不善导致大规模死亡，应该为森的权利理论补上一条，即要"理解生态系统在人为干扰面前的脆弱性"。换言之，饥荒无疑是我们利用（或滥用）环境获取食物的结果。

某些经济或政治环境会鼓励人们将多样化的环境改造成弗雷泽口中的"特化景观"（specialized landscape），它没有其他的好处，仅仅为栽培某种特别的作物而已。比如在大饥荒前的爱尔兰，地主就迫使农民将不同区域的土地都改造成只栽种土豆的农田。这样的栽种方式在短期内通常运转良好。黑色 1847 前，爱尔兰的农民将地里的作物全部改换成土豆之后确实获得了好几年大丰收。矛盾的是，生态系统产出富余也意味着它处于不稳定中。对"特化景观"的任何变动——不管是病害还是温度或降雨量的小小波动——都可以使灾难横扫每一块田地。一块土豆田遭难，所有土豆田全完。就像弗雷泽说的那样，"如果只有一次坏年份，你还能够填饱肚子。"反观爱尔兰大饥荒，在土豆病害肆虐了至少两年后，才迎来 1847 年这一真正的饥馑之年。

导致黑色1847的生态系统脆弱性在20世纪变得更加常见。像温度和降雨量波动这样的小问题似乎都会使单一作物种植区发生大面积死亡，因为单一作物区对这些变化异常敏感。最符合这一定义的地区当数北美中西部的作物种植区，它是从加拿大萨斯喀彻温省（Saskatchewan）至美国得克萨斯州的广大草原区域。弗雷泽说："很多地方的人都喜欢吃谷物。如果种小麦，那种植区就得有110天的生长期，天气要不冷不热，雨水充足但不能过多。当天气很长一段时间都比较好时，你不会意识到这是个问题。但万一哪年天气不好，所有小麦都将毁于一旦。"

在20世纪30年代的黑色风暴饥荒（dust-bowl famine）中，北美的农民亲眼目睹了中西部生态系统的崩溃。现在，风暴似乎又有回潮之势。"我们从气候记录中得知，北美中西部经历过持续二三百年的旱灾。连续几百年降雨量低于平均值的情况并不罕见。而在20世纪，这里的降雨量是高于平均值的。我们经历的好年景已经很长了。接下来的几百年恐怕会比现在干旱。旱灾已经袭击了得克萨斯州。要让农作物产量保持现在的水平恐怕很难。"2012年初我采访弗雷泽时，他发表了上述言论。而正是那年夏天，北美中西部经历了50年来最大的旱灾，农作物和当地人的生计尽数被毁。弗雷泽说，根据那年的美国干旱监测周报[6]，"到8月末为止，美国周边大约62.3%的地域（包括本土的52.6%、阿拉斯加、夏威夷和波多黎各）都遭受了中至特大级的旱灾。"弗雷泽对旱灾的预言已经成真，但是他和他的同事认为更可怕的事情还在后头。

这是否意味着，我们将亲眼目睹自己跨入全球大饥荒呢？是，也不是。人类并不是注定要成为环境的牺牲品，轻微的天气变化也不总会导致大饥荒。我们所面对的主要问题是，赤贫者的数量不断增长，同时，农作物生态系统太过脆弱，单一化的农业难以抵御气候变化和病虫害。农作物歉收是悲剧，但如果人们可以从别处交易到粮食，那这场悲剧也不会演化成饥荒。

在黑色 1847 中，人们要活下去主要的方法是：背井离乡，举家逃离经济崩溃和生态系统崩溃的地区。但是，在很多场饥荒中，人们根本无法做出这样的选择。

导致分裂的战争

20 世纪中叶发生过多起大饥荒，它们大多与战争相关。很多人可能因为疾病而死亡，而疾病因为冲突和营养不良而加剧。战争中的配给制和食物短缺让人们虚弱不堪，面对痢疾和其他传染病毫无抵抗力。在 21 世纪前十年间，英国纽卡斯尔大学（Newcastle University）的历史学家和人口学家希奥尼多（Violetta Hionidou）[7] 在研究轴心国占领希腊时期的历史时发现，1941—1944 年的恐怖日子里，希腊人口中有 5% 直接死于食物短缺。

1940 年，希腊军队面对意大利的侵略进行了顽强抵抗。即使战争发展为持久战，希腊首相也拒绝向墨索里尼屈服。如果保加利亚和德国没有向意大利施加援兵，希腊恐怕仍是固若金汤。然而，德国毕竟对希腊进行了紧密的炮火攻击，之后，希腊沦陷并被意大利、保加利亚和德国军队占领。这些军队都听从德国纳粹的命令，并通过操纵雅典的希腊傀儡政权来保证民众的驯服。希腊被占领后，英国撤销了对其的援助（英国曾经为希腊军队提供援助），并且封锁了己方对希腊的物资供应。此时的希腊被 3 个敌方国家的军队占领，又与原先的盟友断绝了联系，山河破碎，民生凋敝。

政治、经济及地理[从地理上看饥荒集中袭击了锡罗斯岛（Syros）、米克诺斯岛（Mykonos）和希俄斯岛（Chios）] 上的分割引发了其后的大灾难。驻希腊德军向驻地强征食物，并命令希腊政府支付驻守费用。驻军安扎后没多久，第一波饥荒就席卷雅典，夺去了30万人的生命。雅典人几乎在一夜之间就丧失了森理论中的直接及间接权利，而对供给的封锁又断绝了转移权利的渠道，让他们的痛苦难以缓解。希腊大饥荒的故事一般至此就告一段落了，许多人也对当年歉收的论断表示赞成。但在希奥尼多看来，事情远非那么简单。

首先，当年希腊的粮食产量其实并不比往年低。她发现，历史学家之所以做出产量低的推断，完全是基于傀儡政府征收的税收。然而对抗课税的斗争非常普遍，更有很多人无力承担赋税。因此，饥荒时期希腊产出的许多粮食都没有收税或没有记录。此外，希腊市民大多通过进口和贸易的方式获得粮食；偏远岛屿尤其倚仗进口。驻军限制人们向小地方迁徙，也就是说，几乎所有的希腊人都只好偷偷摸摸参与黑市的粮食交易。当然，如希奥尼多所说："那些没钱从黑市买东西的人都饿死了。"

还有些人根本就没有参与黑市交易的渠道。在一些岛上，人们没有办法绕过封锁去偷偷购买食品。比如，锡罗斯、米克诺斯和希俄斯三岛上的居民就只能完全依靠他们自己生产的粮食度日，但这些粮食显然不够。希奥尼多从研究中发现的死亡模式与传统观点背道而驰，因饥饿而死并不少见。她仔细研究了那段时期的记录，惊讶地发现轴心国一方和希腊一方的记录居然相符。"希腊医生报告死亡时认为原因在于饥饿，而且一些人声称，他们有足够的理由将这类饥饿归咎于驻军，"希奥尼多说，"然而驻军留下的文献中也谈及了饥饿。他们没有拿疫病来搪塞，没有否认这一点。"

要在这场突发的饥荒中活下去，就得勉力支撑到1942年。那一年，外界对希腊的封锁终于放松了，希腊人也终于等到了食物方面的援助。一些希腊人设法逃到匈牙利，另一些人则在黑市贸易中发了横财。然而，由驻军筑起的人为壁垒让人们尝到的饥饿滋味，远比任何一次农作物歉收都要难熬。对希奥尼多而言，从希腊大饥荒中可以得到深刻的教训。当我问及饥荒如何中止时，她明确表示："我认为这是政治命令使然。"

我们会自取灭亡吗

看着最近发生的几次饥荒，人们不禁会提出读战争故事时也会问的问题：人类会把自己逼上绝路，引发一场比超级火山更严重的灭绝吗？毋庸置疑，人类自己是其所面对的最大威胁之一。纵观历史，尽管饥荒比起如传染病等灾难灭绝效率较低，随着时间的推移，社会体系也能更好地应付它，但是环境变化以及如人口学家希奥尼多所说的、政治意志所引起的营养不良，同样会把我们的生存置于险境。

弗雷泽有关北美粮食产地环境变化的预言已经成真，2012年夏季的可怕旱灾已经证明了这一点。许多非洲农民数十年来一直被相同的旱灾所折磨，因为他们缺少灌溉系统，基本靠天吃饭。

在非洲和北美洲，我们已经观察到一些与粮食收成相关的周期性环境变化，这些都与人类使用化石燃料无关。但如果政府间气候变化委员会（Intergovernmental Panel on Climate Change）以碳排放为依据推导出的全球变暖模型[8]准确无误，那么，在不久的未来我们就会忙于应对周期性的干旱，而且，干旱还会因为人类参与制造多余的热量而加剧。非洲农民现在所面临的问题，以后会常年困扰其他许多地区，干旱也将摧毁整个地区的粮食收成和收入。我们在工业化世界里建立全球化社会的美好愿望，很可能会带来意想不到的恶果，把地球上的大多数人推向贫穷、饥饿、多病的深渊。

即使把环境变化排除在外，我们仍要考虑一个非常严峻的未来。

加州大学伯克利分校经济学教授德龙（Brad DeLong）曾对我说，如果粮食价格远超一些人的想象，饥荒就会来临[9]。导致粮价上涨的原因，客观上比如粮食短缺，主观上如富人将平常用于生产粮食的资源挪作他用。另外，在大多数人失去收入来源时，即使粮食价格适中也会爆发饥荒。所有这些情况都说明了一个道理：运作良好的市场能促进人类财富的增加，却不能促进人类的幸福。市场中，钱也即购买力，决定一切。如果你没有钱，在市场里就没有发言权。因此，市场运作压根就不会考虑你的存在，也不会在意你的死活。

德龙描述了市场放任人们死亡的情形——这不是出于恶意而是因为冷漠无情。将这个观点与森的权利理论相匹配，你可能会说，是压迫和战争剥夺了人们吃饱肚子的权利。然而问题在于，市场不会在乎人们是否挨饿或生病。爱尔兰和希腊曾发生过的饥荒让我们有理由相信，如果相关的经济制度不变，我们就不会摆脱大饥荒带来的死亡和折磨。而且，由于市场对日益增长的贫民阶层继续保持着不闻不问的态度，饥荒也将愈演愈烈。

在我们迄今为止讨论过的所有大灭绝中，饥荒可以说是自然因素最少的一种形式。关于这种灾难的好消息是：饥荒（一般都伴有疫病流行）和超级火山、流星撞击不同，它是一种人为灾难，可以通过人为方式解决。如果我们思考本章中讨论过的饥荒实例，就会发现，幸存者的故事中有几条普遍主题。在拯救之道中，通常少不了多国集体救援的路数。从黑色1847可以得到一条教训，人口流动——无论是国内还是国际性的流动——都可以拯救生命。由于其他一些国家允许爱尔兰难民定居，因此有100万爱尔兰人从死亡中逃生。今天，索马里和埃塞俄比亚的难民正从粮食供应枯竭的地区蜂拥而出，他们的尝试与当年的爱尔兰人如出一辙。相反，在第二次世界大战中，被饥饿折磨得最惨的希腊人都是被困在岛屿上的岛民，他们即使想冒险偷跑过封锁线，也无路可逃。

此外，国际合作确实终结了希腊的大饥荒。一些希腊人离开了故土，但大多数人还是因国外的人道主义援助而生存了下来。和移民一样，粮食援助也需要其他国家和地区的合作与介入。这条对付饥荒的解决之道和森所说的转移权利息息相关。要想活下去，饱受饥饿之苦的地区就必须依靠其他地区的善意和慷慨，等待他们将富余的食物送过来。

从黑色 1847 中，我们还能得到另一条教训，这对当今的大干旱尤其重要。大型社会团体需要更好地适应他们所处的环境，探索可持续耕种之法，以免连年的丰产被数十年的农作物病害和尘暴所毁。就像我们在人类历史和地质历史中都能学到的那样，最有效的土地利用措施是保持多样性。农民需要改变特化景观和单一作物栽培，因为它们会让一个地方在粮食安全方面变得脆弱不堪，随时可能被气候变化和作物病虫害所扰。

移民、外援和土地用途转变——这些措施中没有一样是万全之策，但是它们都可以防止大规模死亡。这些措施也需要大规模——通常是全球规模的合作。防止饥荒发生和预防流行病一样，都意味着社会结构的改革。这些改革一直在进行着，一般以抗议和政治动荡为契机。我们甚至有了现代版的英国农民起义，这就是占领运动（Occupy movement），其运动目标无疑会得到 1381 年伦敦暴民的认可和理解 *。当然，有时人们会觉得改革来得不够快。上百年来，我们都拼尽全力想解决饥荒和随之而来的疫病流行问题。未来几百年，我们将如何存

---

* 始于 2011 年 9 月 17 日美国纽约祖科蒂公园（Zuccotti Park）的公众集会和抗议活动，上千名示威者试图占领公园附近的世界金融枢纽纽约华尔街，以"我们就是那 99% 的人"（We are the 99%）为政治口号，抗议财富分配不均和收入不平衡，后简称 Occupy movement（在中国大陆称"占领华尔街运动"）。这次运动在 2011 年至 2012 年获得了巨大成功，人们要求削弱阶级差异，要求政治和经济上的民主。——译者注

活下去呢？

在本书余下的章节里，我们将寻求这个问题的答案。如你所见，人类的亡种危机是社会和环境共同作用的结果。我们的生存策略必须要在这两方面均有建树。我们从地球漫长的地质历史和人类这个物种的经历中见识了各种威胁，我们必须理性地评价这些可能的威胁，并在此基础上制定前进之路。但是我们也需要一个基于"乐观地图"而制定的计划，这张乐观地图会指引人类文明未来的方向。要绘制这张地图，我们就得从今天的幸存者身上获取线索，这些幸存者包括人类和其他物种。在后面的章节中我们会了解这些幸存者以及他们的故事。

第三部分

从幸存者中汲取经验

第 10 章

扩散而生：散居者的足迹

在前面两部分内容中，我们了解到地球上各种生命，尤其是人类，都曾面对种种逆境与灾祸，如小行星撞击、超级火山爆发、迁徙途中的危险以及各种疾病的肆虐，他们在面对艰难时曾采取各种求生方式。现在，就让我们把目光转到当今的人类社会，看看他们何以幸存至今，同时，也以此为鉴，为我们子孙后代的未来制定计划，让他们继续繁衍生息。首先来看一个古老的人类部族的故事，他们如今被称为犹太人。几千年以来，他们一直保持着自己独特的文化。在面对不幸时，他们通过散居和逃离得以幸存，躲过了多次致命的迫害，在战火中没有遭到灭绝。实际上，在犹太人每年最重要的宗教仪式之一——逾越节（Passover）中，都会传授这种散居的生存策略，这也是讲给孩子们最重要的一课。

逾越节聚会时，我曾作为最小的孩子，要求诵读祈祷文中一段非常重要的章节。当时的一切对我都没什么意义，包括第一句："今夜为何如此特别？"我坐在椅子上辗转不安，等待着我的晚餐，其实我希望得到解答的是，为什么必须要吃这么奇怪的食物？比如，泡在盐水里的欧芹菜，甜苹果搭配辣得流泪的辣根。很多年忍气吞声中，我也一直在琢磨，为什么我必须吃"象征着祖先被奴役时所流泪水"的东西？后来才明白，逾越节其实不是一顿晚餐，它的一切都是为了纪念。每年逾越节晚上，犹太人都要重述《出埃及记》（Exodus）的圣经故事，讲述他们如何开始颠沛流离的生活。这已经成了犹太人非常重要的宗教仪式，因为《出埃及记》中充满寓意的故事，真实反映了犹太人历史中的灾难事件。《圣经》中的生存故事在某种程度上成为了真实世界中生存策略的模板。

在讲述历史上犹太人的幸存故事之前，我们先来温习一下逾越节的起源（苹果与辣根可不能代表逾越节）。故事是这样开始的：几千年前的古埃及，犹太人在一位残暴法老的统治下过着为奴的生活，终日为法老的金字塔造砖，每天艰辛的劳动几乎把他们的家族摧毁，他们面对这一切，无不异常愁苦。后来，一位名叫摩西（Moses）的领袖式人物出现了，他向法老乞求给予人民自由。法老拒绝后，摩西发现犹太人所信奉的单一、无形的上帝——与法老子民所供奉的半人半兽的神很不一样，犹太人的上帝总有神迹奇事，他对埃及人降下了 10 种灾祸，其中包括吃庄稼的蝗虫、从天而降的青蛙、血灾（当我还是孩子的时候这一条特别震撼）等。最后一样也是最严重的灾祸，上帝的"死亡天使"夺走了所有非犹太人家庭中头生儿子的性命。最终，法老被说服了，让摩西在城外集结他的子民，犹太人花了一天的时间匆忙整理他们的所有物品，甚至都没有时间发面制作远途中需食用的面包，这就是为什么在逾越节期间，我们要吃一种被称为无酵饼的面食来纪念 *。

---

* 关于逾越节的最早记载参见《出埃及记》第 12 章。按照圣经记载，逾越节之前，上帝已经通过摩西告诉以色列人，当天，上帝要以色列人吃羊肉，并把羊的血涂在自家门楣上作为标记，上帝的使者看到这些标记之后，就会"逾越"过这些在埃及的以色列家庭，使这些家庭的长子免遭灭命之灾。另外，上帝也吩咐以色列人在离开埃及的第一个七天内每天都吃无酵饼。逾越节的规定都是上帝通过摩西吩咐给以色列人，并不是以色列人自己的主意。以色列人大多信奉犹太教，《旧约·圣经》是犹太教最重要的法典。后文中《列王纪》和《士师纪》都出自《旧约·圣经》。——译者注

事实上，在最后一刻，法老所有的承诺又变卦了，他试图派遣士兵去追回逃跑的犹太人。这时摩西变得异常神勇，伸出手分开了红海。如果你曾看过海斯顿（Charlton Heston）的电影《十诫》（Ten Commandments）中的场景，你对后面发生的情形一定不会陌生。犹太人在埃及军队的急速追逐下，到达了红海的另一边。但是，他们刚到达岸边，摩西就让海水恢复了原样，淹没了追兵，由此，犹太人翻开了散居生活的第一篇章。

根据《圣经》记载，犹太人为了寻求居住之所，在被称为迦南（Canaan）的旷野中漂泊了40年。那时起，他们就被称为流散的民族，远离故土，为了不做奴隶或避免更糟糕的生活而不断寻求住处。后来，在《圣经》中，上帝带领犹太人到达了他们的"应许之地"（promised land），这里最终更名为以色列，这也是他们的子孙注定要征服的地方。但是，《出埃及记》的故事却是以犹太人仍在旷野漂泊为结局，他们赢得了一场战斗，却要面临更多战争，我们无法确定他们是否能够幸存，是否找到自己定居的家园。

这样的结局与故事本身的结构同样重要。它非常真实，强调故事主角的困境，然而只有他们的后代才最终知道结局。这暗示着，当我们在为更美好的生活而奋斗时，我们自己或许永远也无法获得奋斗的益处。同时，这个故事的内容是那些美化战争传说的解药，尤其是与《出埃及记》差不多同时代所撰写的那些传说。类似于冷酷地撕裂敌人脸庞[1]这样的故事，不仅仅是在《圣经》中有所记载，亚述帝国用楔形文字所记录的故事中也很常见［《列王纪》（Kings）和《士师记》（Judges）的故事简直就是大屠杀］。那个时代，大多数国家都为军事实力和血淋淋的战争而欢呼庆祝，《出埃及记》中犹太人散居的故事却教育我们，退却妥协中包含了莫大的勇气。选择一种未来无法确定的生活，需要莫大的勇气与真实的行动，这远远超过了战争中所付出的牺性。这种摒弃热衷屠杀的理念已经深入犹太人的骨髓，对于他们来说，生存通常已经演变为一种比死亡还要艰难的战争，然而他们活了下来，他们的孩子，跨越几千年的后代也活了下来。

最 初 的 散 居

在现代语境中，"散居"[2]这种说法通常是指人们在地理上远离家乡分散居住。但是，政治学家萨夫兰（William Safran）在学术期刊《散居》（*Diaspora*）的第一期中就曾讲过，散居也可以指由四散迁徙所导致的大批形形色色的族群。许多族群都经历过散居，比如走出非洲的非洲人，迁离亚洲的亚洲人，他们通常都是某种形式社会大动荡的结果。今天，这些族群以及犹太人中，尽管很多家庭已经在同一个地方生活了很多代，但仍然都被统称为流散者或侨民*。

"散居"一词来自古希腊，最早用来指那些离开家乡去殖民遥远地区的人。后来到了巴比伦流亡时代，这个词逐渐应用到以色列人身上，具有讽刺意味的是，以色列人的经历和这个词原本的希腊含义正好相反。

尽管在《出埃及记》中详细而丰富的地理信息总是让很多人以为，其中的故事完全是依据真实的历史事件写就，但是过去几十年的考古挖掘却暗示，那些故事所记载的只是古以色列人的精神罢了，而非源自真实的历史。加州大学伯克利分校考古学家雷蒙德（Carol Redmount）[3]一直在研究古埃及文明，他认为大致在公元前 1000 年后不久，拉美西斯（Rameses）二世统治时期，没有证据表明犹太人或他们的亚洲祖先曾生活在《出埃及记》中所记录的埃及。

---

* 这里原文是 diaspora，既有散居，也有散居者的意思，有时也翻译为侨民。——译者注

相反，根据对该地区的考古调查，当时的犹太人很可能是游牧民族，公元前 14 — 13 世纪，正值青铜时代的鼎盛时期，部分犹太人已经开始在埃及附近的山地过起了小规模的定居生活。随后的几百年中，这些族群建立了很多王国，其中就包括在北方地区，被称为以色列的强盛王国。但是后来，到了公元前 8 世纪[4]，以色列败于亚述，位于南方区曾经处于落后地位的犹大国开始掌权。犹大最大的城市耶路撒冷曾是一个乡野小镇，后来因坐拥知名的圣殿山（Temple Mount）而成为一个城墙环绕的繁荣大都市。有些考古学家认为，在犹大的犹太牧师正是在这段时期采信了多个渠道的资料，整理出了《出埃及记》的书卷。

目前我们仍找不到可与描写《出埃及记》时期至公元前 6 世纪时相对应的考古学证据，那时，犹大成为巴比伦的附属国已经数十年，两个政权关系紧张，最终达到了分裂点。犹大开始反抗巴比伦，最终被完全镇压下去。公元前 587 年，巴比伦国王尼布甲尼撒（Nebuchadnezzar）二世带领他的军队攻陷并摧毁了耶路撒冷。考古学家们已经找到了该时期城墙上大规模火灾遗留下来的烟灰痕迹，以及无数只箭头。这座城市的焚毁使大量犹太人背井离乡，但经过了几代人的颠沛流离，很多犹太人又重返耶路撒冷，融入了巴比伦人的社会之中，逐渐学会并能够利用当地的语言亚兰语[5]进行书写。实际上，在这段时期犹太人的文字记录中，指代犹大（Judah）的是它的亚兰语名称 Yehud。也是在这段时期，那些曾在山上过着游牧生活并建立了以色列和犹大王国的人们开始自称为犹大人（Yehudim）或犹太人（Jew）[6]。

有人或许会追问，当国家四分五裂时，他们是否依然维持了自己犹太人的身份？在犹太人的历史中，巴比伦的放逐时期只是其多次国家分裂中的第一次而已。公元 1 世纪，犹太人被罗马人驱逐；至 15 世

纪，他们又从西班牙宗教裁判所代表们的手中逃脱；20 世纪时，他们
再一次离开欧洲地区，开始了躲避大屠杀的逃亡。逾越节被保留下来，
从而成为一个重要的宗教仪式，可能就是因为它要提醒具有相同历史
的犹太人，他们是一个为了生存而分散居住的民族。到今天，尽管居
住在相隔遥远、或大或小的犹太人社区中，他们依然继续讲述着传奇
时期的各种故事，故事发生的那个时期，犹太人朝着尽可能多的方向，
奔向尽可能远的地方，生存了下来。

　　但是，撇开传奇故事，扩散居住真是一种智慧的生存策略吗？如
果犹太人的历史提供了指导作用的话，答案是肯定的。尽管经历了长
达几个世纪的迫害与散居，这些分散在全世界的人仍然自称犹太人。
也有科学证据表明，今天的犹太人所继承的并非只是文化传统。他们
中的很多人实际上的确拥有祖先们生物学上的基因，他们的祖先们曾
在旷野漂泊，最后找到了新的家园生存下来。种群遗传学家们认为，
大量有力的证据表明，一群起源于 2 500 年前古罗马时期的犹太人与今
天分布在西班牙、叙利亚、北非、俄罗斯以及其他地区的犹太人具有
相同的基因。换言之，当今犹太人能够幸存至今应归因于当年散居的
祖先。

遗传学论证的散居生活

　　遗传学家奥斯特勒（Harry Ostrer）曾对犹太民族进行过一项世界
上规模最大、持续时间最长的遗传学研究。他精力充沛，也很健谈，
在爱因斯坦医学院（Albert Einstein College of Medicine）他那略显杂乱
的办公室里，摆放着家庭照片和实验设备，他和他的同事所研究的对
象遍及全球。爱因斯坦医学院位于布朗克斯（Bronx）安静的邻区，它
几乎相当于奥斯特勒研究族群的后花园，类似于布鲁克林的叙利亚籍

犹太人社区，以及位于皇后区的伊拉克籍犹太人飞地。同时，奥斯特勒还与一大群西雅图的土耳其籍犹太人一起工作。

通过对这些族群的研究，奥斯特勒逐渐洞察到的不仅仅是引起散居的种种事件，而是散居所导致的种种后果。他特别强调的一种观点是，散居往往重在居住，而不是扩散本身。犹太人的历史可以归结为长时间的定居以及对当地文化的吸收，并不时夹杂着某些突然发生的变故事件，很多人往往为了逃避迫害，突然就跑到新的地方去了。遗传学家戈德斯坦（David Goldstetin）[7]在他的著作《雅各的遗产：犹太人历史的遗传学观点》（*Jacob's Legacy: A Genetic View of Jewish History*）中就曾提及，犹太人最早的历史记录来自公元前6世纪的楔形文字记录，其中曾描述过巴比伦人对耶路撒冷的征服，但是散居的结果却无法在这段历史中找到。随后犹太人在罗马过着大规模的定居生活，其后散居的犹太人遍及世界各地，直到21世纪这些散居者间还有遗传学上的关联。从罗马开始的散居生活是奥斯特勒研究关注的焦点。

在公元1世纪期间，犹太人文化在罗马帝国留下了大量的记录。在公元前2世纪，大量犹太人从希腊、朱迪亚（曾经的犹大南方王国）以及该地域很多地区，被带到罗马做奴隶。在后来的一个世纪中，犹太人融入罗马文化并成为了这个帝国中最大、最有权势的少数民族之一。尽管尚无明确资料可以说明当时罗马究竟有多少犹太人，但是，从当时的资料[8]来看，犹太教已经成为一种引人注目的宗教。执政者发布了规范犹太教行为的法律条文，很多犹太人变成了罗马居民。同时，法庭记录中也经常见到对犹太人"骚乱"的抱怨——这种针对罗马人的政治动乱，可能是因为罗马人频繁改变对犹太人的课税条文，对他们的社会地位也不认可。

当时，罗马的犹太人通常积极主动地劝别人改变宗教信仰，从而扩张他们庙宇的级别，这与现代很不一样。他们被同化到了罗马人的生活中，但是，罗马人也被同化到了犹太人的传统中。那个时期的文化大融合最终在公元 1 世纪时落下帷幕，当时，克劳狄（Claudius）皇帝下令将所有的犹太人逐出罗马。几年后，一些在耶路撒冷的犹太人对控制他们城市的罗马人进行反抗，后来被镇压，罗马的犹太人为了避免死亡和更多惨剧不得不逃离家园。在《圣经》中，这个时期就是所谓的第二次圣殿被毁时期，因为罗马人毁坏了圣殿山上的礼拜所，就像 600 多年前巴比伦人曾做过的一样。

尽管通过历史文献和圣经故事都可以找到散居生活的资料，但是，奥斯特勒想知道[9]是否可以追索到遗传学上的直接证据，将当时离开古罗马的犹太人和今天的犹太人联系起来。为了寻找答案，他不得不从世界各地数百名犹太人身上获取 DNA 样本，以寻找其中的遗传学共性。奥斯特勒回忆道："我去了罗马，在那里征集志愿者，那里有稳定的社区，有长达几百年的历史，或许还可以追溯到古典时代。"他还从东欧的犹太人、纽约地区的犹太移民社区中获得了很多研究样本。任何能够上溯两代、拥有四位犹太祖父母的人都适合这个研究项目。

收集完样本，奥斯特勒和他的团队就开始了犹太人基因组单倍型图计划。基因组单倍型（haplotype）是遗传学上的术语，用来指人类基因中一套独特的遗传标记。具有同样单倍型的人比不具有同样单倍型的人在亲缘上更近一些，奥斯特勒想知道他是否可以鉴别出犹太人的单倍型图。在几年的时间中，犹太人基因组单倍型项目的科研人员们[10]利用各种统计方法分析了所获得的数据，对志愿者中的长链和短链 DNA 进行比对。他们识别的模式表明，几个世纪以前曾居住得很近的族群今天依然保持着遗传方面的相似性。今天中欧的犹太人与中东的犹太人相对于这两个地区的非犹太人具有更多的遗传相似性。这完全是因为这些现代犹太人族群的祖先来自罗马的同一个地区。通过犹太人独特的基因组单倍型发现，揭示出犹太人散居过程中祖先曾定居的地点[11]。

　　一旦拥有足够的数据，奥斯特勒和他的同事们就能够建立遗传图谱，追踪犹太人单倍型基因从古罗马到中东和欧洲的传播过程。为什么过了这么久，他们依然能够分离出这些单倍型基因呢？这不得不提及罗马散居之后犹太人文化所经历的变化。古罗马的犹太人多热衷于劝人改宗——曾使很多人皈依他们的宗教，也经常与非犹太人通婚。那个时代的犹太人可能与其周围信奉朱庇特神（Jupiter）的人具有相同的单倍型基因组。但是，自从他们从罗马被驱逐，以及公元 1 世纪耶路撒冷遭毁坏以后，犹太人就彻底改变了其社区的结构。他们不再允许劝人改宗，也不允许与外族通婚。若要被认为是真正的犹太人，其生母必须是犹太人，必须恪守严格的母系谱系。公元 1 世纪的犹太人所想不到的是，他们所建立的文化让其独特的单倍型基因持续保持了 2 000 多年。

　　如果要考虑欧洲宗教裁判以前广泛的同化和通婚现象，为犹太人散居生活进行制图就会变得更加困难。在类似西班牙的国家中，犹太人所享受的社会地位堪比古罗马时期。他们是城市中的显贵，与非犹太人通婚，不断戏剧性地扩大着他们的社区。但是，到了 14 世纪，潮流发生了转变，当时发生了对西班牙犹太人的政治迫害运动。该运动到 15 世纪达到高潮，西班牙的宗教审判运动扩张到了葡萄牙和罗马，犹太人又再次过起了他们熟悉的散居生活[12]，这使他们深入到了欧洲和东方。同以往一样，他们依然存活了下来，甚至还保持了其基因单倍型。一个葡萄牙的人类学研究团队[13]最近发现，葡萄牙山地居住着一小群犹太人，他们的祖先就在那时逃到此处，并乔装成天主教徒，躲过了宗教裁判。

　　尽管奥斯特勒以及其他的遗传学家们都有一定的发现，但是奥斯特勒在提及犹太人身份的遗传学基础时却很谨慎。他认为，对这方面进行质询仍存在很多变数。另外，他也很愿意承认，他的某些结论都只是"猜测"，并没有某种单一的单倍型基因可以涵盖所有的犹太人——相反，他和他的团队从散居犹太人的不同族群中识别出 4 种截然不同的单倍型基因。遗传学永远都不会做出"是否犹太人"的基因测试。奥斯特勒所做的工作只是揭示出了散居过程中幸存下来，而且在遗传学上可以识别的"犹太族群"而已。如今，历史学和遗传学两方面的证据都表明，在动乱时期，扩散居住和隐匿于世是确保后代生存的良方妙策，生存几十代都没问题。

黑 色 大 西 洋

在与奥斯特勒对话就要结束之际，我们谈到了犹太人的现状。他说："今天的犹太人依然面临着同化和迁徙的问题。"他这样说的时候，伸手画了个很大的圈，仿佛要把纽约甚至全世界都包裹进来。"19 世纪大屠杀和 20 世纪的反犹大清洗之后，很多犹太人被迫扩散到新的地方去生活。其中有些犹太人，比如在美国的改革派犹太人，已经开始再次劝别人信仰犹太教。所有这些运动以及各种相互混杂的结果所产生的就是像我这样的犹太人。我爸爸是犹太人，妈妈曾是卫理公会教徒（Methodist），她在与我爸爸结婚之前改信了犹太教。我按照犹太人的方式被养大，但是谁又知道我的单倍型基因是哪种类型呢？另外，当我们在谈论数世纪都幸存的族群时，我究竟是文化上的犹太人还是遗传上的犹太人，抑或掺杂两者的犹太人，这些真的很重要吗？经过了数百年的散居生活，所有的幸存者难道不都有一定的混血吗？"

这正是长达半个多世纪以来，很多散居者团体所提出的问题。也许除了一本书以外，再不会有更漂亮的解答了，那就是圭亚那裔英国学者吉尔罗伊（Paul Gilroy）所著的《黑色大西洋：现代性与双重意识》（ *The Black Atlantic: Modernity and Double-Consciousness* ）[14]。吉尔罗伊在英格兰从事的研究是关于黑人碎片式的历史，他意识到，他应当将黑人的身份再次定位，黑人拥有融合了多种文化的混血经历。为了描述这种经历的起源，他将这种想法称为"黑色大西洋"，正是在这个地理区域中，非洲奴隶被迫带到异国他乡，穿越欧洲和美洲。吉尔罗伊描述的散居生活并不像围绕着耶路撒冷的周边区域那样，拥有单一的起源地点，而是有多个起源地。其幸存者都是遗传学和文化上的混血儿。但是，这并不意味着非洲人的身份已经完全被当今非洲以外的世界所灭绝了。这种身份以多种方式留存下来，尽管其中的一些已经和500多年前生活在非洲的部落居民完全两样了。

奥斯特勒曾表示，散居侧重的是你来自哪里，但是，在哪里死亡也同样重要。我们的旅程从根本上改变了我们，而当我们再次定居下来时，一切又继续了，共同的历史将我们捆绑在一起。犹太人和非洲人在这方面并非独一无二——很多族群在艰难期和隔离期依然保持着某种意义上的社区生活。人类近代历史告诉我们，如果人们愿意分隔成不同的群体，通过不同的途径寻求平安的生活，那么人类整体长期生存的机会就更大。但是，这并非意味着抛弃过去。吉尔罗伊有力的断言让《黑色大西洋：现代性与双重意识》这样的著作显得格外重要：即使你的族群经历了不情愿的分割，并被不同的文化所同化，几百年后，你的后代依然会铭记他们来自何方。

逾越节的仪式与这个结论有相似之处。它是对散居过程中身份融合的一种庆祝，同时也是在提醒人们，幸存通常意味着寻找新的家园。当我们面对毫无定数的未来时，最困难的部分就是如何去理解"新家园"的含义。我们可能要放眼充满未知的世界才能获得答案。实际上，幸存者适应环境方面最伟大的故事根本就不来自人类，而是来自蓝藻。这些微小生物难以置信的历史或许能告诉我们，步入未来时的征途究竟如何。

第 11 章

适应：结识世上最坚强的微生物

池塘或大型水体表面漂浮的黏稠藻华，你可能称之为浮垢，但它是有着坚强生命力的物种，在它们面前，人类试图适应环境的踉跄步伐显得非常可笑。当然，这需要这些天然原始的生物群体能有些幽默感，或者有头脑，或是有嘴可笑。我们在此谈论的是我们的老朋友——蓝藻*，几十亿年以前，它们就出现了，在本书的第 1 章中就曾谈到过它们。那时它们忙于释放足够的氧气，改变地球大气的组成。随后 35 亿年的生命历程[1]已经证明，这种浮垢一样的古老生命所做的一切都是完全正确的。蓝藻，科学界的知名宠儿，演化出了这个星球上一种最伟大的适应性——光合作用，这种能力可以把光和水转变成化学能，同时释放氧气。

---

* 本文原文中 blue-green algae、cyanobacteria、cyano 均统一翻译为蓝藻。这 3 个词中，第一个是俗称，曾有不准确的字面翻译为蓝绿藻，但是蓝绿藻意思含糊，不符合植物学分类，本文不予采纳。第二个词在本文出现最多，字面含义是蓝细菌。由于蓝藻是类似于细菌一样的原核生物，所以有蓝藻细菌或蓝细菌这样的说法，但是，笔者认为这也是积非成是的结果，cyanobacteria 也可以指代整个蓝藻分类群，在本文中统一翻译为蓝藻。第三个词本文出现也很多，主要是对第二个词的简称。——译者注

　　蓝藻还有第二重身份，它可以为其他生命构建生物学组成部件。大约6亿年前，那时第一批多细胞生物还未出现，蓝藻就与其他生物建立了共生关系，在数千年的时间里缓慢地与其他生物融合到一起。最终，这些早期蓝藻进入了其他细胞内部，成为了叶绿体[2]，即植物细胞进行光合作用的微小器官（细胞器）。实际上，地球上每一株植物都是这一融合过程的结果。你可以把叶绿体想象成植物细胞中发动机与电池的混合体，植物可以立即使用光合作用所产生的能量，或将其存储起来。蓝藻的适应性如此强大，以至于其他植物甚至少数像海葵一样的动物都依靠蓝藻生存，它们吸收蓝藻，将其转变成自身的适应性。

　　澳大利亚新南威尔士大学的生物学家尼兰（Brett Neilan）[3]毕生都在研究澳大利亚海岸古老岩石中的蓝藻。他认为这些藻类成功的秘密很简单，蓝藻的祖先在演化游戏中赢了，因为它们所需要的是地球上充足的供给：阳光（或某种形式的光照）以及水。像大多数植物一样，蓝藻被称为自养型生物（autotroph），这个词的意思就是"自己养活自己"，换言之，它们具有一种不消耗其他生物而供养自己的能力。在某种意义上，蓝藻是在为自己生产食物。结果当然就是，它们可以在各种地方生活。在南极洲和黄石公园间歇泉沸腾的酸性水体中都可以找到它们的身影。它们似乎不会受到温度骤变的干扰，不仅如此，它们实际上也不会遭遇饥荒。尼兰认为，在匮乏时期蓝藻依靠其细胞壁内部囊状结构中额外储备的氮素而免受饥饿之苦。如果那里的食物储备还不够，蓝藻还可以进入休眠状态：可以让自身一动不动、暂停一切生理活动。在此期间，它们不需要食物也可忍受很多年，静静等待着影响它们食物供应的干旱或其他灾祸都一一过去。

　　蓝藻还有其他一些令人难以置信的能力。它们能够以一种单细胞生物个体的形式而生存，同时还依然可与其他蓝藻联合起来，构成多细胞生物,这可是《恐龙战队》(*Mighty Morphin Power Rangers*) * 的风格! 它们是地球上由昼夜节律来调控生物学过程的最简单生物[4]。类似于人类具有睡眠和觉醒的周期,蓝藻会因昼夜的不同而具有不同的新陈代谢活性。这使它们对营养物的获取可以采用两种不同的化学过程——光合作用和固氮作用,二者通常相互影响。正是因为这种昼夜节律,蓝藻可以白天进行光合作用,晚上进行固氮作用。它们本身则从两种渠道获取营养,其他植物也因此获益。有些生物吸收蓝藻而将其转变成叶绿体,另一些生物则可与其建立共生关系,享受着固氮作用带来的能量。

蓝藻在地球上的成功是因为它们能为自己制造食物,而所使用的能源却无所不在并且源源不断[5]。这种优异的策略让无数其他生命从数百万年之前就开始纷纷效仿,它们纷纷将这些微小的发动机引入到了自身制造燃料的过程中来。人类可能无法在生物层面上与蓝藻共生,至少以目前的科技来看还不可能,但很多科学家正在研究利用光合作用的多种方式,以创造更具可持续性的能源,帮助人类在未来生存。

为什么光合作用如此了不起

帕卡斯(Himadri Pakrasi)[6] 是物理学家出身的生物学家,他是华盛顿大学高级可再生能源和可持续发展国际中心(International Center for Advanced Renewable Energy and Sustainability, ICARES, 下文简称"国际中心")的负责人。一头略卷的黑发已斑白,帕卡斯一直保持着微笑,对工作充满热情。我第一次和他谈话是在电话中,当时是为了

---

* 也称作金刚战士或恐龙部队,是改编自日本动画的美国真人儿童电视剧,在 20 世纪 90 年代热映。——译者注

了解他的实验室为什么可以通过水、光和细菌就能成功产生能量。他当时就大声说："你应该到我这里来看看！"极少有科学家愿意邀请素未谋面的作家参观他们的实验室，但是帕卡斯却希望人们对他的工作感兴趣，即使对于需要穿越半个国家的陌生人也不例外。对我来说，很容易便理解了他为何能在华盛顿大学建立起一个由科学家、城市规划师还有工程师共同组建的大型国际研究团队。

　　几个月前，当我到达圣路易斯（St. Louis）时，帕卡斯告诉我，他一辈子都被光合作用所深深吸引，他解释说："每一株植物都是一个奇妙的能量反应器，我们应该向大自然学习，应该拥有一种永久性的能够产生能源的合成植物。"他和国际中心的同事们都相信，在一个世纪之内，人类就可以利用藻类为城市提供能源。那时，帕卡斯办公室窗外的玉米地里将到处布满具有光合作用功能的天线，活动结构顶部也将安置超高效太阳能电池板，它们的采光面会随着太阳的移动而转动。与地方啤酒酿造业巨擘安海斯－布希公司（Anheuser-Busch）相匹敌的巨型能量车间内，将堆满一缸又一缸冒着泡的蓝藻，它们可能在储备电力或其他化学过程中发挥着作用。人类可能会从蓝藻中获取能量，以此方式度过化石燃料的时代。但是，在帕卡斯想象的愿景实现以前，科学家首先要了解光合作用的运转机理。

　　尽管你在中学的生物课中就学过光合作用，但这个过程并不简单。实际上，它是遵循着非常奇怪而神秘的途径所发生的一种化学过程，至今某些途径仍未被我们所了解。华盛顿大学另一位教授，物理学家洛（Cynthia Lo）翻开笔记本电脑，开始向我展示她在光合作用方面的工作，她扫了一眼示意图，有那么一会儿看起来有些气恼，并自问自答道："你知道为什么大多数植物都是绿色的吗？那是因为它们在捕获和吸收绿色光方面做得很差，它们捕获蓝色光而反射绿色光。这就是你在这种亮绿色的藻类中所看到的情景[7]。"洛是帕卡斯在国际中心

帕卡斯实验室里培育的几个蓝藻群落。他和同事们已经对一种类型的蓝藻实施了工程学改造，使之可以高效产生氢气作为燃料。

的合作研究者之一，也是光合作用天线（Photosynthetic Antenna）项目的主要负责人。她所研究的基础科学可能某一天会实现帕卡斯的愿景：利用超高效太阳能电池为圣路易斯市提供能源。洛利用电脑里的示意图，向我说明光合作用在原子层面的工作原理：光子冲击色素分子而产生能量。

然后，洛又回到了我们谈话中经常提起的主题：蓝藻实际上在光合作用的获益率上表现得很糟糕。它们不仅会漏掉绿色光，而且只能将大约 3% 的吸收光能转化为能量。相比较而言，商用的太阳能电池可以将 10%～20% 的吸收光能转化为电力。但是，洛说目前的太阳能电池所捕获的光波范围仅占蓝藻可利用光波的很小一部分，因此这种微生物在利用光能方面仍然领先于我们。但是，如果洛和她的实验室取得一定进展的话，这种情况不会持续很久。

洛研究的是捕获光能背后的物理机制，这种研究可以帮助工程人员创造出能复制光合作用中分子撞击的太阳能电池。工程师将其称为生物拟态（biomimesis），即仿效生物形式而制造人为工作系统的实践，它可以与生命系统具有相同甚至更高的工作效率。洛解释道："生物学体系很有趣，因为大自然使它最优化。"但是这样的优化却仍然不够。藻类在捕获光能方面的确高效，但是在转变为能量方面却表现平平；太阳能电池在制造能量方面很高效，但是在吸收光能方面并不高效。洛的最终目标就是要发展出一种生物混合型太阳能电池，既具有蓝藻在捕获光能方面的能力，又具有目前太阳能科技中的能量转化能力。

　　洛和她的团队正在从蓝藻这种伟大的幸存者身上尽可能多地学习最好的法则，试图复制蓝藻细胞中的能量发生器。他们正在努力将能量供应的形式多样化，以创建可为我们从环境中获取能量的新途径，使我们拥有可持续的电力供应而长期生存下去。可能还需要几十年，我们才能破解光合作用的密码，但是这种古老的生物能够为这个星球更美好的未来提供保障——就像它在几十亿年以来一直做的那样。

把火力发电厂变成蓝藻发酵池

　　帕卡斯另外一些合作者正在从另一个角度进行研究，试图让我们不再利用燃煤发电，而开始利用植物发电。环境工程师阿克塞尔鲍姆（Richard Axelbaum）[8]瘦削而干练，办公室的桌子上摆放着棱角分明的大煤块，他对不久的将来出现的替代性能源很感兴趣。帕卡斯和洛所展望的或许是半个世纪后的情景，而阿克塞尔鲍姆所关注的却是10～20年以后的事情。他不得不成为一个实用主义者。这就是为什么他在从事着"更洁净的煤"以及碳封存方面的科研工作，这些都是为了可持续地处理煤炭所释放的温室气体。

　　他所研究的项目之一是一种煤炭燃烧装置原型，被称为高级煤炭与能量研究装置，位于华盛顿大学校区中一处高悬顶棚的巨大仓库内。煤炭燃烧过程中的副产物将为装置中一桶桶的健康藻类提供食粮。通过二楼上面的瞭望长廊，阿克塞尔鲍姆向我展示了一大堆缠在一起的粗管子、圆柱形的大桶，以及在架子上交错网格中摆满的一个个冒着泡的水箱。那里的大桶像是倒置的特大号金属桶，阿克塞尔鲍姆指着一个大桶说："那是煤炭燃烧室。"这与典型的煤炭燃烧室并不一样，这里的煤是在纯氧环境中燃烧。因此，这个过程的唯一副产物[9]"更加清洁"，因为其成分几乎完全是二氧化碳和灰烬，并没有氮氧化物混入。阿克塞尔鲍姆说："一代人有一代人的洁净煤炭。"比如，20 世纪早期就有设备对 19 世纪极脏的燃煤技术做了改进。如今，他希望我们能够将燃烧过程做更大改良，更接近真正的清洁能源。

阿克塞尔鲍姆指向一个连接到燃烧室上的粗管子说道："那是通向白灰吸收室的。"说着又指向一个大的方箱子。通常，煤灰都存储在开放的大型池子里，但那样会造成环境破坏。阿克塞尔鲍姆说："我们希望所有这些灰都能得到利用，无论是用在混凝土中，还是制造某种新型导电材料。"如何处理二氧化碳呢？阿克塞尔鲍姆指着连接着众多水箱的管子说："它（二氧化碳）要通过藻类桶。"藻类能够吸收二氧化碳，在这种气体中生长更好。阿克塞尔鲍姆的煤炭燃烧正在为下一代喂养着超级清洁的能源。

藻 类 经 济

在我拜访帕卡斯的前几年，他的团队曾取得过一个惊人的突破[10]。他们当时在研究蓝藻的一种变异体，这种蓝藻在光合作用中释放氢气而不是氧气，他们成功地对这种藻类进行了处理，使它们比其他变异体多产生 10 倍的氢气。氢气经常被称为清洁燃料，因为其燃烧时释放的主要是水。氢燃料已经用于火箭上，但是其生产过于昂贵，难以进入消费市场。当然，在蓝藻提供能源的未来，氢气会在每个家庭之中广泛使用，这其实只是帕卡斯、洛和阿克塞尔鲍姆未来梦想的一部分。

想象一下未来世界，燃烧煤炭释放二氧化碳，接着把二氧化碳喂养给发酵池里的蓝藻，蓝藻再不断产生氢气燃料。帕卡斯实验室里的蓝藻也需要消耗糖原，糖原是生产生物柴油过程中的一种副产物。因此，基本上这些藻类细胞消耗的是制造能量过程中的两种有害的副产物，而产生的是几乎完全不会释放毒素的一种燃料。"它们的性价比很高。"帕卡斯笑着说，我们最终不再使用煤炭，而是跃入一个蓝藻提供动力的世界中，那里将充满各种新形式的绿色能源。

在帕卡斯想象的未来中，生物学家们可以培育出特殊的蓝藻，以此改变工业生产的各个方面。细菌可能最终会代替汽油，帮助生产各种化合物，比如聚丙烯，这种材料广泛用于合成各种东西，从绳子、实验室设备，到保暖内衣和耐久型塑料饭盒。著名科学家、美国能源部长朱棣文曾谈及以生物燃料的"葡萄糖经济"替代石油经济[11]。但是，国际中心的帕卡斯和他的同事们却将这种概念发展得更为深远，他们已经开始设想光合作用所驱动的全球藻类经济。

帕卡斯曾在印度学习物理学，后来到了美国读生物学博士，他说当他思考如何将他在实验室作出的发现付诸实施时，他经常把目光投向印度和中国以寻求灵感。"很难在美国或欧洲做'新能源系统方面的测试'，因为这些国家的基础设施已经完善，而且很稳定。我们一直在通过不断翻新而试图追赶时代。"他沉思道，"但是在中国或印度，似乎每分每秒他们都在开展新建设。在那样的地方，我们所研发的技术可以直接得到应用。"在帕卡斯的指导下，国际中心已经与印度和中国的多所大学建立了稳定的关系，圣路易斯的科研人员也在与全世界范围内的同行进行合作。他们的工作甚至超越了科学，将伦理学和社会学方面的专家也吸纳进来。帕卡斯说："科学家善于从技术层面解决问题，但是，从政策和人类整体的角度来看，我们必须要与'其他领域的人员'进行合作。"

　　国际中心这样的研究机构在大学和企业中很常见，它们将多个领域的人才吸纳到一起，针对科学和社会领域的共同问题，寻求全球性的解决方案。美国能源部已经在加利福尼亚对模拟光合作用联合中心（Joint Center for Artificial Photosynthesis）开展了大规模资助，这个研究中心的目标与国际中心类似。它的团队有超过 100 名科学家，很多人来自加州理工学院和劳伦斯·伯克利国家实验室（Lawrence Berkeley National Laboratory），他们的目标就是要研发出可以与植物完全一样利用阳光、水分和碳来获取清洁能源的途径。

　　这种未来派的合作研究某一天可能会拯救整个世界。其一切都来自简单的蓝藻和它最好的法则，即利用可持续能源适应生存并多样化发展。在下一章中，我们将学习另一种具有超强生存机制的生命形式，这种生存机制曾把这个物种从灭绝的边缘拯救回来。你可能知道这种动物，它就是灰鲸，依靠卓越的记忆存活至今。

第 12 章

记住：要向南游

灰鲸一看就像是幸存物种，它们皮肤呈灰色，表面覆盖满了藤壶，伤痕累累的巨大下颌向内弯，似乎永远表现出一副愁眉苦脸的样子。尽管它处在食物链底层，只吃微小的甲壳类动物，却还是招致令人恐怖的恶名。通常只有成群结队的虎鲸和人类才敢猎杀它们，灰鲸在捕鲸者的追逐之下表现出的暴怒，相关描述可以追溯到几个世纪以前。1874 年，捕鲸人、博物学家斯卡蒙（Charles Melville Scammon）[1]曾写下关于捕灰鲸的一些经历，其中说道："这船没有一天不被弄翻或撞个窟窿，总有不少船员身体瘀青、擦伤，还有很多人骨折。船员遇难或受到致命伤害的事故时有发生。"在他的描述中，灰鲸"异常机敏"，难以捕捉——尤其是这么机智的动物还拥有 10～15 米的身长，约 36 吨的体重，另外还"身形敏捷，逃离迅速"。

灰鲸尽管凶猛，却有一样要害。每年冬天，它们都要迁徙数千千米，从安全的北冰洋索饵场奔向位于下加利福尼亚（Baja California）等地的温暖的潟湖，其中有个最著名的地点被捕鲸人称为斯卡蒙潟湖（Scammon's Lagoon）。这段路程差不多是这个星球上最长的动物迁徙

灰鲸是世界上迁徙途径最长的动物之一

距离，灰鲸沿途会遇到多种捕食者和各种危险。到了冬季，它们在潟湖中产下后代，然后，它们通常带着年幼的后代重返海洋。尽管北冰洋和墨西哥泻湖这两个地方都因天然屏障而极少有捕食者，但是，在这两个地方之间进行一次长途迁徙，就足以让灰鲸面对几个月的危险，它们是如何成功完成的呢？

　　灰鲸演化出的很多特征似乎都是为了给它们的迁徙提供保护。值得注意的是，灰鲸在旅途中一刻也不停歇。它们可以一次关闭半个头脑进行"睡眠"[2]，因此，灰鲸的头脑总有一部分保持清醒状态，这保证了其迁徙的正确方向。更令人难以置信的是，灰鲸在迁徙过程中极少停下来进食。它们完全依赖体内存储的能量。整个夏季，它们在北冰洋的海床上游弋觅食，积累了厚厚一层储存能量的鲸脂，专门用于艰难的、长达近 7 个月的墨西哥往返迁徙。灰鲸的进食主要是在吞下大量泥沙的同时，利用嘴上的鲸须滤食其中美味的甲壳类。这就是为什么它们进食后，巨大的嘴唇上总是看起来充满脏兮兮的污泥。海洋生物学家经常开玩笑地称它们是大海里的奶牛。灰鲸差不多半年时间都在进食，另外半年的时间忙于迁徙和繁衍。

自250万年前[3]灰鲸出现以来，这种生活方式很可能已经保持了数万年。与其他鲸类动物相比，灰鲸的复杂性可能稍低，这让一些生物学家们认为，灰鲸可能相对更原始一些。它们并不像座头鲸一样，会通过复杂的和声而"歌唱"。灰鲸能发出科学家所称的哼哼声，这种声音只在很近的距离内才能听到，这与座头鲸的歌声很不同，后者的歌声可以在水下传播数千米。斯卡蒙在一个多世纪以前就注意到，灰鲸善于学习，但是，它们并不像海豚那样在很多方面表现出社会行为。比起成群结队地出游，它们更愿意三三两两地与不断变化的伙伴同游，而且很多都是单独游。灰鲸一直将它们的大迁徙传统一代又一代地保持着。这绝不仅仅是出于本能。科学家相信，每一代的灰鲸幼崽一定有些东西是必须要向父辈学习的，比如沿着头脑中的地图而行，这对它们这个物种的存活至关重要。因此，可以毫不夸张地说，灰鲸的生存要依赖它们的记忆力。没有记忆力，它们绝不会找到食物，也无法享受交配季节。

在20世纪早期，人类差不多让灰鲸走上了绝路，多亏了世界上最早的动物保护协议，灰鲸的数量到今天已经恢复到濒危之前的水平。灰鲸生存的故事告诉我们：在一代又一代之间传承知识很重要；在它们的旅途中肯定有某种良好模式使其不会灭绝。

迁 徙 与 记 忆

几个世纪以前，人们就开始观察灰鲸了，但是，这种生物仍有很多未解之谜。通常我们只能在灰鲸遇到麻烦时，比如偏离了它们通常的路线时，才能观察其行为。1988年发生的情况的确如此，当时有一名因纽特捕鲸人发现了 3 只搁浅在北极洋水域的灰鲸。当时季节有些不对，寒冰封锁了它们奔向北太平洋的道路。每当北冰洋开始结冰时，灰鲸就开始向南迁徙。如果它们稍微有点贪吃，就会被水体顶层的冰盖困住。迷失的灰鲸无法游到水体表层呼吸，最终就会溺亡。每年都有几只灰鲸遭到这样的不幸，夏季到来，冰层消融后，当地居民已经习惯见到那些被冲到岸上的灰鲸尸体。然而，那 3 只灰鲸并没有被淹死。实际上，这 3 只灰鲸（包括 1 只幼崽）都停留在水体表层，通过冰盖上的小孔进行呼吸。它们为生存而斗争的故事引起了全国关注，大批电视摄制团体和科学家都蜂拥到阿拉斯加小城，一睹搁浅的灰鲸。

一位名叫哈韦（Jim Harvey）的年轻生物学家也在其中，他正在试图对曾经观察到的灰鲸行为模式进行验证。尽管灰鲸通常独居，但是那 3 只灰鲸很明显是相互协作，为了生存互相分享着呼吸孔道。另外，人类在它们的呼吸孔道周围上下窜动想要提供帮助，灰鲸对这一切似乎有所了解。苏联和美国的军方共同加入拯救这些鲸的行动中，灰鲸最终在一艘破冰船的带领下进入了公海。哈韦目前是加州莫斯兰丁海洋实验室（Moss Landing Marine Laboratories）蒙特利海湾区的教授[4]，自从那次意外事件以来，他花了数十年的时间，一直在研究海洋哺乳动物和其他一些在海岸附近安家的动物。

通过数十年的观察，他发现有一点很明显，即灰鲸在整个迁徙过程中，并不会只选择一群伙伴。哈韦告诉我："它们会是一大群动物，随时结群并变换团队，这就像是自行车比赛一样。一名领队离开之后，依然可以选拔出最优秀的领队。另外，结队而行有很多好处，因为前面的同行者通常会更加谨慎。我认为灰鲸也如此，它们轮班换位保持警惕性。"哈韦刚刚从海边跑步归来，他跑步的狭长路线要穿过海洋实验室所属的其他几个本地海洋生物实验室，也经过一片未开发的海岸区。

虽然哈韦的头脑还处在奔跑的状态之中，却已经开始深思生物学界中争论激烈的一个问题了。在数千千米沿着海岸线的旅程中，灰鲸如何做到精确导航呢？他说："我认为它们跟随着群体中其他同伴的航道，同时又有别的鲸跟随着自己的航道，它们在互相追逐中记住了路线。当然，这些只是我的推测。"当我询问它们是否也会利用声音互相交流方向信息时，他摇了摇头："我很确定，它们彼此之间并不交谈，它们只是彼此跟随。"年幼的灰鲸在旅途中总是跟着一只曾经走过全程的灰鲸。

旅程每年都有变化，灰鲸也一直对它们的路线实行微调。20 年前，大多数灰鲸的路线都沿着海峡群岛（Channel Islands）内部行进，与圣芭芭拉和洛杉矶等海岸城市很接近。问题是，它们距离海岸太近了，甚至经常跑到很浅的水中，那样很容易搁浅。灰鲸就出现过这类问题，比如它们就曾迷失在旧金山湾和蒙特利湾，哈韦开玩笑地形容它们使用海图的方法是"总保持在海岸左侧线"。如今，它们的路线已经离开海峡群岛了，也不在旧金山湾附近。哈韦说："它们已经想明白了。"灰鲸已经明确意识到，远离海岸的路线更加直接，旅途更迅速，危险也更少，它们也彼此传递了这个信息。灰鲸的寿命有 50～70 年，这些路线的校正往往要伴随这种动物的毕生时光。

最近，哈韦与美国国家海洋和大气管理局（National Oceanic and Atmospheric Administration）一位名叫佩里曼（Wayne Perryman）的生物学家发现，灰鲸迁徙的时间推迟了[5]，这可能是因为北冰洋冰盖消融使它们不得不到更北的水域去寻找食物。结果，相对于往年，灰鲸就需要以更快的速度游向南方，它们也会像往常一样选择捷径。但是，这条较长的路线相对于它们朝南的路线图来说，仍然经历了很多变化。2012 年，科研人员在旧金山湾惊讶地发现了一只母灰鲸和她很小的幼崽。考虑到幼崽的年龄，哈韦和佩里曼估计灰鲸可能是在奔向墨西哥的途中产下了幼崽。母鲸离开北冰洋的时间太晚，来不及抵达目的地就产仔了。可能融化的北冰洋冰层将显著改变太平洋灰鲸的迁徙周期，一旦路线图在一代鲸群中改变，它们就会传递给下一代。这也是一条线索，从中我们可以进一步了解到，灰鲸对迁徙路线的导航所凭借的是学习与记忆，如果旅程在它们的头脑中牢固不变，那它们就不可能每年都根据环境条件而进行小规模的调整了。

当然，也有些灰鲸无法准确记住迁徙路线，这就解释了为什么1988 年有 3 只灰鲸被困在冰冻的北冰洋里，不得不通过破冰船才能获救[6]。这又让哈韦提出了另一个大问题。随着北冰洋的逐渐暖化，已经越发变得适合生存，为什么这些灰鲸还要继续迁徙呢？他陷入一阵沉默后说："可能它们也不是必须要那样做，但是现实情况是，水体还是冰冷的。"要在冬季北冰洋的水域里保持身体的热量，仍要消耗大量能量。他和同事都相信，对于灰鲸来说，踏上漫漫长路游向墨西哥，在那里温暖的水体中节省能量，比待在北冰洋的冷水里停滞不动要好得多。

这也解释了为什么年幼的灰鲸，即使太小还没到交配和生育时期，似乎没必要去温暖的泻湖却也要游向墨西哥。要让它们在夏季里所积累的脂肪尽可能完全消耗掉，幼鲸需要与长辈一起去寻找温暖的水域。此外，迁徙也有另外的益处。哈韦解释说："最终，如果想要加入繁殖阵营中去，就需要知道如何进行迁徙。它们在迁徙途中获得知识，其中包括繁育方面的知识。"幼鲸在这趟往返的旅程中可能也会学到其他生存技巧。当它们到达墨西哥时，能看到其他同伴的繁殖。一个具有重大科学意义的问题是，灰鲸如何学会交配？哈韦说，它们可能与学习迁徙采用了同样的方式，都是通过观察与记忆。

一度接近灭绝，灰鲸如何恢复

很不幸，对于手持鱼叉和炸药，以及整船捕鲸者的协同作业，灰鲸的记忆也不具有抵御能力。斯卡蒙所猎杀过的灰鲸后裔仍然漫游在冬季的太平洋海岸，但它们已经灭绝的大西洋亲戚们却没有那么幸运了。数千年以来，大西洋中一直生活着一大群灰鲸[7]，它们的迁徙路线从北冰洋到地中海。但是，历史上的证据显示，它们在18世纪时期就被猎杀殆尽。如今，仅有两群灰鲸剩了下来。其中之一是东太平洋群，或称为加利福尼亚—楚科奇（California-Chukchi）群，其迁徙情况我们在前文已经谈过，包含了20 000～30 000头[8]灰鲸个体。另一群要小些，了解不多，大约有200头灰鲸，被称为西太平洋群，或称为朝鲜—鄂霍茨克（Korean-Okhotsk）群[9]。它们沿着亚洲的海岸迁徙，彼此路径不同。夏季时，它们在俄罗斯、朝鲜半岛、日本北部的鄂霍茨克海域觅食，而繁育区却远离朝鲜半岛海岸。

如果不是由于20世纪早期加利福尼亚动物保护团体的兴起，这两个鲸群可能都会走上大西洋灰鲸的老路。这些动物保护团体，比如曾协助保护了优山美地国家公园（Yosemite National Park）免于被19世纪晚期地产开发的塞拉俱乐部（Sierra Club）成立之后，环保运动蓬勃发展，并开始考虑像保护环境一样去保护动物。其实，像斯卡蒙一样的捕鲸人也曾不安地注意到，如果按照他所观察到的速度继续捕杀，灰鲸很快就要灭绝。过去，捕鲸人经常简单粗放地在灰鲸交配的泻湖中大肆猎杀那些脆弱的母鲸和幼崽，极大地破坏了鲸群的繁殖能力。人们对这些残忍的猎杀行为感到不安，也很清楚灰鲸并没有特别的商业价值，1949年新成立的国际捕鲸委员会[10]将捕杀灰鲸定为非法行为。很多科学家相信，从那时起，东太平洋的灰鲸数量可能已经开始回归到了捕鲸开始之前的水平。其他人则坚持认为，遗传学数据资料表明[11]，在猎杀行动之前，灰鲸的初始数量可能接近 90 000 头。

不论灰鲸最初有多少头，研究灰鲸的海洋生物学家们似乎都认同一点，即加利福尼亚灰鲸的数量恢复得很迅速。在过去的 60 多年中，它们从接近灭绝的状态，变成了一个健康的多样化的群体，能通过学习新的迁徙策略而应对北冰洋中多变的自然条件。相对于其他每年都独自迁徙的鲸类，尤其是露脊鲸、座头鲸和蓝鲸，灰鲸的数量增长很明显。一些研究还显示，雷达发出的噪声污染[12]以及人类入侵它们的领地等行为，或许都会导致灰鲸迷失方向，也会使它们容易搁浅，或是直接撞向大型船只而受伤。

灰鲸从濒临灭绝中得到拯救完全要归因于人类，人类愿意改变自身的行为，人类也可能通过同样的方式拯救其他的鲸类。我们可以避免使用鲸类导航的声波频率，或者通过卫星来追踪鲸类的迁徙模式，某些方式已经被科学家们所采纳，这样能够避免在鲸类迁徙路线的区域内建立航道。很显然，改变声波频率要比为禁止捕鲸立法更加困难，但是它肯定可行，今天的灰鲸数量提醒我们，对这些大型海洋哺乳动物来说，灭绝并非不可避免。

灰鲸得以幸存，还有一个原因。它们的迁徙模式相对来说更安全，也不用担心食物供应。它们觅食的北冰洋地区，海洋浩瀚、食物充足，那里极少有动物会为了觅食而与它们竞争。而座头鲸却在小型海岸区觅食，哈韦将它们的觅食区称为"高度密集地区"。如果在那里找不到食物，它们就要挨饿了。但是，灰鲸有巨大的觅食场所，夏季时，它们可以在那里的海床上悠闲地大口觅食；冬季里，它们还有一处安全之所可以交配繁衍。在两个地方之间，它们谨慎地规划着尽可能安全的迁徙路线。当沿着海岸迁徙时，海浪的声音以及它们最喜爱的浑浊水体，可以帮助其巨大的身躯躲避捕食者。它们不使用声呐系统，这或许意味着灰鲸更喜欢独居，它们的生活比其他鲸类动物都简单。但是，这种简单性却帮助它们从濒临灭绝状态得到恢复，而那些采用复杂通信方式和具有复杂社会结构的鲸类目前仍处于危险之中。

如果灰鲸没有能力把脑中的生存路线图代代相传的话，它们或许永远都不会幸存下来。只要它们一直努力学习，掌握太平洋海岸的艰辛旅程，这些灰鲸的生命就会继续下去。

总在归家路上

数千年以来，人类的游牧民族采用了同样的方式，徘徊、穿越极广袤的地域，只是为了寻找食物和宜居的气候条件。很多人类部族仍旧保持着一种传统，每年或每两年在某处举行大型的聚集活动，这或许与灰鲸在墨西哥潟湖中的聚集有些许相似之处。游牧民族在这些聚集活动中，彼此交换礼物，传讲故事，甚至在外邦中寻找婚配的对象。然而，今天人类的迁徙模式已经不关乎生存了。大多数人都定居在社区和城市里，我们传递给下一代的知识充满无穷尽的复杂性，远远不止于迁徙路线和追索丰富食物的信息。我们已经掌握了太多信息，需要图书馆和数据库来扩增记忆。

然而，关于记忆在生存中的角色，灰鲸仍有一些教训可以指导我们。这一点曾经给我强烈的印象，在蒙特利湾的一个下午，我加入一个鲸类观察小组，当时我们乘坐一艘小艇，在狂风巨浪中努力寻找迁徙中捉摸不定的灰鲸。我们中最具冒险精神的人在船前面的栏杆上固定了照相机，海水已经完全把相机浸湿了。我们与几大群海豚协同前行，其中有4只海豚总是同时优雅地跳出海面，似乎是在向一群完全不属于这里的灵长类动物极力地炫耀。我们不断地在周围的海平面上观察，希望能找到灰鲸特征明显的喷水行为，最后，就在我们想要放弃的时候，终于找到了。那头灰鲸就在海浪表面上翻动着喷水孔，大部分躯体隐藏在遥远的水体中，很快就消失了。我们所有人都欢呼雀跃，指着远处，在一阵阵激动中忘记了拍照。只是这样看了一眼这伟大的生物，就让我们充满了疯狂的敬畏之情，尽管我们都被海水打湿，但还是待在船头不肯离去，开始交流我们曾见过的其他一些令人称奇的动物故事。一个人曾在野外看到过孟加拉虎，另一个人曾在墨西哥湾看过冬天里的灰鲸。没有人会忘记这种观看野生动物的经历，因为我们大多数人，无论多么喜欢城市生活和文明社会，都深深热爱着大自然。

人类与灰鲸相似，都很好地幸存了下来，因为我们已经掌握了在这个星球上穿越广袤之地寻找食物并建立家园的方法。另外与灰鲸相似之处是，我们还学会了以更高效的方式在不同地域间穿梭，并对环境中的变化作出响应。我们已经有办法建造比乡村更能保护我们的城市，为了明白如何在这个仍旧危险的星球上更好地生存，我们也把这样的故事传递下去。有时候，甚至还会为了保护其他生命而改变自身的行为模式。在本书的下一部分，我们将探讨对未来的筹划。我们要记住灰鲸的教训：你一直处在回家的路上，但是这条路却随时充满变化。

第 13 章

生存故事中的务实乐观主义

前面 3 章中，已经对人类、蓝藻以及灰鲸这 3 种生命形式在极端不利条件下的生存策略作了专门的探讨。我们从中了解到，今天被称为犹太人的远古部族在面对战争和虐待时，通过扩散并建立新社区的方式生存下来。我们也了解到，蓝藻具有自身持续产生能量的能力，这种能力让它们成为地球上适应力最强的生物。我们也在东太平洋海岸追随一群灰鲸艰难的迁徙之旅，在它们的旅行中，每一头灰鲸都通过记忆而生存下来，在人类停止猎杀灰鲸后，它们的数量甚至从一度濒临灭绝又迅速反弹。通过讲述这些幸存者的故事，我们也学习到人类为了生存应采取的措施。但是某些关于生存的故事似乎比另一些更加有用。

在第二部分，我们探讨了象征性符号交流在人类演化中的角色。口耳相传的叙述传统可以说是人类生存的文化支柱。因此，征服者的军队焚烧敌人的书籍和图书馆是有原因的。毁掉一个民族的故事相当于抹除这个民族的未来。我们应当记住这些故事，因为它们能带领我们远离死亡。实际上，关于人类在未来如何生存的故事，有时甚至只是科幻小说，可能是我们拥有的最重要的生存工具。灰鲸把迁徙的地图传递给下一代，而我们的故事可以被当成是迁徙地图的高度符号化版本。如果期望我们的后代在未来 100 万年内继续繁荣，这些未来主义的故事就能为我们提供指引。

是什么让我们求生

巴特勒（Octavia Butler）是 20 世纪最伟大的科幻小说作家之一，她曾对《本原》（*Essence*）杂志说："想不学习历史就预测未来，好比是想不下工夫学字母就直接读书[1]。"巴特勒生长在 20 世纪 50 年代，当时正是太空竞赛高峰时期，人们总是热衷于殖民月球、火星或其他星球的各种乐观故事。但是，她当时只是一位女仆特别害羞的女儿，就出身来说完全不符合《禁忌星球》（*Forbidden Planet*）*的素材。巴特勒的妈妈是一位寡妇，没有自己的家，她与巴特勒居住在她的白人雇主家中[2]。巴特勒回忆说，总有访客肆无忌惮地说一些种族歧视的话，完全无视她们的存在。巴特勒长大以后，经常公开表示对母亲的钦佩之情，母亲为了生活总是不知疲倦地努力工作，即使前途困难重重也毫不退缩。

也许正因如此，巴特勒作为作家的伟大天分就是，她非常善于撰写一些感人而又具有现实主义色彩的故事，故事中那些未来人的生存非常凄惨而怪异，远远超过《星际迷航》（*Star Trek*）中"进取号"**星

---

  * 1956 年首映的美国科幻电影，讲述了在 2200 年，太空人在一个星球上登陆，发现那里只有劫后余生的医生和他的女儿。当他们计划把两个人带回地球时，却被神秘的怪物攻击，他们为了生存与怪兽进行了殊死搏杀。这部电影制造了复杂玄妙的未来世界，比轰动一时的《星球大战》早了 20 年。——译者注

**《星际迷航》是由美国哥伦比亚广播公司（CBS）和派拉蒙影视公司制作的科幻影视系列，由 6 部电视连续剧、12 部电影组成。它最初由罗登贝瑞（Gene Roddenberry）编剧，自 20 世纪 60 年代到现在已发展为全世界最著名的科幻影视系列作品之一。"进取号"级星舰是《星际迷航》系列中船员们所搭乘的星舰，在流传甚广的港台译版中译为"企业号"。本文之所以取"进取号"之名，是因为美国航空航天局曾于 1976 年采纳《星际迷航》粉丝的意见，将第一架航天飞机取名为 Enterprise，我国媒体通译为"进取号"。这架航天飞机是一个纯粹的测试平台，未进入过地球轨道，于 2012 年 4 月退役。——译者注

舰传感器所见到的任何场景。她也经常开玩笑说，差劲的科幻小说总能激发她的创作灵感，就像是黑人孩子生长在白人所主导的世界中一样。她是在电视上看过《火星女魔》（*Devil Girl*）[3]后的一个晚上开始撰写第一部短篇小说的，她当时就觉得她写的故事可以比电影更好。

　　文学界恐怕永远不会把巴特勒的作品与《火星女魔》相提并论。这不仅仅是因为在她生前（2006 年以前）曾获得多项科幻小说大奖，其中包括雨果奖（Hugo Award）和星云奖（Nebula Award）*，而且她也是第一个获得麦克阿瑟"天才奖"（MacArthur "genius grant"）的科幻小说作家，该奖项通常只授予优异的艺术家和杰出的科学家。巴特勒的作品之所以令人着迷，是因为她具有一种难以置信的能力，总是能引导读者以完全不同的视角看待这个世界。在为《欧普拉杂志》（*O, The Oprah Magazine*）** 所撰写的一篇短文中，巴特勒回忆了她构建素材的经历。她小学时曾与同班同学一起去动物园，看到关在笼子里的黑猩猩时，其他的孩子纷纷朝黑猩猩扔花生进行嘲弄，而她的心中却充满憎恶。黑猩猩在沮丧中发出痛苦的悲鸣（它可能都已经气疯了），在那一刻，幼小的巴特勒就意识到，她对这只黑猩猩的同情要远远超过对周围伙伴的同情。这是她第一次思考人性，当时她似乎是在用外星人的眼光看人类，那段经历在她以后的科幻想象中留下了永远的烙印。她写道："7 岁时，我就开始痛恨牢固而有形的牢笼——这些具有真正栅栏的笼子就像是黑猩猩的笼子一样——狭小、易受攻击、了无生气。后来，我开始痛恨无形的牢笼，这些笼子把人们相互隔开，使人们彼此疏离，它们就是种族歧视、性别歧视和阶级对立。"

---

　* 星云奖是美国科幻及奇幻作家协会（Science Fiction & Fantasy Writers of America Inc.）颁发的科幻及奇幻艺术年度大奖，因奖品为嵌在荧光树脂中的螺旋状星云而得名，与雨果奖同为科幻奇幻界最受瞩目的年度奖项。——译者注
　** 也译为《时尚女王》。——译者注

她写的很多小说都可以用思维实验来理解。那群孩子折磨黑猩猩的行为给人性打了一个大大的问号，而巴特勒正试图在小说里寻求解决之道。这个问题的核心就是那些无形的牢笼。这无形的牢笼比有着钢铁栅栏的笼子还要致命，因为它使我们在面对亡种危机时，无法认清我们身为同一个物种的共同点。人类既然这么擅长建造牢笼，又怎么能够长期生存下去呢？应该做什么才能让我们回到正轨？

本书中，我也提出了同样的问题。不论面对怎样的自然条件，我们唯一能做的就是分别从个人和全局角度，以同一物种自居，同心同德去应对各种生存挑战。然而，在理解生存策略的具体细节之前，很有必要暂时作一番哲学思考：我们为什么要把这件事放在第一位？为什么我们想要生存下去？是什么让生命值得去拯救呢？我们希望在下一个 100 万年中如何改善？那时的一切又会是什么样子？

我们或许可以通过巴特勒的一些科幻小说找到这些问题的答案。

生存意味着妥协

大多数人期望人类延续万代的理由很简单：希望我们的家族和文明能有机会长期持续，并不断改善。问题是，我们难以想象未来可能的样子。我们展望的遥远未来世界总是充满了和我们一样的人，他们乘坐着飞船在银河系中呼啸而过，这些飞船的模样不过是现今火箭的升级版。如果历史能提供任何借鉴的话，明天的人类恐怕和我们相去甚远——他们的身体可能在演化中有所改变，他们的文明也会被各种彪炳千秋的文化巨变所改变。在巴特勒的三部曲小说《莉莉丝的孩子》（*Lilith's Brood*）中[4]，她戏剧化地说明了为什么有些人宁愿选择死亡，也不求生。为了从灭绝中得到恢复，需要进行翻天覆地的变化，而他们对这样的变化并没有做好准备。巴特勒讲述的故事仍然为人类的生存提供了些许希望，也为实现它们指明了一条新路。

在《莉莉丝的孩子》开篇中，人类遭受了核武器的毁灭打击，一种古怪的身上有触手、被称为欧安卡利（Oankali）的外星人绑架了幸存下来的人类。欧安卡利人不同于会使用机械技术的人类，他们的文明完全根植于生物。他们在行星般大小的太空船里穿越银河系，这种太空船以及太空船中环境的每个部分都是活的，从树屋到鼻涕虫状的车辆。他们是一种曾应对过多种外星文化的远古物种，在他们眼中，人类只是有趣的怪物，是具有社会阶级的智慧生物。这显然是宇宙中一种难以置信的罕见组合，他们怀疑，这种矛盾组合正是导致人类衰败的原因。但是，就像欧安卡利人的一位代表向故事的主角莉莉丝所说的那样，他们把少数幸存的人类在一个同步静止轨道飞船上保护起来，与此同时，地球也开始恢复健康的自然状态。

欧安卡利人似乎乐善好施，但是，他们希望被拯救的幸存人类能够有所回报。他们最先唤醒莉莉丝，并在唤醒其他人之前就与她达成了交易：如果人类同意为欧安卡利人生孩子，人类从此就将拥有富足、免于疾病侵袭的生活。原来，欧安卡利人要将自身DNA与其他物种进行融合后才能繁衍后代，每过几代，他们都会创造出新形式的生命。莉莉丝很不情愿地充当了欧安卡利人的说客，她不得不把这些条件向被唤醒的同伴们进行解释，并要获得他们的许可。有些人比其他人更愿意接受条件，但是，所有人都怀疑莉莉丝的立场，他们将莉莉丝视为已经妥协的人类，因为欧安卡利人已经对她进行了改造，让她变得比普通人更强壮、更聪明。其实，相对于具有一半血统的欧安卡利人孩子，莉莉丝的能力只相当于欧安卡利人能力的一点点而已。然而，欧安卡利人是在把人类变得更好吗？还是将人类抢夺过去，成为他们的人呢？他们想要人类平等地融入他们之中呢，还是只把人类变成他们的繁育库？

有一群人极力反抗欧安卡利人，拒绝接受他们，宁愿死也不愿与这些他们视为可怕压迫者的生物组成家庭。而莉莉丝却同意了欧安卡利的协议。她与她的恋人约瑟夫（Joseph）组建了一个典型的欧安卡利人家庭，家中有一名男性、一名女性，还有一个被称为乌来（ooloi）的第三性。乌来能够在体内组合遗传物质，产生混血的后代，这种后代不能通过有性繁殖的人类而产生。尽管莉莉丝开始逐渐爱上了她的乌来和其他混血孩子，但是，她却被各种疑虑所困扰。或许人类中那些分裂主义者拒绝欧安卡利人的条件是正确的，或许欧安卡利人曾控制过她的神经化学，缓慢地夺走了她的反抗意志，并最终强迫她接受所提的条件。还有一些反复困扰她的问题，比如，如果她的孩子已经不再属于人类，那她到底还算不算是幸存下来？

随着故事的逐渐发展，这些问题变得越发尖锐。我们发现，欧安卡利人计划让他们的混血后代乘坐舰船在宇宙中旅行，他们的舰船是活的，其船体在生长的同时将消耗掉地球的所有资源。欧安卡利人在经过一场耗时甚久的争执后，终于同意在恢复生机的地球上为不愿被同化的人类建立一个避难所，但这只是权宜之计。一旦舰船恢复生命，那些没有被同化的人类都要死亡。

在某种程度上，欧安卡利人正在给予人类梦寐以求的一切：完美的健康、超长的寿命、富足的食物以及完全和平的生存。但是他们的条件只是在最初看起来很诱人，就像是当初传染病肆虐后期，欧洲人抵达美洲海岸时对当地人做出的许多承诺一样。几件有价值的物品，比如火枪和羊毛，得到交换之后，欧洲人就开始破坏当地人的文化，并完全改变了他们所居住的土地。当地人与欧洲人生活的时间越长，他们就越发不像阿帕奇人（Apache）或印加人（Inca），却更像是混血人种，一半植根于他们的祖先文化，另一半来自他们的殖民者。尽管莉莉丝和她的孩子们都会生存下去，但是，我们早先认识的人类却不复存在了。

贯穿《莉莉丝的孩子》一书的线索就是，人类为了生存需要经历彻底的改变。另一方面，巴特勒也为我们提供了一丝安慰，尽管我们的身体可能发生改变，我们的文化也会因异星文明而衰落，但是我们的人类本性尚存。当莉莉丝的孩子们长大以后，这一代就会以他们的视角来看待这个世界，他们已经变成了一种前所未有的物种。尽管这些人有一半欧安卡利人血统，但是他们也会珍视自己的人类出身。实际上，当第一个人类与欧安卡利人的混血乌来与来自未同化人类的男人或女人相爱时，就从中发现了人类的可贵之处。在欧安卡利人所同化的各个物种中，人类与其他物种都不同，只有人类对同化行为进行了有组织的反抗。结果，欧安卡利人意识到他们必须改变其生活方式，不再对整个物种进行同化，而是有限地保留每个物种，让他们按照自己的方式去生活。此时，你或许会说，人类将多元性注入欧安卡利人的文化之中。而对于欧安卡利人来说，他们是在星宇之中给予了人类一个和平的未来。

这种稀奇古怪的故事对于我们这个物种的未来怎么会有所启示呢？

巴特勒以《莉莉丝的孩子》作为一种思维实验，其深刻之处在于提出一种观点：人类的生存意味着一系列的妥协，它们无休无止，不断深入。重要之处在于，该书并没有给出简洁而欢快的结局，甚至与欢快结局相去甚远。尽管人类生存下去了，但是，无论是作为纯种的人类，还是混血的欧安卡利人，他们都经历了无法想象的损失，某些损失甚至还被认为比死亡更严重。如果一切都用历史的眼光去评判，我们就会发现，尽管奴隶制废除了，但非洲人与欧洲人之间文化碰撞的长期结果很难说好还是不好。我们不能寄望于历史的伤疤可以在未来完全消失，也不能期望在未来不会再度受伤。关键在于，要把这些伤害置于为了生存而进行巨大转变的悠长故事中去理解。也许混血的外星人孩子们能建立起一个更美好的世界，真诚希望对这种情景的见证能够抚平人类因为诞下他们而出现的伤害。巴特勒建言道，这就是我们生存的原因，我们想要见证更美好事物的新生。

在《莉莉丝的孩子》一书中，巴特勒并没有对"更美好事物"给出合适的定义。似乎那是指人类的欧安卡利人生活方式将会比我们今天更健康，更具持续性，也更加和平。同时，作者还暗示，那种生活还保留了人类最美好的一面，这就是当问题被抛到面前时，我们真实有效的变通能力。也许最重要之处可能是，"更美好"并不意味着超然。尽管巴特勒的未来人类比我们强大得多，但是也没有达到完美的程度。他们是妥协后混血的结果，虽然比目前的人类要好，但是仍然要面临各种冲突与失望。

从《莉莉丝的孩子》这本书中，我们所能获得的有关未来生存的最伟大教训之一就是，我们需要改变。而改变的艰难与怪异，可能远远超出我们的预期。

"上帝就是改变"

我们需要做出改变才能生存，这说起来很容易，但是如何才能让人们甘愿为此而冒险呢？怎样才能团结起被各种符号化的藩篱所分隔的人群，让他们为这一个长期目标而协同工作呢？巴特勒通过她的两部现实主义小说：《撒种的比喻》（*Parable of the Sower*）及其续集《按才受托的比喻》（*Parable of the Talents*）*[5]，直接探讨了这个问题。这两部小说都把背景设定在美国不久的将来，书中美国被贫穷、气候变

---

* 这两本书的标题都源于《圣经·新约全书·马太福音》中耶稣的讲道，撒种的比喻常用来解释听道者的不同态度，参见《马太福音》第 13 章；按才受托的比喻常用来解释对上帝恩赐或能力不同的运用方式，进而获得了不同的结果，参见《马太福音》第 25 章。这两个比喻在西方世界都是耳熟能详的。——译者注

化以及政治动荡折腾得分崩离析。

在《撒种的比喻》中，开场是洛杉矶被大火毁于一旦，我们发现自己处在洛杉矶外仅存的一个门禁社区内，而同时，横行的劫匪到处破坏、纵火。一个叫奥拉米娜（Lauren Olamina）的少女平时就留意过父亲在靶场指导的内容，她拿起枪和应急背包，在烈火熊熊的黑夜开始奔走，寻找通向加州北部的安全道路。她曾听说加州的情况要好些。然而在路上，她和她的旅伴却被一伙民兵绑架了，被扔进劳教营遭受洗脑式的折磨，经过几个月的毒打，他们终于被释放，那时美国政府已经从昔日的独立派和绑匪手中重新夺回了权力。

奥拉米娜在受折磨期间，越发坚定了她从儿时就有的一个计划。她要建立一种新的宗教。她希望这套新的信仰体系可以依靠人与人之间的感同身受而把人们团结在一起，以免任何其他人被迫遭受她自己曾经的不幸。在她的讲授中，她使用了"上帝"这个词，但这个上帝却不是大多数美国人都习惯接受的那样。首先，上帝不是头发飘逸的白人，也不高浮于云端。上帝是个抽象概念，只被描述为"变化"。奥拉米娜祈求她的上帝来帮助痛苦的人，但她同时也声称，她的上帝完全致力于把地球上的孩子都引导到太空，在太空中，孩子们将充满喜乐地扩散奔走到众多星球之上。从某种观点来看，巴特勒援引了犹太教和基督教的上帝，他在《圣经》中体现出的公正理念，曾帮助非洲裔美国人反抗美国社会的奴隶制和不平等制度。但是从另一种观点来看，这个抽象的、带来改变的上帝却反映了正在进行的演化。无论是哪种，奥拉米娜的上帝代表一种非常强的理念，在故事中，奥拉米娜在末日后的美国通过这个上帝的帮助，战胜了几乎毁灭人类的灾难。

巴特勒在《轨迹》（Locus）*杂志中做了这样的解释：我过去常常轻

---

* 美国的一本科幻杂志。——译者注

视宗教[6]，至今没有皈依任何宗教，但我认为我变得越来越能理解宗教，宗教让我的一些亲戚们活了下去，因为那是他们的全部。如果他们没有对天堂的信念以及来自耶稣的陪伴，可能会自杀，毕竟他们的生活已经像地狱一样了。但是，他们可以去教会，共同拥有丰富的生活，那样很好。当他们处于痛苦之中，即便非常痛苦却仍必须去工作时，他们有上帝可以依靠，我认为这就是宗教对于大多数人的意义。

从本质上讲，巴勒特的比喻系列小说就是在调和宗教与社会、上帝与科学以及过去与未来之间的关系。在这些书中，巴特勒对《莉莉丝的孩子》一书中尚显隐晦的内容有了非常明确的表述，即人类的故事必将是一种永恒的变化，因为这种方式将痛苦变成了希望。奥拉米娜对人类的目标实际上也是您正在阅读这本书的目标，即带我们离开这个拥挤的星球而进入太空，在那里我们继续经历改变，并尽力通过探索学会如何建立新的文明，在新文明中，人类将不再陷入妨碍我们认清共同目标的种种牢笼。

巴特勒曾对听她讲课的一个学生说过："对于解决我们未来的所有问题，不会只有简单的一个答案[7]，也没有灵丹妙药。实际上，至少有数千种答案。如果你愿意，你可以贡献一二。"但是，首先你必须足够勇敢，足以远离死亡，接受改变而生存下去。

在本书的下面两部分中，我们将探索人类作为一个物种为了生存需要做出的改变，这种改变不会破坏历史和传统，却足以让我们的未来文明可持续发展。我们将从改变许多人生活和工作的城市开始。最终，我们要离开充满危险、易于爆炸的地球而在太空建造城市。我们要扩散到星际之中，为了生存而改变自己，但是永不会忘记我们的家园。

第四部分

建造不死之城

第 14 章

演变中的大都市

在前文中，我们已经了解到各种生命形式，如蓝藻、鸟类和哺乳动物等是如何从大灭绝中幸存下来的，也见识了人类在面临自身物种威胁时所采取的种种策略。同样，物种在灭绝事件中落败的现象也屡见不鲜，这种失败甚至可以表现为整个生态系统和各阶层群体的灭亡。关于人类未来，各种谨慎的、充满希望的传奇故事应该转化成为生存绸缪的现实计划，以避免糟糕的失败，对此，我们要怎么做呢？

首先，要改变城市。为了让大型社区与环境相适应，我们该做的还有许多，城市在这方面是完美的实例，也是人类文化的有力表征。城市一直是人类文明的中心，但如今，城市与文明已经融合成为一体，难以分辨。很显然，城市也是经济、科学和艺术等生产力的源泉。城市非常适合组织社区工作，要知道，人类这个入侵物种总体数量已经超过 70 亿。要提供良好的医疗、卫生、居住和教育服务，对于曼哈顿岛上拥挤的 160 万居民和散居在蒙大拿州不足 100 万人而言，前者要容易得多。城市也有问题。在传染病流行和自然灾害发生期间，城市会成为死亡陷阱，比如 2004 年发生的印度洋海啸。尽管城市在利用能源方面效率很高，但它们对能源的消耗的确太大——特别还要考虑到大多数城市只依赖不可持续且有害环境的化石燃料。

毋庸置疑，城市仍然是当今人类社区的主要形式。在过去的 10 年中，地球上居住在城市的人口已超出了城市之外的人口[1]。前者的数字据预测仍然在增长——联合国人口部门估计，到 2050 年，将会有 67% 的人口居住在城市。很显然，对于人类和我们的星球来说，如果能显著减少人口无疑要更好，魏斯曼（Alan Weisman）在他的著作——《没有我们的世界》（*The World Without Us*）[2]中就探讨过这个问题，但是这种想法在接下来的几十年中简直不现实，因为这需要我们控制数十亿女同胞的身体[3]，那样，我们就进入了道德上的灰色地带，并且永远无法回头。目前，我们必须意识到人口一直在增长。这意味着，下一阶段人类的生存将依赖于是否能够建造出既能保护庞大数量的居民，又能让环境持续发展的城市。简单说来，我们需要一些可靠的城市，它们不会地震一来就倒塌，也不能成为疾病的温床，还可以为其居民提供可持续的能源和食物。

为此，我们必须首先来了解一下，城市如何行使其功能，又是什么力量让城市长存。

城市是一种过程

一座城市远非方砖和水泥，它是文化、历史的综合产物。城市规划领域学者雅各布斯（Jane Jacobs）在她 1961 年开创性的著作《美国伟大城市的死与生》（*The Death and Life of Great American Cities*）[4]中曾指出，城市吸引人之处在于其"人行道式的生活"。她这种说法意在表明，城市是一种日常社会性的存在形式，由来来往往的邻居、陌生人以及各种事件所构成。雅各布斯相信，城市深刻地反映着社会性。

人群在城市聚集是为了寻找聚在一起带来的种种新事物和新刺激，而并非崇拜某个具有纪念意义的建筑，也不只是为了赚钱。

雅各布斯的解释恰好说明了城市生活中某些不可言说的方面。一些人将其称为"突现特质"（emergent property）[5]，那是从混乱而交互作用的各个部分之间自发涌现出来的一种组织体系，也有一些人将其称作一种文化遗产。城市幻想剧作家雷伯（Fritz Leiber）则将其称为都市魔力（megapolisomancy）[6]。意在指出城市能够从一系列社会、政治以及文化类等难以用科学量化的活动中获取活力。但是它们都是技术与工程的产物，这一点不容置疑。它们也为金融领域带来动力，以巨大而细分的市场为公众的文化与科学事业注入活力，而这些市场又能将世界各个城市彼此联系起来。

物理学家认为，成功的城市具有随机性，那是一种有组织而且不断重复的过程，其中包含了随机元素。城市中某些特定的结构不断重复。最早的城市位于今天的土耳其和秘鲁，这些城市均有纪念宗教和政治领袖的建筑物，也有家庭，人们以家庭为单位，休养生息。当然，每个城市往往具有自身的特色、随机性、感性特征，那是历史上特定时期特定人群的产物。有些城市，比如伊斯坦布尔和巴黎，在数个世纪甚至 1 000 年以来一直成功地保持了这种随机过程。而其他一些城市，比如底特律，只繁荣了数十年，随后就沦落为鬼城了。为了使城市能够长久保持活力，并被成功塑造成工业规划师琼斯（Matt Jones）所说的"未来战甲"[7]，我们就需要重视它们的随机属性。建造出具有安全、可持续结构城市的同时，要为随机性与社会变化预留空间。

人类学家史密斯（Monica L. Smith）[8]一直从事古代城市发展研究，她发现很难找到一种合适的方式将一个地域定义为"城市"。城市生活的关键内容包括较高的人口密度、特定的工作方式、社会分级以及具有纪念意义的建筑物。然而，罗列城市的这些内容并不能有效解决城市定义的问题，因为在史密斯看来，城市就是一种"过程"。才华横溢的城市规划师科斯托夫（Spiro Kostof）也曾提出同样的看法[9]："一座城市不管其初始形态多完美，都不会就此完成，也不会停滞不前。"换言之，城市一直处于变化之中，或许在一个时期城市生活具有某些方面，过一段时期又展示出其他的特征。另外，5 000 年前城市的感受与今天的城市可能极为不同——实际上，加拿大的城市与中国的城市感受都是不同的。当看到一座城市的时候，或许可以说我们了解它，但是城市的内在理念却一直在变化。

最早的城市诞生于世界上两个迥然不同的地区[10]：南美洲秘鲁海岸和昔日的美索不达米亚地区（现今土耳其南部、叙利亚、伊拉克）。公元前 3200 年，秘鲁的城市集中分布在山脉上急速流向海洋的河流周围。古秘鲁人在平地中心建造了大型低地广场，广场周边具有回旋的台阶和供居住的房间。兴盛于公元前 2800 年的卡拉尔（Caral）可能是其中最大的城市，可容纳多达 3 000 人，这些居民为后人留下了艺术、雕刻以及一些纺织品。卡拉尔及其外围的城市居民极有可能依靠渔猎和农业为生，各城市之间有频繁的贸易和文化交流。

卡拉尔城周边的城市具有设计精巧的大型中央公共区域，位于土耳其南部更加古老的加泰土丘（Çatalhöyük）却并非如此，它看起来像是泥土建成的蜂巢。人类学家认为加泰土丘的建造时间约在公元前7500 年，其后的数百年里一直有人居住在那里。加泰土丘的居民建造了彼此相邻的单室套房屋，房子之间并没有街道相隔。门位于屋顶，居民要在别人家的屋顶与自己家的起居室、厨房之间爬上爬下。当他们房子的泥墙崩裂时，他们只需在旧墙上盖上新的结构即可。许多这样的古代城市都被称为"土丘"，因为长时间以来，远古的城市居民差不多只是在快毁坏的旧城上建设新家。现代人类学家们常常可以通过卫星照片上那些极为对称的土丘找到这些古城，尤其在那些保留有早

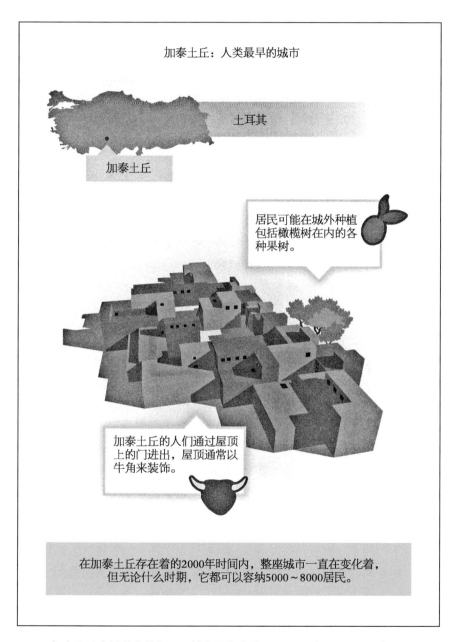

加泰土丘：人类最早的城市

土耳其

加泰土丘

居民可能在城外种植
包括橄榄树在内的各
种果树。

加泰土丘的人们通过屋顶
上的门进出，屋顶通常以
牛角来装饰。

在加泰土丘存在着的2000年时间内，整座城市一直在变化着，
但无论什么时期，它都可以容纳5000～8000居民。

加泰土丘古城艺术构想图。城市没有街道，居民通过屋顶的洞口出入。

期城市发展的地区。

人类学家中较大的争议之一在于，无法判断城市生活与农业生活孰先孰后。尽管这个问题可能永远都得不到解答——在不同地区，答案也是不同的——目前大多数人类学家都认同一点，像卡拉尔和加泰土丘这些城市，其农业一定极为高效。毕竟在一个永久定居点上，为了让数百甚至数千居民不至挨饿，农业是必要而迫切的事情。如此说来，城市就比农业更早了吗？可不一定。位于土耳其南部的哥贝克力山丘（Göbekli Tepe）是一处公元前 10000 年的遗址，该处发现雕刻有奇怪的人与动物图案的圆形遗迹，该遗址似乎表明最早的城市比农业发展得更早。另外，人类最初培育的庄稼与当时的野生植物很可能无法区分，这就意味着，造访哥贝力克山丘的人们可能具有小型农田，而通过他们的遗址却无法识别出这些农田。无论争议如何，有一点是明确的，那就是，对于古城卡拉尔和加泰土丘中的人们来说，农业是这些城市居民的主要职业。城市离开农业无法生存。

随着农业的发展，城市所改变的不仅是环境，也包括人类本身。斯坦福大学人类学家霍德（Ian Hodder）自从 20 世纪 90 年代初期就在加泰土丘遗址主持挖掘工作[11]，他相信，正是城市才使居民变得"社会化"。人们的日常生活逐渐改变，霍德将这种改变称为"为从事室内事务而进行的身体重复性活动"，以及对"记忆的建构"。他曾描述说，加泰土丘某些住户曾在数世纪中对房屋结构重建了 6 次，每次都采用相同的样式。这些居民都具有相同的宗教传统，他们将祖先的骸骨埋在房子的地下。随着时间的流逝，房屋就不仅仅是一个住所了。它是对以前不同时期房屋的实物纪念，也是家庭和城市本身的纪念。这对我们在通常意义上了解城市很有益处，这也让我们明白为什么在现代城市中保存古建筑结构是如此重要。城市就是我们共同历史的见证。尽管我们不再把祖先的骸骨埋在自己家的地板下，但是，它们却具有一种象征意义。这种难以名状的都市魔力赋予城市一种魅力，使人们觉得城市是由记忆所造，而并非仅仅是钢筋水泥。

恒 久 之 城

自 20 世纪 80 年代初期以来，人类学家斯通（Elizabeth Stone）就在美索不达米亚地区，尤其是土耳其和伊拉克，挖掘古代城市遗迹。我曾询问她[12]为什么有些城市的寿命可以维持数千年，她提醒我说，城市总是随着时间而不断改变，城市的历史充满毁坏与重建，反反复复。举例来说，古代城市的组织方式就与现代城市显著不同。她还说："在今天的巴格达，你会看到被不同阶级所区分的各个区，这种划分非常彻底，甚至从太空中都能看得出来。"但是，如果看看古代庞贝城的设计，你根本就无法判断哪里住着富人，哪里住着穷人。邻里之间的确不同，但是在财产方面却看不出明显差别。在斯通绘制美索不达米亚时期的城市地图时，她惊奇地发现，各家房子的大小差别微乎其微。每个房子占有的空间都差不多，尽管有些家庭可能房间数量相对多些。

中世纪的城市与现代城市之间的差别也很明显[13]。古罗马帝国与中世纪教会控制的罗马并不一样。古代世界的余晖在中世纪建造的新城中往往会得以再现。中世纪城市发展缓慢，其资金常来自贵族或教会。但是，始于 19 世纪的工业化把城市的发展推入富有的企业主和开发商手里，最庞大的地标纪念物就是归属于各个公司总部的摩天大楼。这个时代同样也见证了城市人口的急剧增加，达到了我们现今主要城市的人口巅峰。如今的城市又变得迥然不同了。罗马因其戏剧性的历史，总能吸引人群竞相前往，但是，在各个不同时期，这个城市的经历却一直在发生着显著变化。

持久的城市需要经历不同时期的崩溃与复苏。当城市居民的社会和经济活性越来越低时，城市很可能就趋于崩溃。斯通推测说："底层的人们可能会重返乡村，舍弃城市主导的生活圈。"一旦城市有更多的机会，农民就会到来，在城市的社会阶梯中奋力攀爬。大多数维持数百年的城市都位于历代帝国更迭的核心区域，比如伊斯坦布尔（昔日的君士坦丁堡）或墨西哥城（昔日的特诺奇提特兰）。这两个城市在若干世纪内都有居民居住，但是，这些居民一直以来都来自世代敌对的政治集团。这些居民的命运随着他们所归属的帝国起起落落。城市也许建造在记忆之上，但是城市也是处在过程中，一直在改变着。

然而，衡量城市的成功不能只看持久性。哈佛大学经济学家格莱泽（Edward Glaeser）著有《城市的伟绩：我们最伟大的创造如何让我们更富有、更聪明、更环保、更健康以及更快乐》（*Triumph of the City: How Our Greatest Invention Makes Us Richer, Smarter, Greener, Healthier, and Happier*）[14]，他在该书中指出："在众多城市中，失败总是相似的，而成功却是独特的……成功的城市往往将其丰富的活力以种种不同方式展现出来，并由此界定了其自身别具一格的外在表现。"现代城市的存在之道就是为人们提供可以形成社会团体的空间，这些社会团体在城市之外是无法形成的。科斯托夫将城市形容为"随着世代而逐渐累积的人类产物，将人类的价值隐藏于社区内，让我们栖身于它所提供的环境中并学会如何在一起生活"。城市社区的"价值"是城市自身结构的一部分。城市使其居民社会化，使其居民具有特定的、难以打破的意识模式。实际上，即使一个城市随着国家被打破，其自身的社会规范也难以打破。

实例：明日之城——旧金山

明日之城不能像底特律一样衰败得不再重要，也不能像加泰土丘一样消失在历史的迷雾中，应该成为我们欣欣向荣的各个社区的港湾，对此，有什么确切的保障吗？我们需要将可变性的概念融入城市设计中去。但是，当我们面对未来时，这种可变性必须体现在城市的建设中，使每一处结构都具有可持续性。城市地理学家沃克（Richard Walker）认为[15]，旧金山的海湾区能为这种建造城市的方式提供一个非常有用的实例。他的著作《城中村》（*The Country in the City*）就是关于旧金山的，他在书中诠释了海湾区的绿色空间如何开发出各种房子和建筑物。这个地区的设计者为了使加利福尼亚北部的荒野地域转成为城市空间，在贫瘠的小丘顶或矮丛中建造了绿地公园，这种设计既包含了"村"，也包括了"城"，在海湾区随处可见。为了从旧金山海湾区捷运火车站到沃克位于伯克利的家，我开上了一条蜿蜒的小路，这条路穿过了几处充满游乐设施和花坛的公园。这一路上我看到众多骑自行车的人、徒步者以及绿地，像我这样的驾车者反而很少。

海湾区的建造并非仅仅考虑了环境因素。其成功之处还在于，此地的居民在经济上一贯处于优势。沃克说："返回到淘金时代，旧金山一直拥有大批年轻而富于创造性的劳动力。19世纪时期，他们发明了新型采矿设备，其聪明与创造性由此可见一斑，这些如今还体现在金融革新、零售更新以及电子产品和生物科技等方面。"海湾区的金融核心位于南部的硅谷，这是一个由农场、公园和城市构成的条带状区域。人们从创新科技工业中吸纳资金，再将资金投放到北部的马林郡和东部的伯克利及奥克兰。如今，很多被旧金山文化吸引的年轻人来到这个地区，并在此定居。他们每天来往硅谷的通勤车有数百辆，这些班车都由谷歌（Google）、基因泰克（Genentech）、苹果（Apple）以及其他一些公司为方便其员工所配备，班车上配有流畅的无线网络，通勤车的设置也减少了上下班过程中的碳排放。

旧金山的城市状态被沃克称为"广泛开放型城市"，即这种城市随时准备接纳和容忍各种试验性的理念，这方面与旧金山在经济上的成功同等重要。在 20 世纪早期，海湾区是全美最早的环保人士群体、种族联合会以及大型同性恋社区的家园。在这方面旧金山有些类似洛杉矶和柏林。不同之处在于，海湾区从未对那些叛逆的居民进行政治上的打击。在柏林法西斯主义逐渐兴起的时期，纳粹驱逐（有时是屠杀）一些激进人士以及公开承认同性恋的人士，比如心理学家赫希菲尔德（Magnus Hirschfeld）。在 20 世纪 50 年代的洛杉矶，众议院非美活动调查委员会（House Un-American Activities Committee）曾对工作在好莱坞的具有左翼倾向的人进行迫害，以至于很多人都失去了工作，不得不离开好莱坞。与此同时，在旧金山，激进主义实际上仍然不受束缚。20 世纪 30 年代，环保主义者团体，比如塞拉俱乐部，以及普遍的罢工使城市的主管们卑躬屈膝。60 年代，众多本地环保人士团体、实业家以及政客们联合起来与地产商抗争，这些地产商计划填埋海湾，让城市可以从旧金山的码头延伸到东部的阿拉米达（Alameda），打通朝南至雷德伍德城（Redwood City）的道路。环保主义者在抗争中取得了胜利，海湾得到了保护，没有受到破坏。

正是这样的抗争才造就了一座史无前例的新城，绿色的城市环境总是要从一开始就努力保持。沃克对此解释说："海湾区的环境将很多次本地的反对活动融合为一次大型的、激进的绿色城市运动，这种感觉并不是'为了自家小院不惜整死别人'，而是'为了自家小院欢迎他人共享绿意'，具有很强的公益精神。"到了 20 世纪 60 年代中期，本地绿色团体组成的城市联合会已经变得非常强势，甚至使加利福尼亚通过了多项环境保护法案，以阻止任何试图填埋海湾进行发展的计划。

在海湾区的建设中，城市居民意识到，其成功之处在于消除乡村与城市之间虚假的分隔。但是，一座城市随着时间的推移而变得越发环保，在这方面旧金山的确是个实例。从东京到哥本哈根——很多城市居民也想要保护本地环境，但并不是通过立法，而是通过太阳能、高效能建筑以及城市农场来实现。未来的城市正在改变，其周围乡村生活的种种方式也将融入其中。

城市必须要与其环境成为一体，就像海岸线和树木一样，在下面的章节里我们将会看到，很多城市规划师、建筑师以及工程师都从各个角度达成了这种理念。政府和私人企业正在耗费巨资发展高效能的建筑物、太阳能、智能电网、城市花园、绿色屋顶以及其他多种经济型的技术。大多数人一致认为，未来城市近50年的规划要参照旧金山海湾区的方式而开展。

用旧金山海湾区来代表未来的城市生活，这种感觉看起来或许有些怪异，要知道，也许明天一场超级地震或海啸就会让这个地区灰飞烟灭。在接下来的章节中我们将会了解到，新的工程技术将帮助城市平安度过除最严重天灾以外的各种自然灾害。

第 15 章

灾害科学

城市生活中，有一件事永远不会改变，那就是灾害总会发生。灾害可以是暴风雨、洪水、地震、火灾或是城市衰败（使城市建筑物变成像朽木一样的死亡躯壳），这些灾害导致城市分崩离析。城市规划师或工程师们需要面临的最大问题之一，就是如何建造能够抵挡普通灾难的城市。最好的答案是有意识地破坏掉大量建筑，再由工程师们对城市进行更新，融入各种科技。通过大型实验室重现你所能想象的最恶劣的灾害之后，工程师们所发明的抵御灾害的各种结构就囊括在各种科技之中。

这些实验室很多都处在偏僻地区，乍看起来你可能会误以为是存储仓库、导弹基地或是飞机棚。几年前，我辗转美国各地，试图尽可能多地访问一些灾害实验室。我拜访的第一站是高能材料研究与试验中心（Energetic Materials Research and Testing Center），那是一处约 100 平方千米、由具蓝色纹理岩石所构成的条形山地，表面覆盖着灌木丛，邻近新墨西哥州索科罗郡（Socorro）的白沙导弹基地（White Sands Missile Range）。在寂静的山林中有各种野生动物出没，来自新墨西哥理工学院（New Mexico Tech）的科研人员正在与政府以及实业科学家们开展合作，研究爆炸对城市环境的影响。那天我访问那里时，正赶上应急响应人员实施了一次汽车爆炸，以察看一种特殊强化的砖墙能否保护假人模型抵挡爆炸冲击波。那天，尽管普通墙壁后面的"对照组"假人已经被炸成碎片，汽车也被炸得粉碎，但是强化墙后的假人却安然无恙。实验人员仔细分析了汽车留下的爆炸痕迹，测量了发动机所移动的距离，试图分析爆炸过程中的各种因素。在这里还会用实验测试油罐车爆炸、枪炮，甚至小型手提箱炸弹爆炸的各种效果。这些实验结果有助于城市规划师以及救援人员设计街道和墙壁，保护居民免受伤害。

　　这些实验同样也能帮助救援人员学习从残骸中救援的新方法，要知道，废墟中的救援工作甚至比爆炸冲击波更加危险。在得克萨斯州农工大学（Texas A & M）的"灾害城"（Disater City）*，救援创新是科学家和应急响应人员研究的重要课题，这里是另外一处检验破坏性的开放式工作间，目的也是找寻生存之道。在这里工程师们能够造出城市的整个街区，仅仅是为了在实验室中重现甲烷爆炸或火灾将其瞬间毁坏的场面。他们能够模拟在火车事故或在一处遭毁坏的停车场里定位寻找幸存者的过程。当我到访时，工程师们正在测试侦察机器人[1]，这些机器人可以在不稳定的危险环境中飞行或行走，找到在废墟中无法脱身的人。靠近灾害城的是一处能够模拟化学过程的火灾实验室。在那里我看到实验人员打开燃气阀门，让燃气充满复杂的管道和桶罐中，试图模拟大型工厂发生火灾的情形。消防人员正在与两层楼高的火舌奋战。我当时站立区域的空气中充满热浪，那里有用油漆画出的

---

* 灾害城是位于得克萨斯州大学城中的一个模拟城市，占地0.21平方千米，是一处应急反应训练场。——译者注

安全区，就像是篮球场的边界线一样。

这些实验设施侧重火灾模拟，其他一些在美国和日本的网络实验室则往往具有可用来模拟地震和海啸的各种大型机器。在俄勒冈州的海啸实验室[2]，工程师们在一处 48.7 米 × 26.5 米的大水槽中认真地沿着"海岸线"建造模型城市，又利用巨大的划桨仔细设计出具有潮汐涨落的波浪，观察潮水冲蚀海岸的位置。大水槽内成排安置了许多传感器，用来衡量水体中悬浮的微小玻璃珠的运动情况——这有助于科研人员理解水波在海洋中的传递方式，并对海啸袭击海岸的行为模式做出更好的预测。科研人员坐在大水槽之上高高的控制室里，利用计算机控制划桨，制造他们觉得适合于破坏模型城市的波浪。他们能模拟出某些影响海啸速度和形状的条件，使之与某一特定地区相结合，比如俄勒冈州北部海岸或旧金山海湾区。总之，这些测试将帮助城市

俄勒冈州立大学海啸实验室，科研人员在一处足球场大小的水槽内建造了一座模型城市，利用巨型机器控制划桨制造波浪。模拟海啸灾害有助于更好地制定规划，建造能抵御洪灾的城市。

规划师决定在水体边建造城市的安全距离，也能决定水灾发生时的逃生路线和逃生的理想位置。

当这些实验室的科研人员在与洪水、火灾和地震进行抗争的同时，他们也需面对城市设计核心的基本矛盾。城市规划师科斯托夫认为，城市是集中规划与生生不息的草根式发展之间彼此不断冲突的结果。例如，为了不致让人们在地震和水灾中死亡，我们需要对开发商在哪儿以及如何建造房屋进行规定。然而，城市的政府却无法控制每一件事。城市居民如果不能自由改变自己和邻里的生活空间，他们可不会高兴。建造出足够强大可以抵御各种可能灾害的家园代价昂贵，并不是每个人都负担得起。这就是为什么规划设计一座抗灾的城市并不像是变戏法一样，只要多多建造抗灾结构就好。实际上，它意味着建造出灾害发生时可将遇难人数降至最低的城区。这就是务实乐观主义在大多数情况下的字面意思。

灾害实验室内部

在加州大学伯克利分校地震模拟实验室三层的大工作间里，我遇到了土木工程师塔希罗夫（Shakhzod Takhirov）[3]。这座实验室位于里士满市（Richmond），很容易就能找到，因为它的旁边堆放了大量破碎的木梁、弯曲的纵柱，以及被破坏的大型混凝土柱。但是这可不是废料堆砌场。当我走过这里时，我注意到每条裂缝和每个破裂处都认真地做过测量并标有永久性标记。

用于破坏材料的各种仪器占据了这个实验室的大部分空间。当我走进实验室时，高悬在我头上的是个19.8米高的钢制活塞，它能产生超过1 800吨的压力，任何材料或结构如果放到它的身下，都难逃厄运。如果想要模拟桥面上的交通载荷，或摩天大楼对地基的压力，这台机器都能发挥效用。

在超大活塞的后面，我看到了那天的主要实验。实验人员为一个单层建筑造了一个与实物等大的框架，将其放置在仓库大小的实验室中部。与框架相连接的是一些巨型液压马达，它们有点像是简化的机器手臂，在建筑物与坚固的混凝土墙壁之间起支撑作用。这些马达由研究人员在一个布满计算机的房间里进行控制。通过按钮，工程师能对建筑物造成数次微小而精确的地震——当然也可以是地动山摇的大地震。建筑物结构上的传感器能够测量每一处变形以及在建筑物间传递的振动。

塔西罗夫一直生活在地震威胁中，他在控制室中难以掩饰对这些强力机器的喜悦之情，甚至有些欢呼雀跃之势。他出生在乌兹别克斯坦，成年后大多数时间都在旧金山海湾区，这两个地区都因各种大型地震而广为人知。尽管他是研究波浪动力学的机械工程师，但是，大部分时间他并不钻研种种理论，而是以极大的兴趣投入种种实际应用中来。就在我造访的那天，研究人员正在对一栋具马达的建筑物墙壁进行缓慢形变研究。这个过程非常慢，遭受轻微挤压的结构中发生的各种微小变形都会被记录下来，在现场，众多研究生面对多台电脑显示器中所呈现出的种种波形窃窃私语。

模拟地震有两种方式。科研人员可以使用"振动台"（shaking table），这个名字本身就给出了很好的说明。在一个可以从下面进行摇动的平台上搭建出某种结构，以此来产生地震，科研人员可以观察地震发生时的情景，并掌握相关资料。第二种方式是塔西罗夫的同事和学生们所采用的。他们利用巨型液压启动器模拟地震的作用力使建筑物变形，但是这个过程很缓慢。在这里你并不能看到通常地震时发生的剧烈运动，但是，那些机械手臂能够产生与地震发生时相同的作用力。塔西罗夫说："本质上，我们这样做是为了对每个步骤进行观察。"

本图来自加州大学伯克利分校地震模拟实验室，科研人员正在利用实验评估各种钢架加固建筑的性能。他们试验了多种加固的框架，利用大型液压器（右侧黑色的圆柱状物）模拟多种地震。单个液压器可以产生 680 吨的压力。

利用计算机，科研人员还可以进行"混合模拟"，即将建筑物的数学模型与他们所操控的实际物件组合到一起进行模拟。

我当时在实验中所看到的单层建筑物实际上是一座双层建筑模型——第二层建筑只存在于软件中。在这方面，我们可以更好地了解地震工程，根据第一层建筑被巨型启动器缓慢破坏的情形，就可以准确推测出第二层建筑可能发生的情况。混合模拟对工程师帮助很大，不必造出一座 50 层的建筑并对其进行摇晃测试，工程师们也可以轻易计算出城市建筑物在地震中的反应。

如果第二层"被隔离"或者具有阻尼器（通常是两层之间的一层弹性材料），这种特殊的混合模拟最终将揭示地震中多层建筑物所发生的情形。隔离能阻断地震振动在开放性建筑物中的传播，使其免于摇摆、扭转或破碎。通常这些隔离器都建造在建筑物的基础上，但是我所看到的实验只是证明在楼层之间添加隔离单元是否有益。如果隔离体能够在模拟的第二层建筑中阻止大规模的破坏，那么这些研究人员就会继续推进他们的工作——将其在工程学中的发现运用到现实中。

利用工程学阻止死亡

塔西罗夫和同事们在地震模拟实验室所学到的一切将转化为建筑准则，成为建筑结构中的一系列安全规范。这些建筑准则在世界范围内都存在，不过在不同地区大同小异而已。当像塔西罗夫一样的工程师们在地震工程领域有所发现时，他们立刻就会提出申请，改变掌控城市发展的建筑准则。塔西罗夫说："我可以在若干项测试之后，根据测试结果对建筑准则委员会提出建言，说明'在某方面需要做出调整'。"

　　拒绝对建筑准则进行更新是导致城市在灾害中产生大量人员伤亡的主要原因。海地近年发生了一系列地震，首都太子港（Port-au-Prince）几乎被夷为平地，塔西罗夫在海地地震后不久就奔赴那里。他和他的工作团队利用一切可记录的设备（从胶片相机到可以对城市废墟生成三维图影的精密激光成像设备）记录下了地震的破坏。大量破坏其实都可以通过良好的工程学得以避免。他们还发现，如果当地人采用简单的加固措施的话，许多建筑物根本就不会倒塌。然而很不幸，当地的建筑准则滞后于目前的工程学研究。另外，很大程度上也是因为建筑商负担不起加固措施和预先做结构规划的费用。建筑物越抗震，其造价也越昂贵。这就是塔西罗夫一直对地震工程学保持务实态度的原因。当建筑商需要走捷径时，他们应该优先考虑人身安全，而不是建筑物的耐久性。塔西罗夫说："有时候，让建筑物受损但不至于倒塌可能有更高的性价比，那种情况下，即使建筑破损严重，人们也可以逃生。"

　　他的思路转向了旧金山海湾区的大地震，下一次大规模地震可能随时会将这个地区毁坏殆尽。"我们必须清楚大地震将非常猛烈，但是我有信心一切都会没问题，只会有少部分人在倒塌的建筑中丧生。"塔西罗夫这样说道，但他也并不完全乐观，"不幸的是，大地震无论如何都会发生。"他这样说的时候，就和纯粹的工程师一样开始对这种大事件可能带来的种种发现展开想象，"大地震发生时，我们将把所有的照相机分放到各个角落，那将是我们下一个大项目了。"

　　对于能够拯救多少生命这个主题，其他的工程师们相对于塔西罗夫都有些听天由命。在塔西罗夫的地震模拟实验室北部、俄勒冈州威拉米特国家森林（Oregon's Willamette National Forest）中部的一处山边，美国地质调查局（U.S. Geological Survey）的工程师艾弗森（Richard Iverson）重建了数百次滑坡[4]，试图了解这些通常致命

灾害的发生规律。他在美国地质调查局的"碎屑流通道"（debris-flow
flume）*内从事这项工作，这种碎屑流通道可比听起来大得多。它是一
个具有大型封闭斜坡的室外实验室，斜坡旁设有照相机，也内嵌有多
个传感器。当快速流动的泥土、石块和水流冲下斜坡时，这些传感器
可以测量压力和剪切力。当我与艾弗森交谈时，他刚刚做完一系列实
验，他和同事们也刚刚把碎屑释放到滑坡通道底部的泥浆池里。他们
正在模拟一次常见的致命灾害场景，泥流短期内会堆积在峡谷中，水
体在泥流后逐渐积累，当大规模可怕的洪水冲击下来时，下游的家园
尽被毁坏。每次实验之后，艾弗森都将他所搜集到的数据汇集到预测
模型或计算机程序中，这些程序能够根据已有条件预测灾害。他对我
说，他们已经掌握了有关泥流过后洪水预警的大量信息。

碎屑流通道中的研究催生了华盛顿州瑞尼尔山（Mount Rainier）中
一套极为复杂的预警系统。地表径流所引发的周期性山体滑坡深深影
响着这座山中的居民，艾弗森和他的同事们能够绘制出最可能发生滑
坡的地点。他们安装了一套预警系统，当滑坡体产生特有的振动时，
将触发传感器网络。接着，警报就会立刻发出，为居住在下游的居民
赢得 30～45 分钟的时间，逃离即将到来的灾害事件。碎屑流研究的工
程师们还曾对专门的网格进行测试，这些线网正像蜘蛛网一样铺设在
加州多条高速公路之上的山边和悬崖边，它们能够阻止小型滑坡砸向
汽车或阻断公路。

然而，艾弗森仍然觉得美国人在建造城镇时对自然灾害不够重视。
他说："有些地方的确采用了我们对于未来发展的预测，但是，坦率地
说，纵观美国分区立法和发展的历史，给予重视的并不多见。"他对我

---

* 碎屑是地质学术语，泛指流水所携带的泥、沙、砾石等，分选不均匀。其所形成的沉积岩被称为
碎屑沉积岩。碎屑流通道（或水槽）通常用于模拟沉积作用或泥石流等地质灾害。——译者注

们说，一个严重的问题在于，许多危险地区（比如能引发洪水的洛杉矶峡谷区）早在人们知道泥石流危险以前就建设完了，"你通常不能做出太多调整，只能尽可能做些能做的。"

艾弗森还告诉我们，在理想情况下，他和他的团队可以拥有足够多的资料，获得地球上任何地方详细的地形测量图，并将他们的泥石流模型实施，为人们选择适宜建筑的最安全之地。"我们可以在需要建筑的任何区域创建概率模型，显示出一系列灾害事件可能发生的概率，从极可能到一般，或从不可能到非常糟糕。将这些信息在地图上展示出来对于规划会很有帮助。"艾弗森相信，根据足够庞大的数据量，他就能够对企划预案提供非常现实的预测，在下一次暴风雨袭击时，未来城市是否处于被泥流掩埋的危险之中。

通过毁坏建筑物以及引发泥石流，塔西罗夫和艾弗森能够尽可能科学地研究自然灾害。他们从这些研究中所掌握的信息已经对城市建设和泄洪区的人员疏散产生了影响。然而，随着我们逐渐步入未来，城市虽然崩塌但不对人员造成伤害已远远不够，我们还期望城市（以及城市应急响应服务）能够对眼前的危险产生即时响应。这样的城市，尽管听起来像是科幻，但是已经在研发设计之中了。

智能城市和灾害预测

展望未来的城市规划师们一谈到对数据的获取，总是一副望眼欲穿的样子。如果对过去自然灾害的发生情况掌握足够的资料，预测未来就变得容易多了——尤其通过计算机的协助，可以通过来自每纳秒内的数千个数据创建某种未来的可能模型。这就是IBM公司最近开发智能城市程序（Smarter Cities program）的原因，该程序包括一系列软件与服务，政府部门如果想要做出各种预测（从交通和犯罪模式，到洪水发生时的最佳逃生策略），他们就需要购买这样的程序。其目标在于使城市的交通系统、餐饮系统、能源网络、用水管理，甚至医疗护理都以一种"智能"的方式进行管理，所依据的就是能展示需求的实时数据。这些"庞大数据"可以来自几乎任何一种网络终端设备，包括传感器、移动电话以及 GPS 等。

托马斯（George Thomas）曾是一名结构工程师[5]，目前担任智能城市程序的销售主管，他曾在若干个城市和地区协助实施该程序。该部门的最初计划之一就是缓解斯德哥尔摩的交通压力。首先，IBM 在接近市中心的交通繁忙路段安装了摄像机以收集资料。当他们获得了足够多的信息之后，就能够预报每天的交通高峰时间。为了缓解交通压力，他们围绕市中心安装了一圈传感器，用于识别每辆过往车辆的牌照。如果汽车在交通高度拥挤的时段通过，司机每个月将会被自动收取一笔"拥堵税"。举措刚一实施，该城选择公共交通的人数大增，碳排放也降低了，城市税收也提高了。最重要之处在于，这座瑞典城市的交通混乱消失了。

该团队目前正在实施的计划是利用像艾弗森等工程师们所采集的关于泥石流与洪水发生模式的数据，为里约热内卢的居民提供提前两天的泥石流预警。该城的洪水易发区久负恶名，泥石流从城市周围的山上倾泻而下。过去，应急响应预警仅能提供 6 小时的逃生时间，但那远远不够。如今，这个城市将要举办奥运会和世界杯足球赛，该市市长决定与 IBM 进行合作，建立一套可以尽可能提前预测洪水的系统。他们需要一套托马斯所谓的城市操控系统——这套软件可以将从本地泛滥平原传感器获得的流体数据与气象监控数据整合起来。借助于这些数据，城市操控系统就能够把多种类型的资料生成一个可预测又实时变化的模型。实地运用这个新系统后，里约热内卢的居民在自然灾害发生前将会有整整 48 小时的时间走出家门，逃离城市。

当然，一个地区即使做了最好的准备，也仍然会遭遇失败。对于2011 年 3 月的地震与海啸，日本就没有准备好[6]。尽管受损的福岛第一核电站的确有防洪墙，但墙还是不够高。另外，那些可利用备用电源的电站冷却塔控制器也没有得到足够的防洪保护。数据充分，可进行预测的系统是否一定能帮助人们对这类事件做出准备呢？只是有可能，尽管灾后官方发现，工人们早在数年前就知道福岛的问题，却没有上报上级。所以，只有当城市建筑商愿意采用时，预测才会有用。

这种问题一直存在，即如何基于我们的所知来进行建设。塔西罗夫认为，解决之道就在于建筑准则，因为它会随着新发现的产生而进行调整。但是，艾弗森解释说，对于已经建好的城市，想要改变绝非易事。在这种情况下，我们所能做的就是使城市更加"智能"。这就是为什么世界各地的工程师们都在尽其所能收集灾害发生可能性的数据，为的就是对这些即将发生的灾害提供准确的预测并告知如何逃生。城市不仅仅是建筑物，它们还包括居住在其中的人。灾害科学的哲学就是，只要人还活着，城市结构发生毁坏并不重要。城市可以由这些幸存者再造出来。

在下一章中，我们将看到对城市灾害进行建模以拯救生命的事迹——工程师们并不是第一批拥有这种理念的人，它也是对付传染病的一种策略。

第 16 章

利用数学阻止传染病

工程师们一直在收集足够多的数据，试图在危险发生之前就做出预测，以阻止自然灾害对城市造成破坏。事实上，传染病学专家们运用预测模型已有 150 多年，在 19 世纪 50 年代，一位名叫斯诺（John Snow）的医生尽其所能，细致地绘制了伦敦地区霍乱发生率图表，他发现一口井附近是疾病暴发的归零地 *。这是对传染病建模的第一次成功应用，这项技术可以运用图形与数据来阐释传染病在城市里如何传播。如今，类似斯诺获得的数据，我们已经积累了数十年，旨在协助传染病学专家们预测传染病的未来传播途径——希望能在传染病传播之前阻止它。

下一次传染病可能始于各种病毒，或是类似于导致黑死病的某种细菌。传染病可能来自禽类或猪，只要遗传物质组合适当，病原体就

---

    * 归零地（ground zero）是军事术语，最初特指第二次世界大战期间广岛、长崎原子弹爆炸时投影至地面的中心点，后来泛指大规模爆炸的中心点。美国"9·11 事件"之后，遭摧毁的纽约世界贸易中心遗址也被美国民众称为"归零地"。在本书此处的"归零地"一词，指称疾病暴发的原点，即疾病最先发生的地方。——译者注

能从动物体转移到人类宿主身上。如果病原体的传染性足够强，其引起的传染病足以使 5 000 万人致死，1918 年的大流感就是这种情况。如果病原体携带致命的恶性病毒，或是在传播途中演变出了具有抗药性的抗体，就足以杀害数十亿人。

近年来，和传染病传播情况相关的最真实的剧本之一，要数好莱坞电影《传染病》(Contagion)。这部电影为我们细致地展示了国家和卫生部门如何对病毒暴发做出回应，以及病毒如何通过旅行者而迅速传播到整个世界。通过影评——影片还为疾病起源提供了一种貌似合理的解释：A 国的一家开发公司一直在砍伐森林，逐渐改变了当地蝙蝠的种群数量。由于缺乏自然栖息地，这些蝙蝠最后只好飞到附近的猪圈上筑巢，含病毒的粪便污染了猪食。后来一位 B 国访客靠近某头猪，病毒通过她传入了该国。于是，一种传染性病毒就诞生了，这在一定程度上是人类干涉环境的结果，也是人类都市生活的结果。

那么，我们面对传染病要做什么呢？

在筹划战胜传染病时，有两个基本问题：致命因素是什么？如何组织国际社会协作响应，以最大程度降低传染病导致的死亡与经济损失？通常我们可以在实验室里解答第一个问题，也往往可以研发出某种疗法或疫苗。鉴别致命微生物，接下来再与其斗争，两者困难程度相仿。可是，第二个问题却让科学家和政策制定者们寝食难安。

即使我们成功赶制出了针对传染病的疗法，如果不能及时让它惠及人群，一切也近乎徒劳。这就解释了为什么对可能的传染病暴发情况进行建模已经发展成一门分支学科，它综合了医药学、遗传学甚至统计分析和博弈理论。流行病建模人员通常都是数学方面的专家，他们创造出电玩型计算机模拟器，用于协助预测，也用于绘制传染病可能传播的图表。他们也能绘制幸存者图表。流行病建模人员的目标就是帮助世界卫生组织（WHO）以及本地医疗机构等团体确定，如何对我们所面对的传染病进行干预，如何提高我们的胜率。并能告诉我们，为了阻止传染病在小乡镇或大城市传播分别需要多少疫苗。运用已有的传染病模型，可以大致计算出多大规模的隔离可以减缓传染病的传播，也可以告诉某个国家，避免发生大规模死亡所需存储抗病毒药物的最小数量。

用于传染病的药物我们已经拥有很多。但是，用于阻止传染病本身，我们需要的却是数学。在建立阻止传染病传播的系统之前，我们必须了解在全球范围内若干社群中传染病可能的传播规律。

医 疗 监 控

至少在 10 年以前，美国政府曾要求中央情报局（CIA）从事传染病防治工作。让全国最为臭名昭著的谍报特工处理健康护理方面的事务，这听起来很怪异，当时却是堪称完美的组织工作，因为传染病的防治工作在一定程度上的确借鉴了谍报工作的技术。难道说在流感发生季节我们是凭借每周强制性体检才幸存下来吗？当然不是。也不是说政府要窃取个人医疗病历。中央情报局即使要彻查每个人的医疗档案，也是不可能的，因为很多人并没有医疗保险，也不进行定期体检。这样做只是帮助医疗组织精心制定健康监控策略，或者协助收集谁有传染病、他们身在何处等信息。

世界卫生组织和其他健康监控团体通过多种渠道收集健康监控数据，比如，世界各地关于流感暴发的各种新闻，发送到世界卫生组织全球流感监控和响应系统（Global Influenza Surveillance and Response System）的病毒样本中。科学家们还利用谷歌创建了"谷歌流感趋势"（Google Flu Trends），该系统可通过追索世界各地人们搜索的关键词来监测流感暴发。谷歌的研究人员发现，当流感相关症状的一些词汇，比如"鼻塞"或"发烧"，搜索量激增时，随后总伴随有疾病控制与预防中心（Centers for Disease Control and Prevention，CDC）确认流感暴发。如今，疾病控制与预防中心以及其他一些机构也在利用谷歌的数据查找流感暴发的地点，人们在开始求医问药数天之前已经在网上递交了相关症状的报告。健康监控的各种形式中，包括谷歌流感数据在内，都在最大程度上保持匿名。其实我们真正需要知道的只是某个特定地区中究竟有多少人具有流感症状——而不是他们的名字和住址。

　　一旦涉及传染病，我们最先想到的就是疾病控制与预防中心和世界卫生组织，然而，在任何监控网络中，最庞大的资源其实是地方卫生部门，因为各种症状首先在那里进行登记。布莱斯（David Blythe）一直在马里兰州公共卫生部门负责健康登记[1]，该部门协调组织本州内数十家地区性的卫生机构，共同监控若干种被认为是流感的症状。布莱斯说，疾病控制与预防中心追索疫情暴发的主要途径之一就是通过一个名为"类流感疾病监控网络"（Influenza-like Illness Surveillance Network，简称 ILINet）的志愿者网络，让本地医生、护士以及其他健康护理人员充当志愿者，将他们所看到的、发生在患者身上的各种可传染的、类似流感的症状进行汇报。问题的关键在于，他们只是汇报症状，不会对他们所看到的一切进行诊断，因为类流感疾病监控网络的主要检测内容就是某种新型的致命流感毒株。如果发现了一种新的毒株，其所引发的多种症状可能与已知的各种疾病都不匹配。类流感疾病监控网络的分析人员每周都会对数据进行仔细梳理，寻找其中可疑的模式。至关重要之处在于，健康监控总是基于某个城市而进行。正如斯诺在伦敦所发现的可以传播霍乱的井一样，传染病总是从一个地方起源。换言之，当下一场大型传染病开始酝酿时，从事城市健康护理的人员将会比国家或国际机构更早就觉察到。

　　作为对类流感疾病监控网络工作的重要补充，马里兰州还有很多志愿者实验室，他们在实验室中将收集到的流感毒株送到州府的卫生部门进行常规测试。布莱斯说："这个实验室就是为监控工作而设立的，我们可以通过实验判断其究竟是 AH3 还是 N1，也能通过实验判断其是否为传染病病原体。"如果他们发现了一种新的病原体，就会将其运送到位于亚特兰大的疾病控制中心。马里兰州也为低收入和无家可归人员提供了报告流感疫情的渠道，因为他们常常被置于健康监护网络之外。布莱斯哀叹道："我们了解到很多患有流感的人根本就不去寻求健康护理。"马里兰州健康与卫生部（Maryland Department of Health and Hygiene）一直在致力于对此进行弥补，他们要求居民报告自己或所认识的人何时患有流感，即使不去求医也要这样做。这个机构也会在健康护理人员中追踪疾病的来源，因为发生传染病时，这些人通常就会处在最前线。布莱斯解释说："如果严重急性呼吸系统综合征（SARS）的一种新型毒株在马里兰州出现，却没有人能认出是 SARS，那最先出现这种疾病的地方就是医院，因此，我们的监控网络要掌握这种情况。"

传 染 模 式

尽管致命传染病可能由流感引起，但是，它也可能是古代瘟疫的一种流毒。鼠疫的突变种是一种能引发瘟疫的细菌，它曾使人类遭受最为致命的疾病，人类在这种疾病面前弱不禁风。我们也可能面临 SARS 或是像埃博拉（Ebola）一样的病毒（当然现在再碰上埃博拉病毒的可能性很小），后者能够引发极端致命的传染性病毒性出血热。

无论威胁我们的微生物是什么，传染病都要经历 8 个可以识别的阶段，从潜伏在动物体内的第一阶段，到在多个国家全面传播（传播的峰值）的第 6 阶段。剩下的 2 个阶段为传播高峰后期和传染后期，它们发生的时候，传染病趋于式微，已经不再有人被感染了。

奥斯陆大学生态与演化综合研究中心（Center for Ecological and Evolutionary Synthesis）的斯滕赛斯（Nils Stenseth）是一位生物学家，也是从事传染病领域研究的专家。他和同事们根据对历史上黑死病暴发情况的掌握，设计了公众面对传染病时所遇到的典型情景。在这个经典的城市疫情场景中，受感染的老鼠（被输送而来，比如通过轮船）到了一座新城市后，将疫病传染给本地的家鼠及其身上的跳蚤，这些

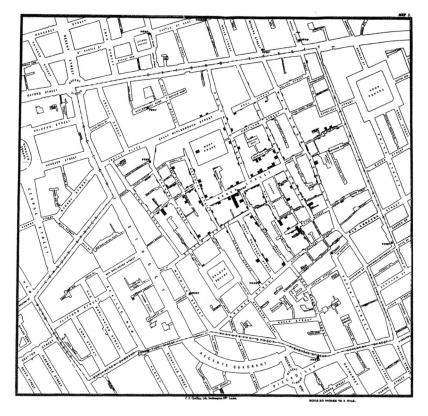

斯诺绘制的著名的伦敦地图，他将霍乱传染病的源头追索到一口井。图中他用不同长度的线代表每个地区不同的死亡数字。通过追索，最大规模死亡数目聚集在一口井边。

动物随后成为人类的传染源[2]。偶然情况下，人类会患上能在人与人之间通过呼吸道飞沫传播的传染性肺炎。就像在电影《传染病》中的流感一样，这种传染病首先在动物之间传播，很快就感染居住在城市中的人类。尽管斯滕赛斯告诫大家，现代传染病并不总是从城市开始暴发，但是，大多数传染病建模仍然将城市作为传染病的基准点——在地图中，代表传染方向的红色向量以这些点为中心射向四面八方。

这些红色向量远离城市之后又将何去何从？对此我们如何预测呢？ 14 世纪 40 年代袭击伦敦的黑死病与 2003 年袭击香港的 SARS 极为不同之处就在于：SARS 还可以通过航空途径扩散。

尽管 SARS 的暴发始于中国大陆，但是，调查员与世界卫生组织和疾病控制与预防中心人员对这种病毒的全球传播进行追踪时，却发现其源于香港京华国际饭店（Hong Kong's Metropole Hotel）一起相对独立的偶发事件。当时，作为一种致命疫情，SARS 在中国南方已经发生数月，一位来自中国南方的医学教授住进了这家饭店 9 楼的一个小房间里。在数天之内，一些住客和曾经到过该楼层的共计 16 个人都被感染——其中多数人都是在飞往世界其他城市之后才开始发病，其地点涵盖北美洲到越南。调查人员后来将这起事件称为超级传播事件，并将其追溯到了那位受感染的医学教授宾馆房间门前地毯上的一块异常区域。

即使在医学教授退房离开酒店的 3 个月之后，技术人员仍然可以在地毯上找到 SARS 病毒*。世界卫生组织的报告[3]推测，那位受感染的医学教授可能曾在其房间外呕吐，致使大量活体病毒在酒店员工清扫后仍然存活了下来。这些病毒以某种方式进入 16 位经过这个区域人员的肺中，又被带到了全世界——差点引发一场全球性大瘟疫。

---

*　调查人员 3 个月后在京华国际饭店地毯上找到的其实只是 SARS 冠状病毒的 RNA，而非具有致病性的病毒。但世界卫生组织仍据此推断说，SARS 病毒在环境中具有很强的生命力。——译者注

　　类似于在京华饭店所发生的这类事件，促使传染病建模人员把空气传播路线引入各种疫情暴发场景中。加斯克（Tini Garske）是一位数学家，也是帝国理工大学伦敦疾病突发分析与建模中心（London's Centre for Outbreak Analysis）的研究人员[4]，她的大部分精力都致力于对疾病传播进行建模。她最近的工作焦点是基于中国人的旅游方式而生成的疫病传播模式。她和她的同事们调查了中国两个省份的 10 000 名中国人，探求乡村与城市两种区域内典型的旅行模式。他们发现，出现在乡村地区的传染病可能传播得"很慢，对其进行限制是可行的"，因为大多数被调查者都生活在本地，很少旅行到外地。在经济较发达的城区，对传染病进行限制就困难得多，因为很多人经常会旅行到很远的地方。

　　解决之道似乎很简单，只要在传染病暴发期间禁止公众旅行就可以了。但当我们意识到传染病正在流行时，一切就太晚了。很多其他模型均表明，限制航空旅行几乎对限制疾病的传播没有多大作用——最多将使传播滞后一两个星期。然而，也有一些更好的方法，它们都基于加斯克所做的旅行研究，也融合了 SARS 以及 2009 年禽流感（H1N1）暴发期间所掌握的资料。

扩大社交距离

　　阻止传染病，人们首先想到的往往是隔离。典型的隔离通常是政府部门将曾经接触过疾病的人群与大众分开。理想情况下，患有传染病的人不仅要与普通大众分开，也要与其他被隔离的人分开。

　　当 SARS 在多伦多暴发期间，加拿大政府隔离了数百人，为了阻止这种疾病，该城多个大型公共活动都取消了。然而，尘埃落定之后，很多医学专家，包括疾病控制与预防中心的代表们，都坚持认为当地政府有些反应过度了，他们在每个 SARS 案例中都会隔离大约 100 人。多伦多旭康医院（York Central Hospital）的院长沙巴斯（Richard Schabas）写了一封信给加拿大某传染病期刊，对该城进行了尖锐的批评："多伦多的 SARS 隔离既无效果也无效率，规模却很大[5]。"他还写道："美国疾病控制中心曾作过北京疫情隔离效率分析，其结论表明，隔离可以减少三分之二（每个 SARS 案例只隔离 40 人 * 即可），效果却丝毫不打折扣。"换言之，类似于病毒恐怖电影《我是传奇》（*I Am Legend*）那样的大规模隔离并不是阻止传染病的好办法。这种方法既耗费健康护理资源，也毫无效用。

然而，如果所面对的是一种正在酝酿的传染病，我们就有充分理由在疾病可能传播的地区叫停大型社会活动。取消一场大型音乐会，或要求居民待在家里，这些都是限制传染病举措的一部分，该举措被称为扩大社交距离。大多数专家均相信，扩大社交距离以及有限度的隔离能够发挥一定效用。科伯恩（Brian Coburn）是加州大学洛杉矶分校格芬医学院（David Geffen School of Medicine）的生物医学建模专家，他和他的同事们宣称[6]，关闭学校并阻止大型公共活动能够将流感的传播率降低 13%～17%。志愿在家隔离似乎要比关闭学校更有效，后者常常是一种稳妥的政策，因为病毒流行的最快路径是通过儿童传染。

接种疫苗必须在全世界范围内进行

前文我们已经了解，隔离只能起到有限的功效。下一步我们还能怎么做呢？应该是接种疫苗了，2009 年 H1N1 疫情暴发时，我们对疫

---

* 原文此处为 4 人，疑为笔误。因前文说过加拿大政府每个 SARS 案例会隔离大约 100 人，故这里应作"40 人"，而非 4 人。——译者注

苗已经不陌生了。疫苗能够让免疫系统认出进入我们体内的致病微生物，并将这些微生物杀灭。当我们接种流感疫苗时，我们接种的其实是少量受损死亡的特制流感病毒，这些病毒帮助身体产生抗体，这种抗体专门对付流感，在流感出现时，就将其杀死。疫苗通常并不是治愈之药，对于已经患病的人通常也无能为力，它们只是一种预防措施。

大多数流行病建模人员都认同一点：疫苗只有在疫情暴发早期，在疾病尚未传播之时投入使用才能阻止传染病。马特拉特（Laura Matrajt）是华盛顿大学西雅图分校的数学家[7]，她曾模拟过几次使用疫苗的疫情控制策略。她所指出的问题是，传染病因人口的不同，传播的程度也不同——乡村传播与城市传播差别很大。在发达国家传播与在发展中国家传播也有显著差别，这很大程度上是因为，许多发展中国家的人口组成中有超过 50% 的儿童（大多数发达国家中，儿童在人口组成中少于 20%）。

为儿童注射疫苗对于阻止传染病的传播至关重要，因为儿童正是马特拉特所称的高效传播群体。换言之，儿童是人类疾病最大的传播者。如果我们能对孩子们进行传染病疫苗接种，传染病的传播就会减慢，并得到控制，同时也能保护成年人。科伯恩报告说，他的一些同事曾发现，"对 80% 未成年人（小于 19 岁）接种疫苗的效果几乎相当于对 80% 总人口接种疫苗"。

问题在于，大多数孩子都处在买不起疫苗的发展中国家。这就是科学与社会现实相冲突的地方。传染病建模人员不得不把灰暗的经济现实考虑到其研究中，想办法如何以最好的方式管理那些只有 2% 的人口才能接触到的疫苗。马特拉特和她的同事们在发展中国家和发达国家中模拟了若干种情况，在这些地区，人们能接触到疫苗的可能性从 2% 到 30% 不等。他们在其工作的一份概述中写道："对于欠发达的国家来说，高效传播群体占据了人口的大多数，人们需要大量疫苗，通过对高效传播人群接种疫苗来间接保护高危人群。"可悲的是，需要最快获得大量疫苗的国家却最不可能获得疫苗。

众多疫苗制造商，比如葛兰素史克公司（GlaxoSmithKline）和赛诺菲－安万特公司（Sanofi-Aventis），已经承诺为发展中国家捐赠数百万只疫苗，世界卫生组织也向发达国家施压，要求他们拿出 10% 的药品库存，尽管如此，这些举措仍显得不够。面对 H1N1 疫苗分布的不均衡性，盖茨基金会全球健康计划（Bill & Melinda Gates Foundation's Global Health Program）的山田忠孝（Tadataka Yamada）博士深思熟虑之后，很不安地写道："我无法想象，在危机时刻袖手旁观，富人活下去，穷人却死亡[8]。"通过盖茨基金会，他出版了全球共享疫苗的指导方针，充满激情地呼吁："富有国家也要排队买药，与贫穷国家一样领取属于他们的疫苗份额。"

当 H1N1 广泛传播，世界卫生组织将其定性为一种传染病时，科学家们迅速研发出疫苗，厂商们立刻生产出了这种疫苗。然而，直到疫情平息数月之后，疫苗才有供应，发展中国家所能负担的药量与发达国家不可同日而语。幸运的是，这次流感病毒非常温和，但是世界经济形势却让疫苗无法成为对付传染病的最佳武器。

疏散疗法与"围堵"策略

什么是效果最明显的解决之道？那就是对患者使用可以根除传染病的药物。我们用几种抗病毒药治疗流感，用抗生素对付一波新暴发的淋巴腺鼠疫。但是，同样的问题出现了：如何才能把尽可能多的药物尽快分给尽量多的人？

答案并不是把每个人都送到医院。首先，人们感染疾病的地方可能没有医院；其次，在流行病暴发期间，医院已经人满为患。另外，被传染的人——尤其当每个家庭成员都生病时，实际上已经不能下床去医院。摩斯（Robert Moss）是墨尔本大学从事免疫接种研究的科研人员[9]，他指出，在下一次传染病暴发时，我们需要采取新的方式配送抗病毒药物。

在研究了H1N1暴发期间抗病毒药物配给方式之后，摩斯和他的同事们发现，这些药物之所以配给不及时，只是由于一个简单的瓶颈：试验机构。医生从每个声称自己患有流感的患者身上取血之后，大多数都认真负责地交送了血样，接下来他们只能等待诊断结果，但反馈这些结果的实验室通常位于很远的地方。结果大量患者得不到治疗，实验室超过负荷，病例也随之越积越多。万一是一种更加致命的传染病，情况可能会是灾难性的。

摩斯相信，有几种简单的方法可以简化医生开药诊治的过程，从而疏通这个瓶颈。他将其称为疏散疗法。如果传染病正处在流行期，实验室又超负荷运作，这时诊断病人的最佳途径就可根据病人的具体症状来进行。患者的头疼脑热像是传染病吗？直接给他们药物好了。根本没有时间浪费。另外，摩斯还主张在尽可能多的地方，包括在网上，设立非正式的诊疗中心，便于人们获得诊断。如果患者出现了传染病的若干症状，应该允许那些通常不具处方权的护士们也能开出抗病毒药物。另外，要让快递员把药物直接送到患者家里。

相对于发达国家，发展中国家和地区可能更容易采用这种疏散疗法，这主要是因为在这些国家，很多药物的配给本身就通过分散的、非正式的治疗单位进行。在偏远地区，为了让最大多数人获得治疗，他们已经设立了很多治疗站，那里的医护人员一直处理各种疾病，从黄热病到霍乱等。

香港大学的胡子祺（Joseph Wu）告诉我们，他的模型表明，国家应该一直储备两种不同的抗病毒药物，用来对传染病进行"围堵"[10]。

这是因为，病毒通常在流感季节发生变异，在治疗的过程中，病毒会变得具有抗药性。但是，如果我们配发两种不同的药物，病毒就无法因为快速变异而变得不可控。胡子祺所说的"围堵"策略似乎是有效的，至少在计算机对传染病在城市暴发的模拟中是奏效的（在这种城区中，人们在个同城市间频繁来往）。如果在疫情暴发的城市使用两种而非一种药物来对付传染病，将会比使用一种药物减少 10% 的受感染人数。受到变异病毒感染的人数将会从感染人口的 38% 下降到 2%。这些数据非常重要，关键原因在于，我们的目标之一就是在传染病的传播过程中，阻止微生物发生我们根本就无法对付的变异。

发生传染病时，完美的应对之道是什么？一旦世界卫生组织发布了疫情，为了阻止它演变成为大瘟疫，需要将疫苗以及至少两种药剂迅速送至被感染地区。首先给儿童接种疫苗。如果没有疫苗，科研人员要立刻投入研发疫苗的工作中。非正式的治疗站要设在任何出现病症的地区，使人们可以得到快速、无障碍的治疗。从个人角度讲，我们最好谨慎小心，避免大型公众集会，尽可能待在家里。最重要的是，我们希望健康护理人员和传染病建模人员能够协调配合，合力找出适合每个地区的最佳治疗策略，毕竟我们在那时所能掌握的资源都非常有限。

需要记住的重要一点是，阻止传染病并不等同于医治每个人——而是医治每个最可能向他人传播传染病的群体。如果你邻居家的孩子接种了疫苗，单是这样可能就保护了你的整个社区，这远比你和你的成年人朋友接种疫苗效果要好。

同样道理，如果我们能够与发展中国家共享疫苗和抗病毒药物，在发展中国家消灭传染病的滋生，我们也就拯救了发达国家。

全球健康监控的状态可能与我们目前所生活的世界很相似，区别仅在于：一些团体之间能够异常快捷地共享资料，而要让这些团体开放自身资源，在现阶段恐怕仍让人难以想象，这些团体比如谷歌公司和疾病控制与预防中心，或是对传染病建模的数学家以及葛兰素史克公司的科研人员。一旦一个地区表露出流感暴发的迹象，无论是医生报告的，还是谷歌搜索揭示的，世界卫生组织都会立刻收到警报，甚至在传染病毒可能扩散到其他城市之前，传染病建模人员和疫苗厂商就应该已经开展行动了。

　　匿名健康监控将会成为未来城市阻止传染病的重要组成部分。监控工作包含两方面，即出色的传染病建模系统和由至少两种抗病毒药组成的充足药物供应。通过这项工作，世界上最健康的城市之一会在你眼前展开蓝图。这样的城市才能让我们人类几百年如一日地延续下去。当然，除非我们遇到了一种罕见、强大的灾难，让我们无法用建模的方式搞清楚它的机制，那么我们能做的只有像下一章说的那样——进入地下了。

第 17 章

隐蔽的城市

　　总有些灾害破坏力巨大，非常罕见，甚至我们也知之甚少。比如，极端辐射事件，我们在第 2 章中已经了解，这种事件或许引发了 4.5 亿年前那次史上第二大的大灭绝。有学者推测，来自附近超新星的伽马射线爆发可能瞬间终结了奥陶纪时期的生命，大气中的臭氧层被烘烤殆尽[1]，地球上新分化出来的多种多细胞生物都暴露在高剂量的辐射之下。大量水体可以吸收辐射，深海中的生物可能得到一定的保护，但是所有的植物和接近水面、喜爱阳光的浮游型生物可能瞬间就被烤熟。由于当时并无保护，那些没有被热水烫死的生物可能会被随即而来的太阳紫外线辐射灼伤致死。类似的伽马射线剂量惊人，随时都有可能发生，几乎不会有征兆。我们可能用肉眼看到超新星，在它的辐射粒子流落到地球以前，我们的生命可能还剩下短短的几个小时。

　　类似的伽马射线爆发是非常真实的威胁，但极为罕见。如果伽马射线爆发正好对准我们，这种概率甚至比超新星还要小。地球上突然出现的辐射袭击更可能来自人类战争。即使是有限的核武器战争可能也会使地球遭受大剂量的离子辐射，短期内导致多种辐射病，长期则引发致命的癌症。

对于居住在城市中的人们来说，辐射来自太空还是核弹爆炸并不重要。为了生存，我们需要走向地下，进入地下城市。地下城的城墙由厚厚的可屏蔽辐射的岩石所组成。我们早已经很熟悉，现代最伟大的地下城市之一就是北美防空司令部（NORAD）[2]，它完全位于科罗拉多的夏延山脉（Cheyenne Mountain）之下，它是冷战期间所设计的，可保护多达 5 000 人免受原子弹爆炸以及随之而来的辐射袭击。但是，战争期间为了保护自身而修筑的地下城并非只有这一座。大约 2 000 年前，在现今土耳其中部，逃离了罗马的犹太人和基督徒在庞大的地下城建立了村庄，数千人居住在此，躲避罗马人的攻击。

我们待在地下谋求生存为时已久。今天的城市规划师们正在修建越来越多的地下设施。当辐射突然来袭时，你或许看不到生机，但是，地下城离你很近，近得超乎你的想象。

地 下 生 活

土耳其蜿蜒、纵深的格莱梅（Göreme）山谷和那些突兀的小山丘因美丽而著称，这里有数千个象征男性生殖崇拜的岩石柱，被誉为"精灵的烟囱"。尽管这些结构总是招致游客们对其"男性神力"的各种表现，从痴痴嬉笑到各种新奇的宣言，不一而足，但是它们最有趣之处却并不在于其独特的直立形状。风与水合力缓缓向下侵蚀造成了这种结构，因为这些精灵烟囱与周围的山谷、悬崖一样，都是灰白色、易破碎的凝灰岩，是由紧密压实的火山灰所形成。格莱梅以及土耳其卡帕多西亚（Cappadocia）地区邻近城镇的早期定居者们发现，这些凝灰岩极为脆弱，很容易挖掘和重新塑形。在公元 2 世纪，一些小型犹太教和基督徒神秘主义团体被逐出了罗马，他们来到了土耳其中部，在凝灰岩中挖出了极其简单的僧侣小室，寻求藏身之所。

随后的数百年中，这些隐士和被驱逐者们所居住的小居所逐步扩大。村民挖掘建造出了家园、教堂以及大型的食物储备间，最终，创造出了令人称奇的建筑类型，从这些纯粹的岩石中，光彩夺目的古典立柱和拱券式的教堂大门闪亮登场。当地的一些贵族对这些令人难以置信的地下艺术工程给予资助，在深挖的教堂中，高高的天花板上喷绘的是各种绚丽的圣经场景，这些场景只能通过火炬的光线才能看见。其中，很多令人敬畏的建筑今天仍保存在格莱梅的露天博物馆（Open Air Museum）中，山谷中乳白色的凝灰岩上雕刻着成组的教堂与修道院，也充满了各种农田所构成的镶嵌画。从远处望去，这些绚丽的雕刻组合就像是电影《指环王》（*The Lord of Rings*）中的中土之城。然而，在拜占庭时代，对这些洞穴和地道城的需求实在非常现实。

卡帕多西亚的居民们在公元 5—10 世纪中，修建了数十座地下城。历史学界对他们这样做的原因仍有争议。这些地下城不仅仅为本地居民遮风避雨——它们的入口也都难以到达，或是很隐蔽。这些地下城的设计就是为了隐于无形。

设想一下未来人类如何在辐射灾害中在地下生存，我们只需要去卡帕多西亚的地下城看看即可。在一个飘着细雨的日子，我参观了格莱梅附近最大的一座地下城：德林库（Derinkuyu）。目前对游客开放的是城市中迷宫一样的隧道、起居间和社区空间，地底下有 5 层，深达 55 米。常见的走廊过道很狭窄，感觉很凉爽，砂质墙壁上有一些效果很好的通风孔道。我和同行的游客拥挤着向下走过很长一段阶梯，进入一个曾作为马厩的大房间里面。这里可以轻松豢养几十头山羊、绵羊或奶牛，从墙壁上挖掘出来的食槽可以让这些牲畜吧嗒吧嗒咬嚼得

地下城德林库的内部，通过房间的两条过道。这座城深达 5 层，可居住数千人。

不亦乐乎。导游告诉我们，德林库的居民总是通过地面上家中的隐秘通道进入这里。这些分布在多处的入口通道都非常小，我必须尽力弯腰才能走进来，要知道，我个头并不高。这座城市的建造者做出这样的设计是为了让任何携带大量武器或装甲的人都打消念头。在台阶的很多地方还有深深的裂隙间隔着，这些地方存放着很多圆石头，它们堆放在通道中用来阻挡入侵者。

　　起居间似蜂巢状，由彼此相连的房间和从岩壁上开凿出来的床所构成。尽管现在这里看起来空空荡荡，但是 1 000 年前的情景却迥然不同。人们在圆形的入口处制作了木门，在地上铺上厚厚的毯子，在墙壁上挂起帷幔。地面上的城市居民在地下都有他们自己的居所，那里布满了家具，还有他们最喜欢的陶器、食物和酒。居住区的天花板很高，房间一点也不拥挤，宽敞舒适。住在地下的人甚至还为长期居住准备了个人卫生设备。垃圾被塞进黏土容器中密封起来，埋到比城市最低点还要低的深坑中。用于煮饭和用餐的大型公共房间也是制酒和敬拜的地方，他们在那里共同商议，决定还要待在地下躲避危险到什么时候。

这座古城已经挖掘建造了数个世纪，它一直在不断变化着。一条深深的通道将德林库与数千米外的另一座地下城连接了起来。这种挖掘通道和避难所的生存机制后来一直被犹太人所采用，超过了 2 000 年——他们散居在相隔遥远的不同社区中，有西方也有东方，后来到了土耳其中部，在这片蛮荒之地上适应了下来，得到了保护，免受迫害和种族清洗。这些社群不仅生存了数个世纪，还创造了一种全新的生活方式——今天依然有很多生活在那里的人们采用。卡帕多西亚传统居民的房子建得像精灵烟囱，狭窄的台阶围绕在岩石的外围，直通向他们圆锥形屋顶的坚固木门。有些房子直接在悬崖上切削而建，和数不清的鸽子窝共享着空间，当地人把鸽子粪用作肥料。游客通常会被邀请在翻新的洞穴房子里过夜，一些经济型旅馆接管了部分废弃的洞穴。我曾在这样的旅馆中住过几晚，我的床在山洞中隐藏得很深，这个山洞已经作了很大的调整，具有大型观景窗，透过这些窗户可以俯瞰格莱梅城。除了多个窗户外，我的卧室可能就是人类未来世界为寻求庇护而建立的地下居所了。

但是，如果没有这些窗户，这个地方可能会显得很阴暗。这就解释了为什么建造现代地下城的规划人员在担心地下空间结构完整性的同时，也担心居住在地下的心理效应。

地下生活烦恼多

毫无疑问，如果我们要在核战争、陨石袭击或辐射灾害中幸存，就必须要在地下生活数月甚至数年，直到地球恢复常态。如果遇到那些罕见的灾害，比如，伽马射线爆发、臭氧层灼烧殆尽，那可能需要数个世纪之久，地表才能再次焕发生机——在此期间，无论何时我们走出地下家园，都要穿戴防护服，防止太阳的紫外线辐射。好消息是，你头上约90厘米厚、压实的泥土可以显著降低辐射的强度，一层混凝土可以提供更为安全的防护[3]。我们拥有工程能力，可以让我们在地下建造防辐射的城市。问题在于，我们如何在那里生活。

在辐射突发事件中，人们或许认为地下城应该建在已有的地下设施里，比如，地铁通道、矿井、下水道以及隧道等。蒙特利尔（Montréal）的RÉSO就是目前已有的地下城，它由一套约32千米长的隧道系统构成，连接了购物中心、地铁站、学校、公寓等，大致相当于放大且复杂版的矿井组合。为了使狭长、阴暗的通道更加适合居住，开发商们在裸露的岩石墙壁内部建了一些结构，用来遮盖岩石的外表。

把这些地方装饰得招人喜爱，对于我们的生存至关重要。扎卡赖亚斯（John Zacharias）是蒙特利尔康科迪亚大学（Montréal's Concordia University）城市规划学教授[4]，他曾研究过若干座地下城，尤其是来自日本和中国的案例，他告诉我最大的挑战是心理上的。对那些全天都在地下工作而毫无机会外出的人进行研究，发现他们的心理压力比普通人大。他说："区别没那么吓人，但的确挺大的。往地下很深处走也不是什么讨喜的事情。"扎卡赖亚斯还说，东京新大江户地铁线位于地表下55米深处，本来用来缓解交通压力，可是人们却仍然喜欢过度拥挤的线路，而避免使用这条线路。在芬兰和瑞典，地下建筑很普遍，研究表明，当人们在向下朝地球深处走时会感到不安，人们也抱怨地下建筑的千篇一律。土木工程师卡莫迪（John Carmody）和斯特林（Raymond Sterling）在他们的著作——《地下空间设计》（*Underground Space Design*）中提出了解决之道，地下工程的设计要确保地下空间"具有刺激性、多样化的环境"[5]，要给人一种享受日光和空间广阔的感觉。

像 RÉSO 一样，很多地下城都利用天窗引入日光，但是，我们未来的穴居人可不能指望这一点，因为他们需要的是辐射庇护。因此必须把地下空间设计成不同的大小和形状，具有建筑学的特征，使地下空间的居住变得有吸引力。德林库的居民就意识到了这些，他们的内部空间充满了各种独特的设计，各层的规划利用各式各样，种类繁多。卡莫迪和斯特林还慎重地提出，人们对地下城的主要抱怨之一就是，由于没有窗户，容易迷失方向，因此，一座良好的地下城需要一种可以帮助人们认路的简单设计或非常清楚的标志。人们在向地下行进时会感到烦躁，因此，各层之间的过渡一定要循序渐进。理想情况下，城市的不同地区应该设计得显著不同，这是为了让人们有一种街坊邻里和地标物的感觉，我们在地面上就是凭借这些辨认自己所处的位置。在这样的地下空间，隐私倒变成了额外的赠品，因为人们总感觉自己被围护得好好的。在我们把地下隧道建设成家园时，我们念念不忘要为个人建立独立的空间，因此也需要巨大的、具有高悬天花板的房间，如此一来，即使我们身处地下也能使自己感觉仿佛置身户外。

如果我们要把矿井变成城市，或是要开挖一座全新的地下大都市，有几个很基本的工程学问题需要铭记。古德蒙松（Agust Gudmundsson）是伦敦大学皇家霍洛威学院（Royal Holloway of London University）的地质学教授[6]，从事地下结构方面的研究，他对我们说，地震对地下生命将会构成威胁。他进一步阐释道："地震所导致或再次扰动所形成的多处裂缝可能引发地下水流入地下城的某些区域。"漏水是这些结构遭到破坏的主要原因之一，地下城 RÉSO 的某些隧道最近也因漏水造成了局部破坏。古德蒙松警告说，建造地下城时，其建造区域是否具有断层或裂缝——尤其是靠近水体的城市，在这一点上必须格外慎重。建造地下城的过程就能引发可导致流水渗入裂缝的震动，时间长了将导致损坏或倒塌。科罗拉多（Colorado）NORAD 的设施中，漏水问题曾相当严重，以至于人们不得不打伞行走在狭长的岩石隧道中，这些隧道蜿蜒深入山体中，通向大规模加固的城市之门。

无处可去，只能向下

两位工程师卡里姆帕克斯（D. Kaliampakos）和巴纳尔多斯（Andreas Barnardos）专门负责雅典国立理工大学（National Technical University of Athens）的地下开发项目[7]，他们宣称："规划建造主要通道，比如地铁和公路隧道，都只不过是为了真正进行地下开发的前奏而已。"2008 年，他们二人协助组织了一次探讨地下建筑若干问题的国际会议。在过去的几十年中，很多城市都见证了地下建筑工程的大发展，其中既有个人家园向地下扩展的案例，也有类似 RÉSO 的地下城，如，荷兰首都阿姆斯特丹曾在本世纪头十年的末期有过在其运河之下建筑地下城的构想[8]。卡里姆帕克斯和巴纳尔多斯写道："发展地下城的主要动力来自持续增加的城市面积。"他们还指出，在地下进行建筑节省能源，因为地表以下温度常年保持在舒适的程度。另外，它还允许城市在不破坏历史遗迹、不侵占乡郊地区的情况下进行扩展。问题是，大多数城市目前并不具备指导开发商利用地下空间的多项条例和法则。房产中介难以对尚未开发的地下空间进行定价，大多数法律对于我们脚下深处土地的归属往往语焉不详。这些因素，再加上建筑物的价格下跌，都使得开发商怯于向地下发展。

不过，法律正在逐步适应城市的需求。像古德蒙松一样的地质学家们正在与工程人员进行合作，合力绘制隐藏在我们脚下的各种岩石和裂缝的地图，这让我们可以在合适的地点向下开挖隧道。正如扎卡赖亚斯所说："我们未来将会有更多的地下空间，尤其是城市都在地下修建了新的运输系统。"他还预测说这场运动也会与能源具有密不可分的关系。"我们还需要很多地方用来存储水,当城市开始考虑循环利用水资源的时候,这一点就变得尤其重要。"他还断言:"电站也将走入地下,剧院与图书馆地下早已经有了,未来城是立体的,所有大城市都在翘首期盼如何更好地利用地下资源。"

随着更多城市向地下拓展,我们无意中创造了一个对辐射事件随时做好准备的世界。我们把地下世界建造得越利于居住,人类也就越有可能存活到数千年后的未来。

在本章对地下城的描写中,我们考虑到了可能使我们宜居地下的城市设计,我们也了解到,地下城最糟糕的情况就是漏水。但是,我们即将面临的真实问题并不是抵御辐射,而是食物。罗格斯大学(Rutgers University)的大气科学家罗伯克(Alan Robock)在其关于核冬天的若干论文中曾指出,我们即将面对的最大问题或许根本就不是辐射,而是大规模燃烧后接踵而至的大饥荒:

> 烟雾——尤其是从城市和工厂中冒出的黑色的、含有炭黑的烟[9]——可能会在北半球的大部分天空遮挡住阳光长达数个星期或几个月。另外,如果核浩劫在北半球的夏季发生,它也会影响南半球的大部分地区。地球表面又冷又暗的自然条件可能会使至少一个生长季消失不见,进而引发全球大饥荒。

如果地球上众多超级火山中的某一个突然爆发,也会引起饥荒问题。巨型火山喷发所产生的灰烬与炭黑会进入平流层,拦截给这个星球带来生机的阳光。大气中也会充满硫化物和烟尘,而这些气体都是我们要极力避免的。因此,我们也需要寄望于后代,他们大部分的生活将在地下城中度过。我们的地下城除了提供庇护以外,还要有农场。

在下一章中，我们将详细讨论如何运作这样的农场。

　　基于同样的原因，与地下城一样，农场城现今也已经在建设中。城市地理学家沃克在他关于旧金山的著作中曾描述过，农场城与绿色城相似，与我们今天生活的大多数工业城市相比，在能源效率以及环境可持续性方面都要大为超前。它们还能让其中的居民更少遭受饥荒。在下一章中，我们就来推测未来一两个世纪之后城市可能的样子。可能那时，它们和地球的自然表面就难以区分了。

第 18 章

城市农场

　　前文中，我们已经了解到，城市并非一成不变，一直令人生畏或是心生敬佩；城市只是一种动态的过程，其居民一直处于变化之中。考虑到在未来 100 年中，城市可能会变得更大，也更为普遍，我们需要对城市作出进一步的改变。利用来自工程学和公共卫生领域的预测模型，未来的城市设计师们将会把城市设计得更为安全、健康，能让我们在各种自然灾害和流行病中幸存，甚至在发生辐射灾害时，我们也可以深入地下。然而，我们对城市的改造还有一项更重要的内容尚未开展。在未来的两个世纪中，我们可能会把城市空间转变成类似生物的有机体。这可以让我们胸有成竹地应对人类生存的两个最大的威胁——饥荒与环境破坏。

　　或许这种生物学方面的改造最终将使未来城市与曾存在的任何城市都不同。而目前，了解这种改造的最好方式就是到城市中的公园或花园走一走。城市中有些区域往往会建造得非常类似于自然界。这些区域通常与周围的建筑物一样，都是人为规划出来的，但是它们所能做到的却是其他建筑物所无法做到的，比如封存碳、吸收暴风雨引起的地表水，以及在不消耗公共能源的情况下提供阴凉的小环境。今天的很多城市公园多是对曾经荒废区域再利用的结果。举例来说，在加拿大温哥华，美景镇（Fairview）的居民将一大片废弃的铁道区域改造成了数十块园地，当地居民在那里种植蔬菜、鲜花和庄稼，这些园地周围仍可看到铁轨。在纽约，一群热心人动员政府，将一处具有历史意义的悬浮火车高架桥改造成了公园，如今这个公园被（很贴切地）称为高轨（High Line）。这个废弃的高架桥如今种植了各种草木，它们似乎是从混凝土柱子中萌发出来的一样。这些城市的居民，以及世界上其他地方的人们，正在把荒芜的堤道逐渐改造成让动植物都能够欣欣向荣的地方。

如果期望生活在城市中的所有人都能存活下去，需要做的还有很多，远不只是在曼哈顿下城区种植花花草草那么简单。我们需要将城区改造成为能够或尽可能自给自足的地方。这意味着，草原城市将不再能依赖遥远国家运来的香蕉，居住在沙漠前沿的人也不再指望数百千米外富庶盆地里产出的谷物。说得更明确些就是，我们需要建立可以从本地生态系统中获取能量的城市。通过种植生物燃料，利用阳光获取能源，我们要让地球家园在将来的某一天可以在能源方面自给自足。生物学的城市在未来 1 000 年将保障我们的食物和能源。

街道上的食物

当我于 21 世纪初访问古巴时，在首都哈瓦那购买新鲜食物的最佳之处就是街市，在那里，城市里的农民们贩售他们在自家屋顶、窗台花盆、人行道边花坛以及院子里种植出来的任何东西。我曾逛过其中的某个市场，位于一个大型通风仓库内，数十人都把他们的物品放在篮子里或毯子上。一位妇女当时正在出售 4 只鸡蛋、几个茄子和一塑料袋调味料。另一位妇女蹲坐在后面，毯子上铺满了各种绿色蔬菜。在当地，街道市场的法律地位很不确定，因为这种行为促进了私有企业的发展。但是，古巴政府并没有对街道市场进行取缔，却聘请了农业工程师对促进城市农业高产作了研究。杜绝饥饿的渴求压倒了对意识形态的担忧。

　　哈瓦那临时的农贸市场给人感觉就像是熙熙攘攘的大都市中一处中古时代的绿洲，尽管如此，它却在事实上很好地展示出未来城市中人们种植和购买食物的方式。为实现这一点，就要逐渐将城市转变为农场。我在古巴期间，旧金山州的城市规划学教授平德休斯（Raquel Pinderhughes）曾写道[1]，哈瓦那有超过 8 000 个农场，大约覆盖着该地区 30% 的可利用土地。从哈瓦那繁忙的马雷贡（Malecón）乡下，公交车一路缓慢行驶在海堤上，坐在车上，你会发现高密度的城区很快就变成了点缀有农田的郊区住宅区。土地规划人员有时将这种系统称为城郊农业（periurban agriculture）。它逐渐将郊区的消费者转变成为富庶的食物供应源。

　　在加利福尼亚干热的波莫纳（Pomona）山谷，一个被称为 Uncommon Good 的非营利团体组织成立了一个城市农场，那些失业却具有种植经验的移民可以在农场里种植一些有机食物，并在本地的市场上出售。波莫纳农场与其他众多农场一样，都是采用"小块农田精耕细作（SPIN）"的模式[2]，这种模式由加拿大的城市农民所设计，目的是在不超过 1 英亩（0.4 公顷）的土地上获得最大的农业出产。在小农精作的思路背后既有农业的，也有经济方面的考量。这些农民经常改变他们种植的作物，使用可持续型肥料来使小块农田中的土壤保持肥沃，另外，他们在本地直销其农产品。这些都最大程度上提升了粮食产量，并极大地减少了给买家运送食物所消耗的资源。不难想象，在未来的 50 年，小农精作模式将给许多城市带来改变，人们种植粮食

英国康沃尔（Cornwall）的伊甸园计划旨在开展一项关于环境可持续建筑学的实验，每个屋顶都具有自身的生态系统。未来城市或许可以在这样的屋顶种粮食或培养能源，或者这些屋顶可以充当节能型建筑中空气和水的过滤设备。

生态型建筑实例之一，该宾馆的生物墙通过屋顶的水源进行供水。本照片由智利卉罗卉罗（Huilo Huilo）保护区埃斯潘萨（Robinson Esparza）拍摄。

供自己食用，也卖给邻近的城市——邻城反过来也出售不同的食物，保障本地食谱的多样化。

　　城市农民希望通过他们的方法改变城市，那么，未来城市对农业是否也能带来同等程度的改变呢？哥伦比亚大学环境健康学教授德波米耶（Dickson Despommier）在他的著作《养活 21 世纪世界的垂直农场》（*The Vertical Farm: Feeding the World in the 21st Century*）中表明，未来城市为了满足粮食方面的需要，或许可以在具有巨大玻璃幕墙的摩天大厦内建立农场[3]，每层上都建立太阳能温室。摩天大厦里这些农场的用水都可以循环利用，而且这种结构在设计上是碳中和的。反对者对这种农场的质疑来自各个方面，他们不相信在不浪费大量能量的情况下就可以为大厦农场供暖、供电并加以看护，但德波米耶设想的实验毕竟还是不错的。我们需要利用各种途径在城市里生产大量食物，而且，生产通常要在室内进行。就此而言，设想如何在摩天大楼或是在地下洞穴种植粮食，其实都是朝正确方向迈出的一步而已。

　　未来的建筑物或许从外面看也是充满生机的花园。在德国，时下正流行建造绿色屋顶[4]以实现对城市的改造。绿色屋顶实际上是一套可以将屋顶变成花园的特殊系统。那可并不只是堆些土再撒上种子那么简单。绿色屋顶包含了一套复杂的系统，可以保护屋顶、吸收水分并能在原地保持土壤。尽管这些结构不可能为农业提供益处，但是，多项研究已经表明，绿色屋顶在夏季数月间都能使建筑物保持凉爽，降低能耗。它们还可以减少雨水引起的地表径流，毕竟暴雨时的淹水对很多城市都是重大问题。因为大多数城市都建在无空隙、不具有吸收能力的表面上，城市里的各种灰尘、毒物和垃圾在暴雨期间都要经历雨水的冲刷，再被带到附近的水道、农场甚至海洋。拥有一个可以吸收雨水的屋顶对于本地环境实在是益处多多，也有助于减少水体净化和处理的花费。

把自然环境引入城市，不仅仅关乎我们的饮食问题，还可以让我们在能源消耗方面多借鉴一些自然界的小窍门。在屋顶种植能提供荫蔽的植物，有助于夏季降低能耗——这与我们在第 11 章提及的光合作用天线类似，它们可以帮助我们在零碳排放[5]的情况下为计算机供电。自然界的生态系统往往可以非常有效地保存能量，我们学会效仿后，城市或许就会变成怪异的高端技术复合体，看起来就像是《没有我们的世界》中纽约所变成的末日后的丛林。

土 地 管 理

麻省理工学院环境政策学教授莱泽（Judith Layzer）[6]为我描绘了一幅在这样的城市里生活的生动图景。她相信，理想情况下，大多数未来人类的社区仍要基于城市，而将大量土地留给农业和野生生物。她告诉我："我们需要重新划分地区，目前的全球经济在环境上并不合理，因此，你的生态系统要成为你的生物区。"她描述的世界中，社区都围绕着生物区分布，就像是中大西洋地区的密集森林和岩石海岸，或是北美大盆地的大草原。"大多数食物都应来自你自己的生物区，"她还说，农业活动主要由人力而非机器来完成。但是她也断言："但不会像今天的人们那样艰苦劳作"，因为生活节奏可能会慢很多。"会用山羊吃草的方式来修剪草坪，在现代人看来，一切似乎缺乏效率。长途旅行将变得更加麻烦，你要利用自行车骑行。"谈及这些时，她的脸上露出开心的笑容。在她理想的城市中，粮食都来自本地，能量方面完全做到碳中和。"你做的任何事都和自然系统一样。"这种城市的人口要一直保持在几百万。

这种地方主义或许适用于我们的生态系统，却不像莱泽想得那么自然。很显然，如果人们依靠他们自己的生物区获取食物，在面对气候变化和季节性干旱时就会更加脆弱[7]。遇到气候周期性变化，这些本地的生态系统无法支持他们的人口时，就需要运用尖端科技帮助这些生物区城市。

有一种可能的方式需要我们把目光投向外太空。在加州大学圣芭芭拉分校（UC Santa Barbaba），一个由气候学家、地理学家和地质学家组成的国际研究团队利用卫星数据对旱灾做出预测。他们自称为气候灾害小组（Climate Hazards Group），他们对旱灾的成功预测几乎不可思议。目前，他们正在全力关注非洲。麦克纳利（Amy McNally）[8]是该小组中的一位地理学研究人员，她和同事们曾预测出 2011 年夏季的索马里干旱，他们的做法是，根据某一地区地表雨量测量器与该区降雨的卫星图像数据相比较。"我们提前一年就预测了干旱及其导致的饥荒，"她说道，很不幸，"即便是这种提前预警，所做出的回应也不及时，仍未能避免一场饥荒。"然而，这个小组已经获得了指示未来干旱特征的更多证据。

其中一项关键指标来自对地表绿地的卫星观察。绿色屋顶可以使建筑物保持凉爽，同样，绿地也可以让土壤保持在一个更凉爽、更湿润的环境中，如此一来，就更可能提高农业收成。如果植物大量枯萎，可能就预示下个季节的干旱。麦克纳利在所研究的西非地区，利用卫星测量反射向太空的光波波长。植物反射向太空的是绿色光，卫星可以测量出绿光相对于其他波长的百分比。现今，麦克纳利能做出非常准确的图像，用来说明多大范围的绿色区域才能保证一个良好的生长季。非洲面临的大问题是，大多数地区都没有普及灌溉技术，农民们只能靠天吃饭。干旱季可能意味着死亡，但是这本来并非不可避免。

预知即将到来的干旱，可能意味着把水体拦起来用于灌溉，让珍贵的植物可以继续覆盖住并保护土壤。随着城市与它们生物区的关系变得越发紧密，类似气候灾害小组这样的科学团队对于城市规划就变得越发重要。如今我们拥有技术和数据，麦克纳利说："我们可以做预测，可以说'未来 20 年将发生 5 次干旱，比通常要多 2 次。'"这类信息几乎是无价之宝，它可以帮助农民制定用水计划，有助于政府与不受干旱影响的地区进行贸易活动。随着搜集越来越多关于干旱如何发生的数据，我们或许就能对饥荒发生的时间做出更精确的预测，并且在其发生前进行阻止。

对于粮食危机问题，卫星影像和科学技术都不是万金油。实际上，我们在前文中也探讨过，饥荒通常是政治和社会动荡的产物。解决那些问题所需要的远不只是良好的科研工作，能源问题也一样。但是，我们的政治本位主义[9]很可能将与城市环境一同改变。

生　物　城　市

随着我们逐步走向未来，城市将不仅被花园和农场包围，它们也将成为具有生物学特征的实体：墙壁上悬挂着海藻幕帘，这些藻类可以在夜间发光，同时进行固碳；地板上紧密镶嵌的是经过改造的细胞材料，在上面行走时，这些材料就像骨头一样坚固。纽约建筑师班杰明（David Benjamin）[10]是城市设计的新生代代表，他与生物学家们展开合作，试图创造未来的建筑材料。在格林尼治镇（Greenwich Village）南部哥伦比亚建筑学院（Columbia University's School of architecture）X 工作室一个仅仅作过粉刷的工作间里，我见到了班杰明。学生们有的忙于利用电脑制作建筑物的三维图，有的在水泥柱子之间的绘图桌上或写或画。这个地方似乎在 50 年后，就能从它的墙壁里长出一片草坪或其他一些更奇怪的东西。

班杰明快速地打了几个准确的手势，让我联想到在蓝图上打上记号线。这些手势为我描绘了普通城市向生物城市的转换过程。他说道："生物城市看起来可能和现在差不多。但是它是用生物塑料而不是石油塑料搭建成，虽然这两者看起来非常相似。今天的工厂里有制造药品和生物燃料的机器，同样，那时的工厂会有用来制作转基因生物（genetically modified organisms，简称 GMO）的机器。"窗户周围的塑料配件将会通过改造的细菌，而非化石燃料所制造，但是城市居民并不会注意到这其中的微小差别。班杰明和其他一些建筑师和生物学家们已经与欧特克（Autodesk）公司进行合作。此前，欧特克公司曾开发过流行的工程制图软件 AutoCAD，大量建筑师都用 AutoCAD 来设计建筑物。班杰明等人和欧特克公司强强联合，致力于开发一套用于生物学设计的类 AutoCAD 型软件，即生物制图软件 BioCAD。班杰明拿出笔记本电脑，向我展示了这款生物学设计软件的演示界面。设计人员可以在具有多种不同属性的生物学材料中进行选择，比如不同弹性和强度的材料。选取材料之后，设计人员就可以通过程序创造出看起来像大理石蛋糕 * 的结构，不同材质的斑斓花式在合适的位置结合成一种单一的结构，这种结构嵌入其他结构中可以保持稳定。

随着时间的推移，这些活生生的城市将会显现出与众不同的一面。它们将因合成生物学而改变。合成生物学是工程学领域中一门年轻学科，所需的建筑材料来源于 DNA 和细胞中，而不是从像树木一样的传统生物学材料中制取。班杰明谈了最近创造的一种合成生物学产品，它被称为修补杆菌（BacillaFilla），是由英国一群大学生设计的。学生们改变了一种常见菌株的基因结构，使它们在接触到混凝土时产生胶质与钙的混合物。他们把这种细菌黏稠体放在混凝土的裂缝上，一段时间之后，细菌完全填满裂缝后就死亡了，留下的是一种强力的纤维

---

* 大理石蛋糕是一种源自法国的甜品，由鸡蛋、乳酪混入可可粉制成，具有大理石般的纹理。在文中代指具大理石纹理、由多种原料有机结合而成的特殊材料。——译者注

状物质，它与混凝土具有相同的强度。学生们把修补杆菌描述成"自我修复混凝土[11]"的第一步。他们的努力只是众多生物学材料设计中的一例，生物学材料还可以修复船体、金属横梁等很多东西。

从合成生物学的发展来判断，班杰明沉吟道："也许你可以编写程序，让一粒种子长成一座房子，或者可以让城市配合生态系统的节奏，随着时间而生长，也随着时间而枯萎衰败。"合成生物学可能也有助于解决新建筑物中最重要的问题，即漏水。建筑师可以设计一种半透性的建筑物，其半透膜在不同情况下允许空气和水分流通。利用生物制图软件 BioCAD，我们很容易想象出一种未来建筑的样式，即在建筑物的墙壁外立面上构筑多块渗透材料。水分在被净化后使用，空气流通成为自然制冷或制热系统的一部分。这种建筑或许也可以运用计算机网络监控本区建筑群，找出收集太阳能的时机，再将电力输送给电网用于共享，也能适时打开排风窗以保持凉爽。班杰明说："我有时会对这种城市景观展开想象，它们通过植被和建筑材料整合到生态系统中，看起来差不多像是丛林里的废墟，但的确是功能齐全、正在使用的城市。"

班杰明对未来的想象告一段落，他的同事、合成生物学的设计人员阿姆斯特朗（Rachel Armstrong）[12]继续为我介绍。她对我说，我们可以像煮饭或进行园艺活动一样来建造城市结构，她将其称为"活城市"，她非常坦率地表示了自己对这些未来规划的支持。我们在伦敦市中心的咖啡馆里交谈，透过窗户可以俯瞰繁忙的托特纳姆考特（Tottenham Court）街道。阿姆斯特朗几乎立刻就开始幻想着去重建周围的城市，她指着窗户说："将来要有通过生物燃料来发光的门面，或者基于海藻的技术。建筑物的表面像结冰一样，向下悬垂。绚丽多彩的面板在夜间透过窗户散发着光辉，还会有生物发光的路灯。当我们踏足桥上，桥面就被点亮。"她停顿了一下，继续向外望着，陷入了深思，"我们仍然会保留建筑物的钢筋混凝土骨架，但是会用越来越多的生物立面材料来包裹它们。有些材料疏松多孔，吸水性强，另外一些则用来处置人类排泄物。霉菌再也不是你在清理表面时必须除掉的东西，它们正是你需要经营和照料的。"

阿姆斯特朗对细菌与霉菌情有独钟，因为她和其他的合成生物学设计人员将细菌与霉菌视作未来城市的建筑材料。"我们身上充满了微生物，"她郑重地强调，"为了让身体更健康，与其利用各种药剂，或许还不如使用益生菌。"发光细菌可以在我们的天花板上生存，太阳落山之后就会点亮。其他细菌或许可以净化空气，降低空气中的碳含量。未来的每个城市家庭可能都会配上海藻生物反应器，用来获取燃料和食物。

她想象的情景并非科幻小说。最近，阿姆斯特朗与一组生物学家和设计师们一起，合作负责阻止威尼斯城下沉的项目，他们期望实验用的原型细胞（proto-cells）能够发挥用处。原型细胞是一种基本单元[13]，细胞膜内仅有的化学物质是准生物学结构，只能进行一些非常简单的化学反应。在威尼斯，工程人员把原型细胞投入水中。这些原型细胞被设计成偏爱黑暗，它们投放后迅速奔向城市住宅之下腐烂的木头。一旦附到木头上，这些细胞就开始发生缓慢的化学反应，它们弹性的膜逐渐变成钙质的壳。这些钙质壳将成为新型人工礁体的内核。生物发现这些钙沉积后，就会聚集在上面形成自然的礁。随着时间的推移，城市的不稳定根基将逐渐变成稳定的礁生态系统。目前，阿姆斯特朗和她的团队利用原型细胞已经在实验室成功完成了小规模的原型细胞式人工礁体，他们正打算在一些具受控自然条件的地区开展进一步实验。

如果城市变得更像是生物体和生态系统，它就可能会改变城市中社区的形成方式。阿姆斯特朗建议说："我们对城市的体验或许会改变，要像照顾我们的身体一样去照料城市。"在生物学的城市中，在厨房使用有毒化学药剂可能害死海藻灯。阿姆斯特朗说："我们对城市受伤害的感受越深，就越能细心照料城市。"这可能会让人们对建筑物和街道产生一种集体责任感。街坊邻里共同照料他们的建筑物，彼此交换制作燃料的配方，正如现代社会中邻居彼此交换做蛋糕的配方一样。

阿姆斯特朗的高科技生物学大都市与莱泽设想的用于发展农业的小型慢速城市有些共同之处。两者都源于一种理念，即未来城市居民将变成生产者而不再只是消费者。对于家庭生物反应器，阿姆斯特朗说："我们的空间将会变成可以创造财富的地方。"这种想法也是城市农场小农精作模式的核心所在。阿姆斯特朗总结说："基本上，这些都是在分散能量与食物的产出。"当然，城市中如果一半建筑活着，人们的生活将会如何，目前还无法预测。阿姆斯特朗愿意承认她的所有想法都是乌托邦，说到这里，她淡然一笑："总要有个目标吧！"

前文中我们关注了那些看似发光的废墟，能从每一片表面生长出食物和能源的自我修复型城市，在下一部分，我们将展望更遥远的未来，进行更深远的理论推测。我们将会看到，在成功存活100万年之后人类可能的样子。为此，我们需要做的远不只是重建城市，还需要重建整个地球。那时，我们要开始为星球以外的领地而抗争奋斗，将自己置身于太空中，在太阳系拓殖。经历了数万年的演化之后，人类尤其是步入太空中的人类，会变成什么样？可能我们的后裔与我们并不相像，这正如我们来自南方古猿却与它大不相同——但是，我们的后裔与遥远的人类祖先一样，都是人类。

第五部分

展望 100 万年

第 19 章

改造地球

作为一个物种，智人的长期目标应该是至少再活 100 万年。这个要求并不高。我们知道，少数物种能活几十亿年，而大量物种能活几千万年。我们的远古祖先在 100 多万年以前，开始拓殖非洲以外的世界，因此，放眼下一个 100 万年远景目标的愿望似乎合乎情理。前文中我们已经探讨过，如何通过建造更安全、更可持续的城市来开始我们的未来之旅。然而，最终我们还要在月球和其他星球上建造城市。正如科幻小说家巴特勒（Octavia Butler）所提出的那样：我们的未来将会生活在群星中。但在科技尚未实现之前，我们的生存还要指望地球，而且用的还是外星人而非"地球主人"的眼光。

试想一下，我们在一次星际旅行中恰好遇到一颗与地球类似的行星。我们从轨道处调查那个星球，发现她充满了生命，覆盖着由科学先进的文明创建的庞大人工结构。看到这些时，我们大多数人会认为，那个星球已经被一群智慧生命控制了。这是从外星人的角度来看，现在，我们用地球人的角度来看，并没有真正认为自己正在"控制"着地球。我们也没有把自己看成一个群体。从太空中看，我们或许像是由一群聪明的猴子所构成的统一文明，这些猴子在高楼大厦间游走闲逛，但是到了地球上，我们就被俄罗斯、尼日利亚、巴西等各个国家所区分开来。这种差异似乎并不成问题。但是，到目前为止，它却阻止着我们在保护地球能源方面达成全球性的解决方案。除非我们作为同一个物种，开始同心协力、以前所未有的形式控制这个地球，否则这个问题就会被带到遥远的未来。

当我说"控制地球"的时候，并不是要大家振臂高呼，宣称我们是一切的主宰。那样的做法实在很可笑，我想说一些并没有那么伟大的事情。我们只需要对数个世纪以来所发生的事实负责，这个事实，是指人类控制着地球上大多数生态系统中所发生的一切。我们是一个入侵物种，已经把原始的大草原变成了农田，把荒漠变成了城市，把大洋变成了布满油井的航道。同样，还有充分的证据表明，我们燃烧化石燃料的习惯已经改变了我们所呼吸的空气分子组成，这些正在促使地球变成一个温室星球。今天的人类比历史上其他任何时期都更充分地控制了地球的环境。当然，环境也将在某个时刻发生灾难性的转变，要么因化石燃料释放的碳而更热，要么由于超级火山爆发而变得更冷。

在不远的将来，我们必须做的首当其冲就是控制碳排放。对此我不必强调太多。环保主义作家麦吉本（Bill McKibben）和赫兹加德（Mark Hertsgaard）等[1]已提出，化石燃料排放物正在加热地球，使用绿色能源将阻止这种情况变得更坏。考尔斯－贝克（Maggie Koerth-Baker）在《停电之前：在能源危机爆发以前克服它》（*Before the Lights Go Out: Conquering the Energy Crisis Before It Conquers Us*）[2]一书中指出，我们已经有若干种可持续能源可供选择，包括太阳能和风能等。参加联合国年度气候变化大会的政府代表们也在商讨对策[3]，鼓励各个国家限制使用化石燃料，提议多种多样，从征收碳税到限制排放，不一而足。

问题在于，正如地质学家萨门斯（Roger Summons）在本书第一部分所解释的，未来 1 000 年的气候已经发生永久性的改变。为了阻止地球变得不宜人居，我们必须大幅度控制环境，成为地球工程人员，或是利用科技影响地质过程。尽管"地球工程"（geoengineering）这种说法在这里很合适，但是，我在本章标题使用的却是"改造"（terraforming），因为这个词还暗指将其他星球改造得更适合人类居住。地球在其历史中曾像是多个星球。作为地球工程师，我们并不打算"治愈"地球，或者让地球回复到人类之前的"自然状态"。那意味着我们被动地将自身交付给地球沧桑多变的碳循环过程，而这样的碳循环正是若干次大灭绝的元凶。我们要做的实际上有悖于自然：我们必须阻止使地球变成温室的周期性转变，因为温室地球不适合人类居住，对于我们相关的食物网也不适合。换言之，我们需要让地球适合人类。

目前，我们正削减化石燃料的使用，大力发展可替代能源，而在未来的数个世纪中，我们要采取比这些大得多的举措。最终我们要像科幻电影中所说的一样，"黑掉地球"[4]。在一定程度上，我们将通过重现地质历史上若干重大全球灾难做到这一点。

遮 挡 太 阳

为了使地球更适合人类居住，我们需要运用地球工程计划为地球降温，从大气中排除二氧化碳。该计划包含两项内容。第一，管理太阳，减少为地球增温的阳光。第二，消除二氧化碳，其内容与名称完全一致。《黑掉地球：理解地球工程学的结果》（*Hacking the Earth: Understanding the Consequences of Geoengineering*）一书的作者，未来学家卡肖（Jamais Cascio）[5]预言道，在下一个 10 年中，我们将会看到人类开展大型地球工程学项目的尝试，第一项可能就是管理太阳。他说："这个起效快，可能相对便宜，花费估计只要数十亿美元。这个价钱很便宜了，一个小型国家或某个具有英雄情结、想要拯救世界的富人就可以做到。"实际上，尽管并非有意，一项管理太阳的计划已经在运行之中。有证据显示，远洋货轮所排放的硫化物气溶胶[6]可以改变高空云层的结构，使它们的反射性更强，进而降低水面温度。一些管理太阳的计划的确参照了这个发现，并提出利用航船从海洋中向高空喷射气溶胶。而其他一些策略则要激进得多。

为了寻求为地球遮挡阳光的办法，我访问了牛津大学，那里的石子小路蜿蜒曲折，我穿梭在如同迷宫一般淡金色的旋梯中，寻找属于未来地球工程师们的那片乐土。目前，经慎重考虑的地球工程项目中，投入尝试者寥寥无几，然而，受命于关注未来的牛津大学马丁学院（Oxford Martin School）却在着手处理未来一个世纪内将变得非常重要的若干科学问题。其核心就是协助创建一个目前完全缺乏、但很快将变得至关重要的学科领域。年轻的地球物理学家德里斯科尔（Simon Driscoll）[7]就是其中的一名科研人员，他一方面研究历史时期的火山喷发，一方面为地球工程师们探寻如何在地球大气层中重现火山喷发的效果，而又不会造成任何破坏。

在大气物理学分部杂乱的茶水间里，德里斯科尔一边匆匆为我沏好茶，一边告诉我火山对大气的影响。除了炙热的熔岩，火山还会喷发出微小的、被称为气溶胶的空气悬浮颗粒，这种气溶胶会被地球的大气层所捕获。茶水在马克杯里冒着热气，他把双手合起来做出半球形，放在水气之上，以此动作来说明地球的多层大气层正在捕获气溶胶。煤灰、稀释的硫酸以及其他一些从火山中喷发出来的颗粒会被喷射到远远高于我们所呼吸大气的圈层，它们一直悬浮在云层之上，将太阳辐射反射回太空。随着照射到地球表面太阳光的减少，气候也随之变冷。19世纪末，著名的喀拉喀托（Krakatoa）火山喷发时，所发生的情形正是如此。喷发规模相当巨大，含硫颗粒被高高地喷到了平流层（地球表层之上10～48千米处的大气层）。这些颗粒在平流层中反射阳光，使全球气温平均降低了1.2摄氏度。它们对气候模式造成的改变持续了很多年。

德里斯科尔在白板上画了一幅大气层上部的模型图，并画上一道弧线，说："这里是对流层。"在弧线之上，他画了另一道弧线代表对流层顶部，位于对流层与下一道弧线所表示的平流层之间。大多数飞机都在对流层的上部飞行，偶尔也会进入平流层。德里斯科尔解释说，为了给地球降温，我们想要向平流层内注入一些反射颗粒，平流层很高，降雨无法将这些颗粒冲刷掉。这些颗粒可能会在平流层中悬浮达两年，反射光线并阻止太阳继续为靠近我们居住的下层大气层加热。让德里斯科尔饶有兴味的是，气候对过去的火山喷发如何响应，他为此建立了计算机模型，然后通过模型对地球工程计划的结果做出预测。

哈佛大学的物理学家、公共政策学教授凯斯（David Keith）[8]曾建言，可以把颗粒做成小而薄的碟片状，能够"自由悬浮"，这有助于让这些颗粒在平流层中停留20年以上。德里斯科尔说："关于'未知颗粒'或最理想的颗粒，已经有过很多探讨，无非是可以散射光线而又不吸收光线的物质而已。"他补充道，有些科学家曾建议使用火山喷发常见的一种副产物：煤灰。因为它能够自由悬浮。问题是，对以前火山喷发的研究资料显示，煤灰吸收短波长的光线，这将对大气产生一些无法预测的影响。如果类似于喀拉喀托火山的喷发，让我们看到了事实上也应该发生的某种迹象，那么以下情形确实发生了：大量煤灰的注入对地球的大部分区域起到了降温效果，但平流层的风所发生的改变却致使欧亚大陆上珍贵的农业区变得更热。不经意的结果其实可能会使粮食危机更恶化。

目前尚不清楚，我们如何能成功完成喷注粒子这项庞大的工程，但是，德里斯科尔在牛津的同事们相信[9]，可以通过安放在巨型气象气球上的栓管释放粒子。气象气球通常会在平流层飞行，它能够释放反射粒子并将其转化为云的形式，同时气球另一端依然拴在远洋船舶上。平流层之上的强风会把粒子携带到全球各地。然而，将粒子释放到大气中并不是最困难的。

对于德里斯科尔和他的同事来说，真正的问题在于，向大气层中混入通常只有在恐怖灾害才会释放出的物质，可能会产生种种不可预期的后果。拉特格斯大学的大气科学家罗伯克[10]对含硫颗粒的注入过程进行了大量计算机模拟，他警告说，这样做可能会破坏常见的气候模式，腐蚀臭氧层，加快海洋的酸化过程，而后者曾是大灭绝的主要原因。

德里斯科尔说：“我对末日时可能发生的事情想了很多。”不经意引发的温室效应和酸化是两种可能性，此外，他推测地球工程还可能“关闭季风”。然而，所能预料出的情况还很有限，毕竟我们以前从未做过类似的事。

如果地球开始迅速变热，大规模的干旱导致大量死亡，很可能我们就会不顾一切地开始尝试管理太阳了。那时，地球很快就会降温几度，农作物可以再次获得生机。到那时，地球工程计划之后的生活会怎样呢？卡肖说：“人们会说，我们的天空将是白色的，蓝天只是过去才有的。”另外，他还警告道，管理太阳只相当于一条“止血绷带”，更大的伤害仍然需要面对和处理。我们或许截断了热量，但是大气中仍然有相当高含量的碳，它们与阳光相互作用也会提升温度。当反射颗粒离开平流层以后，地球将再次经历迅速的大规模变热过程，卡肖说：“如果不同时降低碳含量，可能将致使各种情况变得更加糟糕。”这就是为什么我们需要在遮挡太阳的同时降低大气中的碳。

让地球变成耗碳机器

放眼地球工程降低大气碳含量的各种尝试，其中之一就是利用地球上最具适应力的一种生物：被称为硅藻的藻类。研究人员建议重建最初造就富氧大气的若干条件，以此来更新大气。在多项实验中，地球工程师们向南大洋（Southern Ocean）* 不同区域施加了铁粉肥料，为当地的海藻准备了一场大餐，导致海藻大量繁殖。科学家们希望这些单细胞生物能把空气中的碳拉入它们自身的生命循环中去，把这些我们不需要的分子封存在它们体内，并释放出氧气。当海藻死亡时，它们与自身携带的碳将沉入海底。然而，在很多次实验中[11]，硅藻死亡时并没有把碳带入大洋深处，而是又释放回了大气。但是也有少数几个实验暗示，充满碳的藻类可以在适当的条件下沉入海底。就在前不久，一名企业家在远离加拿大海岸的地方开展了与此类似的地球工程实验，硅藻大爆发，但是，对海洋施肥是否可行，仍然不得而知。

海藻对地球工程计划可能还是有一定帮助的。而另外一项计划，可能就需要岩石的帮助了。关于如何掌控地球降低碳量，最有趣的理论之一是由克鲁格（Tim Kruger）构想出来的，他也是牛津大学马丁学院地球工程项目的主管[12]。当我从德里斯科尔的办公室走出，穿过校园的时候，在一座巨大的石制建筑物里遇到了他。那座建筑物曾被称为印度研究所，曾是培养在印度工作的英国市政公务员的地方。它是在大英帝国主义鼎盛时期建立的，那时人们绝不会想到烧煤会像殖民主义一样，如此深远地改变了地球。

＊ 通常被笼统地定义为南纬 60 度以南、环绕南极大陆的大洋。许多地理学家并不承认这个大洋，而将其视为横跨印度洋、太平洋、大西洋，邻接南极海冰区，覆盖西风带，环极流活跃致使冷热水体相混、水产丰富的特殊地带。——译者注

克鲁格身形高瘦，金发碧眼，说话时，喜欢身体前倾："我曾加热石灰岩来产生可以倒入海里的生石灰。"他说话的语调就如同别人在诉说某种蛋糕的新配方一样。当然，克鲁格的蛋糕非常危险，尽管它可能会拯救世界。"当你向海水中添加生石灰时，它吸收的二氧化碳差不多是之前的两倍。"一旦多余的碳被锁入海洋，它就进入大洋深处开始缓慢的循环过程，在那里碳被安全地封存了起来。克鲁格的计划还有另一个附加的益处，那就是向海水中添加生石灰还可逆转海洋酸化，这种酸化现象我们现今就可以观察到。考虑到地质学家们已通过大量证据表明，过去发生的大灭绝与海洋酸化之间存在关联，那么通过地球工程降低海洋酸性显然就相当有益。克鲁格说："需要警惕的是，我们并不知道这些实验可能产生的副作用。"类似的说法我从德里斯科尔和其他人那里也听过。

克鲁格的想法也要有赖于海藻计划中用到的东西，它被称为海洋俯冲（ocean subduction），主要是指海洋上下层之间化学物质的缓慢移动。氧气和大气颗粒不断混入接近海洋表层的海水中，当该层达到碳饱和时，我们就会看到大气中的碳含量上升，因为此时海洋不再能充当碳汇的角色。但是，海洋下层的水体还能继续固定大量的碳，只是大气无法接触到而已。克鲁格说："如果海洋与碳可以进行良好的混合，我们就不会有气候变化的问题了。但是，深层与表层海水之间的交流与循环非常缓慢。"很多地球工程人员的目标就是寻找出让大气中的碳深深沉入水体的办法，水体深处很多碳最终都变成了沉积岩。克鲁格的石灰岩计划并不会直接将碳沉入深处，而海藻计划或许能做到那些。相反，石灰可能将更多的碳锁定在海水的上层，等待着漫长的海洋俯冲循环，将这些碳带到海底深处。

另外一种通过岩石降低碳量的可能方法被称为"增强风化"（enhanced weathering）。在第 2 章中，我们了解到奥陶纪时期，风和

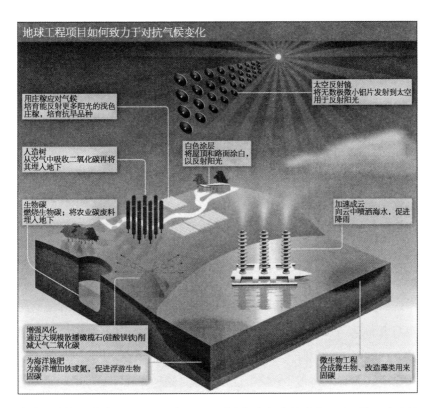

众多可实施的地球工程项目示意图，通过降低大气中的碳量，以及将阳光反射回太空，进而改造地球的气候。

雨的全面风化将阿巴拉契亚山脉磨成了平坦的平原。从萎缩的山脉中倾泻而出的径流攫取了空气中成吨的碳，提高了大气的氧含量，将地球从温室转变成了致命的冰室。剑桥大学的物理学家麦凯（David MacKay）在他的著作《可持续能源：事实与真相》（*Sustainable Energy — Without the Hot Air*）[13] 中，推荐了这种形式的地球工程。他在书中写道："有种想法很有趣，把可以吸收二氧化碳的岩石粉碎，暴露在空气中，这相当于人为加速自然界的地质过程。"在本质上，我们是在重现奥陶纪阿巴拉契亚山脉的风化过程。麦凯想寻找富含硅酸镁的矿藏，作为一种白色的易碎矿物，硅酸镁常被用在滑石粉中。把硅酸镁粉尘撒播在大片区域或海洋上，它会迅速吸收二氧化碳，并转变为碳酸盐，随后沉入海洋深处转变为沉积物。

通过增强风化使气候保持在适合人类生存的理想温度，这个思路来自地球自然的地质过程。不让地球的碳循环控制我们，而是我们来控制它。我们将运用从地球历史上的气候变化以及地质转换中所学到的方法，让地球适应我们的需要。当然，这一切都有赖于我们能否让地球工程真正奏效。

道 德 风 险

在实施地球工程学研究过程中，还有一项内容，克鲁格和他的同事将其称为"道德风险"（moral hazard），因为大众可能会认为，地球工程的解决方案是一种针对气候问题的神奇方案。如果政策制定者相信对气候变化具有"解决"之道，而且这种方法唾手可得，那么他们或许就不会尽量削减排放并在可持续能源上投资。克鲁格说："这就好比科学家在老鼠身上实验癌症治疗药物，一旦获得一些好的结果时，就开始告诉孩子们说，'没事了，抽烟没问题了，我们马上就要治愈癌症了'。"关键是，我们距离确切论证地球工程能够奏效还差着十万八千里，在我们得到大量有说服力的数据之前，我们仍然要认定，缓解气候变化的最佳良方就是停止使用化石燃料。

还有另一个担忧。卡肖警告说："有的国家可能会将地球工程活动视为一种威胁。"德里斯科尔曾提及平流层的反射颗粒可能会导致某些地区降温，另外一些地区变暖，卡肖听取这些之后谨慎地说，管理太阳或许会给世界上的某些地区带来饥荒，而让另外一些地区降温，使它们拥有硕果累累的生长季。一个国家的气候解决方案可能对另一个国家就是一种灾难。平流层反射颗粒注入实验的失败或许不仅仅带来恐怖的气候，还可能会让某些觉得受到攻击的国家展开核报复行动。

为了应对这些道德以及政治方面的风险，克鲁格和几名同事创立了"牛津原则"（the Oxford Principles），将其作为未来几年地球工程人员需要遵守的一套简单的指导方针。克鲁格受到英国下议院科学技术委员会的启发，曾与人类学家、伦理学家、法律专家以及科学家们交流，共同起草他所谓的"地球工程研究执行总则"（general principles in the conduct of geoengineering research），简称牛津原则，具体如下：

原则一　地球工程仅适用于公众福祉；
原则二　公众参与地球工程的决策制定；
原则三　地球工程研究公开，成果公开发表；
原则四　对效果与影响进行独立评估；
原则五　先管理，后部署。

克鲁格强调说，目前这些原则必须简洁，因为地球工程仍处于发展阶段。第一条，也是最重要的一条就是，他和同事们不希望任何一个国家或公司控制本应着眼于全球公益的地球工程技术。原则二和三涉及任何地球工程学项目中公开透明的重要性（那位怪异的加拿大地球工程人员明显违背了第二条原则，他在向海水喷洒之前完全不让公众知情）。克鲁格强烈地觉得，只要让公众知晓并能够参与，他们就不会害怕地球工程，不会像对其他科学项目，如转基因农作物那样恐惧。最后，这两条原则还意在防止未查验的、可能导致环境灾害的实验，也避免了因限定过于严格而压制创新。原则五"先管理，后部署"主要针对卡肖的忧虑，他担心某些国家将地球工程解读为一种攻击。在我们把天空变白或向海洋里倾倒生石灰之前，我们必须形成一个受控制的统一体，允许各个国家和他们的公众可以同意对这个世界上基本的地质过程进行改变。克鲁格最后说："这样做风险很大，但是，什么都不做也要承担巨大的风险。"

为了使地球在下一个百万年中适合居住，我们必须要像如今对数十万亩农田负责一样，对我们的气候负责。某些地球工程项目对我们的生存至关重要，因为气候将不可避免地随着时间发生变化。我们肯定要去适应新的气候，但是也希望让气候来适应并服务于我们人类，以及与人类共享世界生态系统的其他生命。如果想要我们的物种在下一个百万年中生存，我们别无选择。我们必须掌控地球，以最负责任、最谨慎的方式开展行动。如果要生存，面对这个任务，我们绝不能退缩不前。

当然，我们也不能刚刚触及大气圈的边缘就浅尝辄止，如果气候变化没有摧毁我们，接下来还有小行星和彗星。这就是为什么我们也必须控制地球周围的庞大空间。在下一章中，我们将了解究竟要如何去做。

第 20 章

不能毁坏我们的地球家园

通过前文，我们已经了解到小行星撞击对白垩纪时期生物造成的影响。尽管这可能不是 K-Pg 大灭绝（恐龙大灭绝）的唯一原因，但大约在 6 500 万年前，这颗近 10 千米直径的火球降落在了墨西哥海岸边后，几乎摧毁了地球，并彻底改变了地球的气候达 10 年甚至更久。研究撞击事件的学者都认为它的强度达到了顶峰，即都灵 10 级撞击，该指标是用于衡量撞击危险程度的里氏单位[1]。这样的灾难对全球都造成了影响，可能每隔约 10 万年发生一次（尽管可能不会具有白垩纪末撞击那种破坏性）。这也意味着，下一次撞击早就该发生在我们身上了。

或许我们明早醒来后，新闻广播就告诉我们只有 6 个月可活了，在流星毁灭我们之前最好都能随遇而安。真的会发生这样的事吗？

答案是不大可能。对于导致类似白垩纪末那种大灭绝的小行星，我们可能在它冲向我们很多年前就能观察到了，这与好莱坞的故弄玄虚完全不同。在最近这次由小行星导致的大灭绝中，科学家们发现了小行星的破坏性，在科学家意识到这一点以后还不到 20 年的时间内，美国航空航天局（NASA）就启动了被称为太空保卫（Spaceguard）的小行星侦查项目[2]。太空保卫的目标在于发现并跟踪 90% 超过 1 千米的近地天体（near-Earth object，简称 NEO）。近地天体是指小行星、陨星、彗星和其他一些天体，它们的绕日轨道非常靠近地球的轨道[3]。大多数近地天体并不危险，它们要么很小，地球的大气层就能把它们完全烧尽；要么就在我们旁边掠过，飞到距我们数百万千米以外。但还有一类被称为潜在危险天体（potentially hazardous objects，简称 PHO）的近地天体，它们却足以引起我们的忧虑。潜在危险天体必须要大于 1 千米，其可能的轨道必须距离地球轨道小于 7 402 982.4 千米。

这听起来相当遥远，尤其是要记住在过去的 20 年中，一些庞大的小行星曾数次在距离地球数千千米外的地方与我们擦肩而过[4]（其中某些如果撞上地球，可能相当于原子弹爆炸）。但太阳系是一个不断变化的引力场，一些小型天体的轨道随时都在发生变化。如果一个小行星从木星或其他行星缓缓向我们飞来，来自其他星体的引力可以轻易就改变它的方向，使它由相隔遥远变得具有致命危险。这就是为什么天文学家们总是希望密切关注那些在我们轨道几百万千米以内的大型石质或冰质星体。

好消息是，过去的 20 年中，在标定并追踪这些近地天体和潜在危险天体方面，我们做得相当不错。坏消息是，至少在目前，没有人对最可能发生的情况有明确的把握，以实现 NASA 宇航员和小行星捕捉专家迈因策尔（Amy Mainzer）[5]所谓的最光明前景。很可能某个宇航员，也许迈因策尔自己，明天就向我们证实说，在 20 光年以外有一个 1.6 千米直径的小行星正在径直朝我们飞来。

对小行星撞击未雨绸缪

迈因策尔对于观察太空情有独钟，这也是她在 NASA 工作的原因。她主要负责如广域红外线勘测器（WISE）卫星等太空飞行器仪器设备方面的工作，WISE 的唯一任务就是利用红外线望远镜绘制出尽可能大范围的太空图像。2010 年，广域红外线勘测器的任务完成后，迈因策尔和她的同事们就对这些飞行器的程序进行了调整，用来扫描太空中的近地天体，他们把这个任务冠名为 NEOWISE。正是这个 NEOWISE 任务协助完成了太空保卫计划，让我们可以明确鉴别出达到或超过 1 千米的近地天体，如今，我们已经知道 90% 的近地天体的分布了。总体上，我们已经对近 900 个 1 千米左右的近地天体进行了定位。通过电话，迈因策尔在加州喷气推进实验室（Jet Propulsion Lab）的办公室里愉快地告诉我："这对所有人来说都是好事。"但是，随后她非常严肃地说："但我们还不知道其他大多数天体在哪儿。"在她最近的工作中，迈因策尔收集到一些小行星周围潜在危险天体的数据，她和同事们估计[6]，超过 100 米的潜在撞击物可能多达 4 700 个。为了让你对此明确了解，在这里要说明一下，一个 100 米的小行星不会引发大灭绝，但可以轻易夷平一座城市或一个小国家。如果落在海洋中，所引起的海啸可能对海岸区域造成深度破坏。

　　既然我们周边太空中充满了成群的致命石块，为什么我们一直都没有受到攻击呢？答案很简单，我们一直在受到攻击。每天我们都被小型近地天体撞击，但其中的大部分我们永远都不会觉察到，因为它们在到达地球表面之前就被燃烧殆尽。迈因策尔问我："你知道那个叫'小行星'的电脑游戏吗？"我当然知道。"嗯，实际上那个游戏相当正确。小行星分裂产生更多的小碎片，还有更多比这些碎片更小的碎片。"暂不提较大些相对稀少的小行星，还有一个事实需要铭记，太阳系是由活跃的、时刻保持变化的碎片所组成。行星及其卫星所产生的各种彼此覆盖的引力场既可以把石块送到地球的轨道上，也可以把它们拉出地球轨道。迈因策尔解释说："如果你在靠近地球的空间中放一个粒子，它是不会安静待在那里的。大约在 1 000 万年之后，它可能会离开太阳系，或撞向太阳，或撞到地球上。"要记住，1 000 万年对于类似地球一样的行星根本算不上什么，地球已经有 45 亿年的历史。本质上，在那些近地天体受引力迅猛推拉到别处以前，它们造成破坏的时机只在短短一瞬间。

迈因策尔还注意到，小行星带不断向内太阳系补充新的近地天体，它正是近地天体的"源头区"。它被夹于火星与木星这两颗行星的轨道之间，恐怕正是由于火星与木星所引起的引力共振而使源头区不断向外发射新的星体。迈因策尔说："我喜欢把它想象成弹珠台机器中的击球板，引力共振就位于主球道上，如果一颗小行星落了进来，它就会从原来的位置被猛掷到极远处。"

通过类似 NEOWISE 的卫星，我们已经收集到大量数据，有理由相信，在小行星或其他大到足以在全球范围内引起破坏的潜在危险天体撞击之前，我们将有 20 年的时间可以进行应对。了解大多数大型近地天体的分布有助于天文学家们追踪它们，并判断它们是否处于碰撞线路上。这意味着，碰撞线路永远都有变数。我们无法精确预测出究竟会撞击哪里，引力会将某个星体猛拉向我们宇宙中的邻居身上。同样，我们仍在努力追踪那些足以引发大规模破坏却不会毁掉全人类的星体。迈因策尔说："预警时间取决于对仪器的设计。"她目前正在从事一项被称为 NEOCam 的太空望远镜项目，目的是标定小于 100 米的天体，同时也找出更多这种类型的潜在危险天体。她说："设计这个是为了给我们提供数十年的预警。"迈因策尔和她领域中同行的目标就是，对一次可能的撞击提供 20～30 年的预警，那会让我们拥有尽可能多的方法来阻止撞击发生。

守 护 地 球

保护地球免受潜在危险星体撞击，大多数严肃对待此议题的人都不会探讨利用爆炸摧毁星体的方法。对此，迈因策尔曾利用"小行星"

这个 8 位游戏（8-bit game）做过解释，问题就在于小行星很容易破碎成更小的块体。大量燃烧的块体向地球倾泻而来，这和利用核武器对一个飞来的星体进行攻击差不多一样糟糕，因为它们所造成的破坏可能大致相当。迈因策尔所做的数据收集工作至关重要，这是因为我们标定的小行星距离我们越远，就越容易把它推到别的方向。迈因策尔半开玩笑地说："引爆小行星可能挺好玩的，但一次合气道（Aikido）*移动的效果恐怕会比这更好。那会让你有时间在不需要太多能量的情况下移动小行星的轨道。"

如何在太空中开展一次适当的合气道移动，一直是各界长期关注的问题。这些关心者是一群组织较松散的科学家、政策制定者和政府代表人员，他们都和轨道与再入残骸研究中心（Center for Orbital and Reentry Debris Studies）相关。该研究中心由宇航工程师埃勒尔（William Ailor）负责[7]，他曾在过去的 15 年中对如何处理小行星威胁提出过一系列方案[8]。埃勒尔和蔼可亲，白发寸头，有些美国南方腔调，他在讲座中向我们勾勒出了他所设想的撞击事件的情形。他说道："任何人都能发现这些，遍布世界的业余天文爱好者，以及天文机构中更为正式的各种程序。最可能的情况是，危险的小行星可能会被大众群体标定出来。"如果是更小一些的星体，或许我们用来做准备的时间将非常少。"人们乐观地认为会有 20 年的时间做预备，但也可能只有几年时间而已。"

尽管如此，下一个巨大障碍恐怕并不是询问如何让小行星改道，而是另外的事情。比如，迈因策尔的 NEOCam 在其轨道上运行着，她的团队发现了一颗超过 1 000 米、拥有 1/50 概率撞向地球的星体。埃

---

* 是一种从 20 世纪上半叶的日本开始发源的近代武术，其主要特点在于"以柔克刚"和"借力打力"。它不以蛮力攻击对方，而是将对方的力量引导至无威胁的方向，甚至吸收化为自己的力量而反击。——译者注

勒尔说道："我们现在应该在这方面投入金钱吗？考虑到要花费数年时间才能准备好一套航天装备，然后制定任务而有所行动，在明确小行星即将撞击之前，你就必须投入经费了。这就是政策制定者们所面临的挑战。"问题在于，每个潜在危险天体都有可能陆陆续续地冲过来，直到证明它不是危险天体为止。不可避免地，在我们明确撞击会发生之前很久，我们就得采取果断行动，将冲向我们的天体推离原有轨道。另外，随着太空中的天体越来越靠近我们，将其推离原始轨道也会变得越来越不易。

那么，谁能进一步行动，敦促这个世界发射一种对抗潜在危险天体的航天器呢？联合国和平利用外层空间委员会（U.N. Committee on the Peaceful Uses of Outer Space）有一个被称为 14 号行动组（Action Team-14）的集团，专门处理近地天体，他们可能也是第一个能在这种情况下对地球防御工作做出协调的机构。让我们提出一个很大胆的假设：假如他们从有能力建造执行任务航天器的各个国家和公司补偿性购入，那么，这个集团就必须明确决定哪种制止潜在危险星体方案最能奏效。2004 年，埃勒尔所在的航空航天技术公司曾做过一项研究[9]，旨在明确如果一个 200 米大的星体以 1/1 000 000 ～ 1/100 概率撞击地球，我们究竟需要做些什么。埃勒尔说："必须要发射多个航天器，尽管有种误解说只需发射一个。"多次发射至关重要，这可以防止其中一个航天器发射失败。除此以外，推移天体方面的某些技巧往往需要多个航天器协同完成。另外，尽管我们都见识过利用原子弹攻击小行星的电影《绝世天劫》（*Armageddon*）中的场景，但是，航天器必须是通过远程控制的飞船。埃勒尔强调说："如果人能到达那里，小行星就距离我们太近了。"

如果我们有足够的时间，还是希望尝试埃勒尔所说的缓慢推移技术。这可能会让人想到一大群小型航天器，这些航天器上都配有激

探测器正在推动一个近地天体偏离地球。米勒（Ron Miller）供图。

光，专门用来灼烧天体的表面物质。由于潜在危险天体会破碎成散落至太空中的很多碎块，所以还需要产生足够的推力，缓慢推开朝地球作致命速度飞行的天体。另外一种可能是，利用一个或多个航天器产生"引力拖曳"。将类似其他小行星一样的庞大天体或大型航天器停留在靠近遥远天体的地方，这样或许就可以产生足够的引力拉动小行星。多年后，这种微小的扰动就会很巧妙地将小行星送到一个完全对我们无害的轨道上。这两种技术都未被测试过。但是，随着人类即将孤注一掷地把更多航天器发射到近地天体旁和小行星带中，在未来10年中，我们可能就会看到很多实验用来验证这些技术，看看它们能否真正改变一个大型天体的原始轨道。

　　如果小行星今天就飞向我们，我们根本没有机会验证缓慢推移系统，那该怎么办？"我们目前没有任何办法，除非启用'动能撞击器'

（kinetic impactor），"埃勒尔不经意地说着，就像是在谈论电脑配件一般。他解释说，所谓动能撞击器"基本上就是利用石头去撞击"。我们已经在彗星上尝试过这种方法了，在 NASA 的"深度撞击"任务中[10]，一个探测器利用巨型铜制触端撞击了坦普尔 1 号（Tempel 1）彗星，推开了大量尘埃和冰，坦普尔 1 号彗星的轨道受到了轻微的扰乱。因此，我们确信，如果我们对一个飞来的天体利用巨型触端或石头进行撞击，就有可能重新规划它的方向。埃勒尔承认道："如果行星距离我们太近或本身太大，可能就必须使用原子弹才能推移它了。"那只是最后的办法，也没有测试过。

问题在于，即使"现成的"动能撞击器解决方案足够可行，"还必须要造出一个航天器，寻找合适的航天装备，找一个发射平台"，埃勒尔这样说时，似乎在头脑中勾画着他多次深思熟虑的清单。这个清单的首项内容就是，如何通知公众而又不引起大范围恐慌或拒不接受现实的状况。不难想象，如果仅有 1/500 的机会发生大灭绝，人们就会投票反对针对潜在危险天体的昂贵任务。处理已存在的威胁时，我们可能依然是同呼吸共命运的文明共同体，但可能也会一起失败。对此，埃勒尔说："当然，我们也有可能会无法瞄准危险天体。"

遇到摧毁文明的事件，请开启此文档

如果地球即将遭受都灵 10 级撞击，也就是与白垩纪末撞击相当的小行星撞击，那时的我们肯定就面临大灭绝。整个世界将变成一片火海，城市被地震所撼动，火山喷发的岩浆炙烤大地，海啸引发洪灾。长期内气候会被喷发到平流层中的气溶胶所改变。那时，我们该如何求生？

最初，我们的生存将依赖于第 17 章所讨论过的各种地下城，让自己藏身其中。撞击之后随即发生的副作用将会与大型核武器战争相似，只是不包括放射性沉降危害。在地下，我们会相对安全一些，不会被流星轰击后的可怕大火和其他灾难侵袭；在地表，温度会迅速降低，火焰也会快速熄灭。几个星期之内，我们就可以照旧探出头，看到天空中满是灰尘的浊云。此时，真正的麻烦才刚刚开始。我们可能遭受类似核冬天一样的灾难。大气学家罗伯克曾对管理太阳地球工程项目中向平流层中注射粒子的提议提出过警告，他也是首批提出超级大爆炸可能引发全球变冷的科学家之一。低温可能会在数年内不断加强。罗伯克在他早期关于核冬天的一篇论文[11]中，描述了一种看起来类似温和冰期的情况。在大爆炸发生后的第一年（这里的"大爆炸"正是由小行星撞击地球引起的），我们将会在全球范围内看到冰雪堆积，这会导致全球温度降低 2 摄氏度。但是，随着寒冷进一步加剧，整个星球积雪表面将反射更多光线，造成一种失控效应，可能在接下来的数年中导致温度降低达 15 或 16 摄氏度。

　　没有阳光，农作物的生长将缓慢止步，野生植物也将逐渐枯萎，食草动物也随之死亡，随后，以它们为食的食肉动物也会灭绝。靠近水体表面生活的生物们在撞击开始时就遭到不测。随着时间推移，源自被摧残陆地的地表径流将向海洋中填充碳质，形成大块大块的缺氧水体。人类将必须依赖温室获取粮食，在黯淡的阳光下，只能培育出什么就吃什么。相对于如今的饮食结构而言，蘑菇、真菌和昆虫将在我们的食谱中占据相当大的分量。

　　还有一种显而易见的可能性，即大批人都会在撞击中遇难，以目前的发展水平和能源需求来保持我们的文明已经不可能。大型城市和高科技社区需要许多具有专业知识的人才能运行，如果地球上仅剩下几百万人，我们即使组合运用各种技术也不可能重建出纽约或东京。如果要从废墟中重建人类文明，我们要做什么呢？这类问题总是萦绕于末日题材的科幻小说中，但是现实世界中人类也要提前思考一下了。韦尔（Alex Weir）是津巴布韦的一个软件工程师，他也是保存 CD3WD 数据库小组的一员[12]。CD3WD 是一套相对较小的计算机文件，其中包含了科技文明之前尽可能多的人类知识。部分内容是关于基本的医学、农业、城镇建设和发电的。它只有 13 G，很容易存储在几张 DVD 光盘中，或是（理想情况下）打印成一大捆活页，放在三孔的活页夹里。这个想法是为了在我们的求生包中保留 CD3WD 数据库，它是历史教育我们关于创建早期工业社会各种细节的一份副本。其中有最简单、最深入的实例，告诉我们为了生存所需要追忆的往昔。如果人们在冰室结束后，开始重建世界时需要指导，CD3WD 以及类似的项目就能帮助我们尽快重启文明[13]。

在一定程度上，地球将不可避免地遭受潜在危险天体的撞击。很明显，我们的首要任务就是要持续侦察太空，追踪各种近地天体，并要不断完善我们推移小行星的技术。但也需要承认，如果要继续存活 100 万年，地球对我们来说并非最安全之地。我们需要扩散到其他行星和卫星上去，在太空中建造各种建筑，那样，即使地球毁灭了，人类也可以生存。这就是为什么长期生存的关键之一，就是要创造出能助我们逃离地球的各种设备。下一章的主题就是关于这些逃离设备的。

第 21 章

搭乘太空电梯 *

我们最终将不会蜗居于地球家园，而要在星际间搭建基础设施，创造真正的星际文明。小行星防御和地球工程项目仅仅是目前的权宜之计。如果我们能到新的星球上设立前哨，建立城市，那样我们的生存就不完全依赖地球，尤其是在地球的生活充满危险时，摆脱对地球的依赖就显得更为重要。只要一次都灵 10 级的撞击，就能摧毁地球上人类的家园。这听起来就很可怕，但是只要我们作为一个物种，能在火星、太空或其他地方拥有繁荣的城市，那么即使发生大型撞击，我们也能存活下去。犹太人团体在遭遇危险时，躲避在新家园中，他们通过这种方式，成功地保护了他们的传统，所有的人类在这方面也可以效法。

公元 1 世纪，处境困窘的犹太先民们把所有物品扔进马车，匆忙逃离罗马后就万事大吉了，然而我们可没法像他们那样。目前，我们

---

* space elevator 在本书中被直译为"太空电梯"。这个词源于科幻小说，本身也有一定的科幻色彩，一些出版物将这个词翻译为"太空天梯"而非"电梯"。译者在此想强调这种未来计划务实的一面，因此采用直译。——译者注

还无法以常规化方式摆脱地球的重力场。现今进入太空的唯一方法就是通过火箭，当你想要把比手机大一点的任何物质送上轨道时，往往都会消耗大量能源和经费。如果我们打算建立行星间文明，火箭在脱离地球飞行方面显得无能为力，更别提星际间飞行了。这就是为什么科学家和投资者们组成的国际小组正在试图建立一个 100 千米高的太空电梯（space elevator），这个电梯将在能耗极低的情况下，把旅行者拽离地球重力场，登上太空站，也许这听起来完全不可理喻。那么，这种电梯究竟如何工作呢？

2011 年夏末，我曾在微软的雷蒙德园区（Microsoft's Redmond Campus）参加了一个以此为主题的、为期 3 天的会议，众多科学家和热衷者聚集在几栋大楼的阴凉处，畅想一项人类最伟大的工程项目。有人说，这个项目可以在 10 年内就开始，NASA 提供了高达 200 万美元的奖金[1]，奖励给能制造出太空电梯使用材料的人。

物理学家、发明家劳布舍尔（Bryan Laubscher）首先为会议作了开场白，他向大家大致介绍了这个项目，也讲了科学现状。该团队的预期目标来自科学家爱德华兹（Bradley Edwards）所提出的一个概念，这位科学家在 20 世纪 90 年代写了一本关于太空升降机可行性的书，书名就叫《太空电梯》[2]。他的设计有 3 个基本部分：一个机器人"升降器"或电梯仓；一个基于地面激光束的能量源，它能为升降器提供能量；一条由超轻、超强韧的纳米碳素制成的电梯缆绳，即"带子"。爱德华兹的设计灵感部分来自克拉克（Arthur C. Clarke）的小说《天堂的喷泉》（*The Fountains of Paradise*）* 中对太空电梯的描写。当时，如果你想开展以前从未尝试过的全新工程项目，科幻小说可能是你唯一的参照。

---

* 已故英国著名科幻小说家，生前曾被授予"爵士"封号。最负盛名的小说为《太空漫游》系列四部曲。他的小说最早由我国台湾翻译家译成中文，以中译名"阿瑟·克拉克"在科幻界享有鼎鼎大名。但近年来大陆的译者常将其名字译为亚瑟·克拉克。——译者注

太空电梯是什么

太空电梯是一个相当简单的概念，最初是由 19 世纪晚期的俄国科学家齐奥尔科夫斯基（Konstantin Tsiolkovsky）设想出来的。齐奥尔科夫斯基当时想象的电梯可能更像是能向太空中延伸 35 000 千米的埃菲尔铁塔，电梯顶端是一个"天堂城堡"（Celestrial Castle）作为平衡装置。

齐奥尔科夫斯基的设计过了一个世纪以后，爱德华兹推测认为，太空电梯可能可以用超级强韧的金属条带制作，它的移动基座位于大洋中的赤道区域，另一端"锚定"在距离地球上千千米的同步轨道上。自动升降机可以沿着金属条带上冲，拉拽满载货物或人员的仓体。电梯的固定架可作为平衡装置，类似于齐奥尔科夫斯基的天堂城堡，太空站里还有人等候着下一个班次。太空电梯大会上的一位热衷者用一根绳子把两个大小不同的塑料气球系在一起，向我演示这种新发明的原理。然后，他把大球粘在铅笔上。当我在双手间转动铅笔的时候，"地球"也随同铅笔而旋转，"平衡装置"环绕着它旋转，同时绷紧两球之间的线绳。本质上，地球的转动会使"平衡装置"在外围保持转动，电梯的缆绳一直拉紧，整个系统的形状也保持稳定。

这种令人难以置信的结构造出来后，电梯就让货物摆脱重力场，而不再依靠燃烧燃料获取推力了。这套装备将更节能，而且比使用火箭燃料更具可持续性。如今，我们还是通过火箭这种方式将卫星和宇航员送入轨道，单单是火箭燃料这一项，就可以大幅降低火箭飞行中的碳排放。我们也将减少高氯酸盐对水的污染[3]，因为高氯酸盐是生产火箭固体燃料中所用到的材料，美国环境保护机构已经将其确定为污染水体的危险毒素。

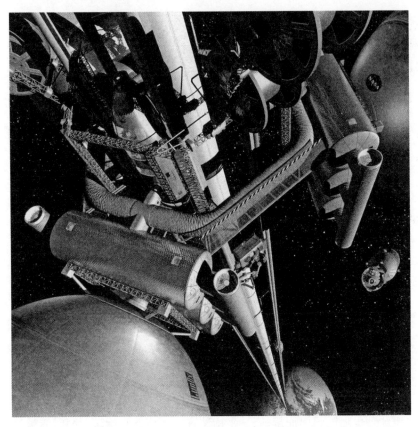

在这幅由罗林斯（Pat Rawlings）为 NASA 提供的插图中，可见到位于前景中的电梯升降器，后面的缆绳向下延伸到遥远的地球。

　　太空电梯将成为伸向太空的一条永久性道路，人们可以每天一次或多次进入地球静止轨道。乘客可以携带各种材料，那时我们就可以开始在太空中建造飞船和休息站。一旦我们在太空中采矿和发展制造业，电梯也就可以开始回收成本了。最重要的是，一个有效的太空电梯要比利用"联盟号"（Soyuz）火箭向国际空间站运送物品便宜几千倍，联盟号火箭只能使用一次，而且会在地球的大气层中自毁。据 NASA 报告说，每次航天飞机发射大约花费 4.5 亿美元[4]。其中的大部分花费都用在了燃料上，毕竟只有存储足够多的燃料才能保证返回地球的旅程。但是，负责太空电梯计划的工作人员相信，他们的系统可以将太空运输物品的花费从目前的每磅 10 000 美元降低至每磅 100 美元。

准 备 动 工

电梯在地球上的连接点位于正对着同步轨道的赤道上，可能会在厄瓜多尔海岸的国际水域上搭建一个浮动平台。将这个可能建筑选择在这里是因为目前该水域仅经历过极少的恶劣天气，因此电梯在这里大气层时所经受的乱流可能最少。根据爱德华兹的计划，电梯缆绳将延伸 100 000 千米后远达太空[5]（大约是与月球距离的1/4），绷紧缆绳的平衡重物可以包括从捕获的小行星到空间站等东西。向上乘坐一次电梯可能耗时数天，在缆绳沿线会有中间站，人们可以走下来并由此进入环绕轨道的空间站，或者进入可飞向月球或更远处的载人太空舱。

电梯仓本身对今天的我们来说是最容易造的。它只是一个庞大的箱体，具有空气阀门用于载人，还要连接大型机械臂，这些机械臂将电梯仓一节节上提。我们已经具有可配备不同缆绳托举起超级重物的机械手臂。太空电梯在这方面已经获得了广泛的认可，太空电梯会议甚至还赞助了一个"青少年世界"项目，其中包括乐高（LEGO）太空电梯爬高比赛。由少年儿童设计的机器人彼此竞争，争先攀上吊在天花板上装有一根"卫星"的"带子"。

当然，从小小的乐高升降器，到大至可将太空旅馆送入数千千米外大气层和太空的直升梯仍需太多努力，但这是我们目前工业技术所能做到的。我们已经有了电梯仓，问题是，如何发动它呢？

支持电梯理念的众多争论中有一项认为，电梯在环境保护方面将是可持续的。在可能的太空电梯工程中，最主要的理论就是，在太空电梯平台安装激光器，激光瞄准电梯上的一处碟形区，电梯捕获激光束之后将其转化为动力。这项技术我们同样也可以做到。2009 年，激光动力公司（LaserMotive）曾成功地演示了为太空飞船提供"无线能量传输"，为此，他们获得了 NASA 90 万美元的奖励[6]。2012 年，NASA 为了征集以激光动力的月球漫游方案提供了类似的奖励。目前，激光动力最大的问题是，我们仍然只在关注能量很低的激光束，而随着太空电梯升得越来越高，这种激光束会扩散，也会受到云层的遮挡。当电梯升入太空后，可能只有 30% 的光束才能到达电梯上的碟形区。

我们已经对激光动力做了成功的演示，而各大公司正在进一步优化技术。目前仍没有完美的激光动力装置，但是很快就会有的。

欠缺的环节：电梯缆绳

在太空电梯会议上，与会者们曾花费一整天的时间讨论如何建造太空电梯最重要的部分：缆绳，它也经常被称为带子。重复一下，关于带子的大多数理论都来自爱德华兹在 20 世纪 90 年代为 NASA 所做的计划。那时，科学家们才刚刚开始投入纳米级别的新材料试验，其中最有希望的材料就是碳素纳米管。碳素纳米管是由碳原子构成的众多细管组成，碳原子在适当条件下，在充满气体和化学促发剂的特殊空腔里自动"生长"。这些细管看起来像蓬松的黑色棉花，可以编织成绳子和织物。科学家相信这种实验材料或许可以构成良好的电梯缆绳，其理由之一就是，碳素纳米管在理论上非常强韧，在断裂之前能经受住大量破损。很不幸，我们目前尚不能将这些纳米级别的细管转变成一种强韧的材料。

碳素纳米管材料既轻又牢，甚至电梯缆绳本身可能比纸还薄。表面上缆绳呈带状，可能有数米宽，电梯仓在上升进入太空的过程中一直牢牢贴住缆绳。在每年的太空电梯会议中，人们都会带上一些碳素纳米管纤维，比比谁的纤维可以受力最大而不断裂。在 NASA 的强韧缆绳挑战赛中，胜出者会赢得 100 多万美元的奖励。令人伤心的是，我所参会的那年，甚至没有人能拿出坚韧到可以摆放得住的纤维（但是总还有下一年度呢！）。

辛辛那提大学（University of Cincinnati）和莱斯大学（Rice University）都有纳米材料实验室，一直在研究碳素纳米管的拉伸强度，这两所大学的科研人员告诉我，再过几年，我们就可以真正拥有由碳素纳米管制成的电梯缆绳了。尽管这种材料本身在微观上是目前所发现的最强韧的材料，但是，我们需要把它制成"宏观材料"———一种足够大的建材。完成这种向宏观材料的过渡的确很困难，辛辛那提大学化学工程人员哈泽（Mark Haase）解释说："我喜欢把'碳素纳米管的发展'与 20 世纪上半叶铝的发展进行类比[7]。在大发展之前，铝刚刚被认识，只在小型实验室才能获得。铝稀有而且昂贵，但由于它的奇怪属性，人们对它很有兴趣，它也因此非常有价值。随着 20 世纪基础设施的发展和技术进步，我们也逐渐增强了对这种材料本身的理解，并开始大规模生产铝。正是从那时起，我们发现它开始渗透到现代生活的每个角落，成为飞机、各种消费品甚至更多东西的材料。碳素纳米管正处在早期阶段，它仍是一种有趣的材料，但是目前非常昂贵，难以获取。我和一些同事试图在这些方面取得突破，所以说，与铝在 20 世纪下半叶的情况非常相像，我们可能发展出一种即将改变现代景观的材料。"

哈泽还补充道，目前的障碍在于，我们需要发明一种全新的材料，然后考虑如何把它拴在地球和平衡装置之间而不断裂。即使我们已经完成了碳素纳米管制的缆绳，这也绝不是个小问题。如果在电梯升向大气层的过程中有一场大型暴风雨突袭怎么办？此外，从破损卫星的残片到火箭抛射出来的大碎块，有数百万片垃圾环绕地球轨道飞行，如果这些垃圾中哪怕是一片，突然冲向电梯缆绳并将其撕裂，那又该怎么办？电梯这个巨型结构总有弱点，我们需要探讨如何保护它。

如果一个太空垃圾碎片正朝电梯缆绳飞来，该如何躲避？工程师勒夫斯特伦（Keith Lofstrom）[8]曾建议将缆绳固定在大型磁悬浮平台上，这个平台可以朝任何方向迅速移动轨道，这个效果基本上相当于突然猛拉缆绳。莱斯大学材料科学研究人员阿尔秋霍夫（Vasilii Artyukhov）[9]有些异议，他说，我们或许根本就不要使用碳素纳米管材料，因为它们在受到持续拉力和来自太阳的宇宙射线轰击时，会朝多个特定的方向破裂。他认为一种替代材料是氮化硼纳米管，尽管这种材料相对于碳素纳米管在多个领域上都需更多试验。

电梯缆绳在工程学领域仍是我们不可跨越的绊脚石。但是，在太空之旅开始之前，还有许多社会、政治问题需要面对。

启动太空经济学

建造电梯还要超越工程学上的挑战。首先，需要解决这种结构的法律地位。它究竟属于谁？它会成为通向太空的公共通道，就像巴拿马运河一样吗？在那里，每个人都要向首先建造运河的国家交过路费。再或者，这种结构要得到联合国太空委员会的监管吗？也许更为紧迫的问题是，究竟哪个公司或政府肯为电梯的早期建设投资呢？

韦森（Randii Wessen）是太空投资任务的一位专家，也是喷气推进实验室的工程师和项目拟定办公室的副总经理。他精力充沛，精明能干，一辈子都从事与 NASA 行星开发任务相关的工作，如今正以极大的热情构想一种可以支持太空飞行的经济模式。我们最近见识了马斯克（Elon Musk）的私营公司——空间探索技术公司（SpaceX）所取得的成功。该公司的猎鹰火箭（Falcon rocket）停泊在国际空间站上，其必要性地位已经取代了美国政府资助的太空飞船。韦森对我说："最基本的是你要找到这一切的商业基础，我所要做的就是将其与飞机航班的发展模式进行对比思考。"[10] 通过重现航空领域开始的方式，他很快就为未来商用太空飞行找到了出路：最先出现的情况是，军方对此很感兴趣，他们本身也会投资发展。接下来，美国政府会说，这对于国家安全或经济竞争至关重要，所以我们要对那些专门从事这项工作的人进行一定的补偿。政府曾对航空公司说过："我们需要你帮忙快递邮件。"他们自己并不需要这项服务，但把它交给了航空公司，用以维持航空公司的运行。这与航天飞行器目前的情况可以对应。如今政府对类似空间探索技术公司说："我们需要你们为太空站提供补给。"这就是我们今天所面对的情况。随着这种情况逐步进入常态，那些私营公司会说："如果我们在里面布置一些座位，肯定会大赚一笔。"当年的飞机正是这样做的。如今，有四五家不同公司具有轨道或亚轨道发射的实力，你会见证他们壮大的。

韦森和许多人都相信，在商业太空飞行缓慢走向成熟的过程中，当把人送入太空在经济上可行时，政府协议和旅游业将为该领域打开局面。他提及了 SpaceX 的创始人马斯克的一种说法，即我们有理由预期，相关花费大约会降到每千克 1 000 美元。韦森强调说："到那时所有的一切都迎刃而解了。"SpaceX 并不是唯一一家让韦森如此乐观的私营公司。美国快捷连锁酒店 Budget Suites 的所有者比奇洛（Robert Bigelow）创立了比奇洛太空公司（Bigelow Aerospace），用于设计和布置太空旅馆。在 2005 年前后，比奇洛成功将两枚试验飞船发射进预定轨道，目前正在尝试在太空轨道建立永久性住所。另外，位于硅谷的月球快车公司（Moon Express）正在与 NASA 和美国政府展开密切合作，试图创造出可以飞往月球的飞船。这家公司的创始人希望在 2015 年之前能拿出原型式样。

硅谷的另一个骨干公司——谷歌正在对迅速发展的太空经济进行研究。他们最近发布了谷歌神秘月球奖励（Google Lunar X Prize），将为成功在月球上着陆机器人的私人投资公司提供高达 3 000 万美元的奖金。要想获得奖金，机器人必须在月壤上行走至少 500 米，同时将视频等数据发送回地球。霍尔（Alex Hall）是神秘月球奖励的高级总监，她把自己描绘成"月球商会"[11]。在硅谷专门探讨太空旅行的会议（SETICon）上，霍尔告诉坐在听众席中的我们说，神秘月球奖励"意在开启月球太空经济"。她还说，工作组对成功的评价不仅仅局限于着陆月球的机器人，还基于对企业家的鼓励机制，以刺激那些以前不具有轨道发射设备国家的企业家设立太空旅行公司。采矿与能源公司是对谷歌神秘奖励结果最感兴趣的部门。她说，大奖"是购买通往月球车票、使用月球能源以及在月球居住的第一步"。月球快车的合伙人之一理查兹（Bob Richards）也是谷歌奖励的竞争者。他与霍尔在硅谷太空旅行会议的同一个小组中发言，进一步充实了霍尔的说法。他说："赢得奖励并不重要，关键是创立一种新的工业，我们相信开发月球能源意义深远，此举对整个人类都大有裨益，而且，我们将基于商业原则来完成这件事。[12]"

太空电梯是太空经济的下一阶段。一旦我们能以一种更加廉价的方式进入轨道，并且拥有部分分布在月球上的欣欣向荣的商业化太空工业，就等于发动了建造太空电梯的经济引擎，刺激人们修建一条甚至多条太空电梯。最初的投资可能来自政府，或是爱好太空、决心投资巨款于理查兹所称的"意义深远"项目上的企业家。目前，我们已经看到，这种安排可能在未来奏效。谷歌或经济型旅馆项目都是第一批刺激举措，他们将通过第一笔资金在太空中安放平衡装置，并从太空中把缆绳抛入海洋，再开动激光动力的电梯仓。

　　一旦我们离开地球的手段变得可靠而又能反复利用，我们就能从地球开始大迁徙了。对于现代人来说，太空电梯或是其他类似的科技，相当于带领原始人类走出非洲进入中东、亚欧的平坦大道，是我们在太阳系扩张、开启下一次漫长旅程的第一步。

第 22 章

你想保留你的身体吗

大多数人可以想象有太空电梯的未来生活，甚至也能想象出月球上的城市。在我们的想象中，遥远后裔的长相与我们今天往往很相似，电影《星际迷航》就是这样设定的。然而，在本书中，我们还从未向大家展示过任何未来可能发生的情景，最能肯定的就是我们作为物种将会继续演化下去。我们会演化成与今天人类并不相同的生物，这种差别或许就像我们与南方古猿的差别一样。问题是，演化的过程究竟要多久？我们是否要利用遗传学知识对这个过程做些调整？

在探讨人类即将建立根植于太空的文明之时，这种顾虑就显得尤其重要。目前我们的家园是环绕着地球岩石圈的一层薄薄的大气，这在一定程度上为我们的星际旅行增加了麻烦。首先，地球磁场保护我们免受太空中大剂量辐射侵袭，我们的身体永远也不会演化出能够防御辐射的良好措施。在太空、月球或火星等仅具有微弱磁场的地方，太阳辐射和高能粒子定期有规律地轰击那里。在地球之外生存的人罹患癌症、不孕症和其他一些辐射疾病的可能性非常高。对于人类在太空的生活，还有一项重要议题生死攸关，那就是我们对食物的特殊需求。我们只能通过地球上的食物获取能量，但根植在太空的人类却无法获得地球上的食物。我们会携带一整套生物圈，包括各种动植物，也要带上适合我们呼吸的、精确混合的氧气、氮气和其他气体。其他方面还有很多重要问题，比如，人类的身体在低重力环境中会趋于萎缩。另外，我们的寿命太短了，抵达距离我们最近的星系可能要花上几代人的时间。

因为这些，探索太空的计划中很可能要包含一些相关的项目，其目的就是让我们的身体去适应新的环境，而新环境与伴随我们演化的环境有着天壤之别。我们可能会变成半人半机器的"赛伯人"（Cyborg）*。或者，要从我们的基因上进行调整，让我们的身体具有可以抵御辐射的能力。更有甚者，根据一些未来学家们的观点，我们或许会拥有极先进的科技，把银河系改造成地球的超级版。但无论发生什么，居住在太空中的人类都与如今地球上的人类迥然不同。

为太空生活而改变自身

要如何改变自身才能适应太空生活呢？只有合成生物学家才能回答这个问题。合成生物学可以通过提供能自我治愈或生长的建筑而彻底改变城市，在第18章中，我们已经对此有过探讨。这个学科在改变人类适应地球以外的生活方面显然大有用武之地。暂不提预备适应太空生活进行人类工程学改造带来的伦理问题，合成生物学可以对改变基因的功能与效果做出精确预测，然后把改变的基因移植到下一代中。

---

* 该词最早由美国音乐家和神经物理学家克莱因斯（Manfred E. Clynes），以及精神药理学家克莱恩（Nathan Kline）于1960年提出，指未来太空探险时利用某种机械改造自己的身体，使之适用于危险太空环境和光年计长距离飞行的人。他们具有半人半机械的特性，Cyborg一词本身就是由"自动化控制的（Cybernetic）"和"有机体（organism）"拼合而成。——译者注

尽管要获得这种知识或许还要再过数个世纪，但是，很可能某一天我们会在有针对性的演化中完成自我调整，比如，繁育出能安全生活在火星上的后代。

为了了解这些是否可能，我拜访了加州大学伯克利分校的合成生物学家安德森（Chris Anderson）[1]。他是该学科的创始人之一，主要研究合成生物过程中如何界定最有效、最符合伦理学的各种方法。安德森身形纤瘦，笑起来有些顽皮，他抓起桌子上的一块硅泥*开始双手用力揉捏，口中喊着"我喜欢这个东西！"然后热情地为我解说合成生物（正如其被简单理解的意思）的未来方向。这种硅泥有时在市场上被称为"智慧泥巴"（thinking putty），很显然，这是有一定道理的，因为在安德森的头脑中已经勾勒出了利用这种泥巴捏出来的各种不同形状，每一种都是一种新门类的细菌。他说，合成生物研究人员从组成部件上来看待每一种生物。他们并不打算设计出新的生命形式，甚至完全没有这种想法。实际上，他们只是想设计生物的各个组成部分，尤其是从基因层面进行设计。安德森说："基本上我们所说的就是在生物彼此之间转移基因，我们想要书写完整的基因组，但完全是基于其各个组成部分，而且也有能力预测如何将这些组成部分拼接在一起。"

合成生物学家看待生命形式，就如同机械师看待发动机。对于机械师，发动机就是一整套互相分工协作的部件，其中的某些部件可能恰好也能用在另外一台机器上。同样，像基因或蛋白质这种生物学部件可能稍加修改后就可用到另一种生物上。安德森指出，实际上，合成生物计划往往只关注特定的部分，比如仅一个基因，它只是上千种

---

*　这是一种类似橡皮泥，可以保持不干燥的材料，其名称往往被其知名的商标 Thinking Putty 所代替。由于是用硅制作，这里暂时翻译为硅泥。——译者注

生物中众多变异体里的一个。再比如，一名合成生物学家正在研究数千种植物在光合作用中所用到的一种基因，她的研究目标就是找出这种基因在另一种生物中将有何功用。她根据这种基因在数千个物种中的表现模式进行预测。安德森说："模型范例已经有所转换。我们的重点已经不再是研究自然界已有的东西，而是通过一次一个基因的方式对物种进行改造。基本上，这样的改造研究是生物学体系中各组成部分的累加。"

安德森的研究方向主要是细菌，当我询问改变人类基因时，他皱了皱鼻子，带有一丝讽刺地说："我从不碰哺乳动物的细胞，它们简直是一团糟。"然而，相对于未来，利用合成生物学制造火星人时可能面临的道德问题，这种混乱简直不值一提。他又说，主要的问题是，我们不可能像对细菌做实验那样对人类进行实验。为了对一种基因在某种特定生物中的表现做出精确预期，必须开展数千次实验，而某些实验结果中基因的表现完全有悖于你的预期。"举例来说，如果你正在试图提高人类智力，你可能反而会改造出一个脑死亡的人，而不是更聪明的人。"安德森陷入一阵沉默，继续说："总会发生很多事故，因为这项工作本身就包含了太多的不确定性。"

考虑到各种危险和后果，他补充道："对我来说，很难想象可以发展出一种安全重建一个人的设计理论。即使是对人进行微调，社会也不会接受，因为这种调整可能导致人先天残疾，没有人会去那样做。"但是他也承认，未来或许有这样的可能，即我们"完全有能力预测并控制基因方面的调整"。如果我们能绝对确定某种基因在人类身上的效果，那样所具有的风险才是最小的。然而，安德森对这种能力非常怀疑。他多次强调，自己并不相信人类会愿意通过改变生殖谱系而在基因层面上改变我们这个物种。

美国劳伦斯伯克利国家实验室（Lawrence Berkeley Lab）的遗传

学家维塞（Claudia Wiese）亦持有类似的态度，她主要研究人类细胞对太空辐射的反应，她通过电子邮件告诉我："在长途太空飞行中，人体细胞中大约有 30% 都会被高度离子化的粒子至少穿透一次[2]。""高度离子化粒子"是太空中我们所能遇到的最危险的辐射，这些高能粒子能够像极微小的子弹一样射穿我们的身体，切断其所经过的一切，包括各种组织和 DNA。危险在于，它们会毁坏细胞的 DNA 却不完全杀死细胞。接下来，这些细胞会通过变异的 DNA 进行复制，进而导致癌症。

维塞和她的同事们相信，DNA 的某些变异体可能更善于修复辐射损伤，但是目前却无法对这些变异体进行调整，进而实现人类抗辐射的目的。维塞说："我认为基因疗法还有极漫长的路要走。目前，运用合适的对策，比如利用抗氧化类药物减缓太空辐射造成的伤害，或许更为直接和可行。"她和其他在 NASA 工作的遗传学家的研究工作均暗示[3]，或许将来某天我们能知道哪种基因可以控制 DNA 修复。一旦我们能够预测这些基因的表现行为，未来的太空旅行者就可以调整他们的基因，即使在地球磁场保护之外，在面对高离子化粒子轰击时，他们的身体细胞也可以做出快速而有效的响应。

但是，一些合成生物学研究人员并不认为这是个好主意。金斯伯格（Daisy Ginsberg）是伦敦的一位设计师，她与合成生物学人员一同工作，主要负责相关的伦理问题。她说，我们对人类行为方式的改变恐怕会太大。在伦敦的一个餐馆里，金斯伯格以开朗的性情掩盖了深深的忧伤，她呷了一口茶，畅快地说："我在想，我们可能会把所有事情都搞砸[4]，会深深地毒害地球，事情会变得不愉快，也会代价高昂。我觉得我们就要变成莫洛克人了。"金斯伯格所指的是威尔斯（H. G. Wells）的小说《时间机器》（The Time Machine），在这部小说中，作者推测人类将演化成为两个物种：莫洛克人（Morlock）和埃洛伊人

（Eloi），前者是生活在地下的好战的高技术人员；后者是智力较低的和平主义者，是莫洛克人的食物。金斯伯格基本上认可人类可能会演化为一种毁坏地球、彼此相食的丑陋怪物。为了不再毁坏地球家园，我们该如何改变自身才能适应在地球以外生活呢？金斯伯格对此半信半疑。她说："我认为向外拓殖并不道德，因为我们也会把那里弄得一团糟，我很确信，人类会改造周边的一切事物。"

金斯伯格最著名的设计之一被称为"感知污染的肺部肿瘤"[5]。它其实是人类两个肺叶的雕刻，完全用亮丽的红色水晶制成。该设计取材于一种合成生物的未来场景，在金斯伯格的设想中，未来环境将充满来自生物组成部分的各种材料，其中之一可能是由能感知一氧化碳的细菌薄晶片所制成的污染感受器。如果这部分生物部件从实验室中丢失，甚至扩散到空气和我们的饮用水中，会发生什么呢？这些细菌感受器可能会进入吸烟者的肺中，并在那里繁殖，就是因为它们在那里发现了"污染"。可能突然间，事情不是因细菌感染而咳嗽这么简单了，你的呼吸道将被晶体感受器感染。金斯伯格创作的晶体结构，乍一看是一对肺叶，实际代表的却是一位女士肺部所摘除的肿瘤。

看过类似的传感器以及自愈混凝土（如我在第18章中所述）等材料之后，金斯伯格获得了设计的思路。她与安德森不谋而合，忧虑也很相似。我们或许可以创造出合成生物的生命，尽管是出于最美好的意愿，但是，最终还是会改变人类自身，为人类带来疾病，或是如安德森所说，使人类"被大规模破坏"。另外，金斯伯格还强烈反对"将自然视为一成不变"的态度。她透过窗户，看着繁忙的街道，非常慎重而大声地说："或许完全破坏自然也符合伦理。只是目前还有太多问题悬而未决，我不知道我们是否认真考虑过能做好这一切。"

无论是安德森还是金斯伯格都无法想象出人类成功改变自身的情

形，尽管如此，科幻小说家们却能在这方面轻松展开想象。在巴特勒的小说中，我们已经看到她所设想的新人类。类似的想象还有很多。英国作家麦考利（Paul McAuley）曾在他最近的几部小说[6]，如《安静的战争》（*The Quiet War*）中提出，在拓殖太阳系时人类将改变自身。他设想了保守派与激进派之间的一场战争，前者是指来自太阳系内部、认为改变自身生殖谱系应该受到道德谴责的人，类似金斯贝格一样；后者是指那些为了适应在木星的卫星或其他星球上生活，已经在遗传上进行过调整的人。麦考利最初在牛津大学学习植物学，他的科研背景在他的作品中得到了体现。尽管安德森说"没有人会那样做"，但麦考利却告诉我，未来人类可能会证明进行遗传实验是正确的。这一切都将归结为一种必要性。他说，就在政治危机刚刚爆发时，激进派为了逃离月球而奔赴木星或土星系统，并因此而开发出调整基因的方法，也就是说，这些工作是在救生伦理的条件下展开的。伦理困境也会让人痛苦，但远不如生存困境般逼人绝望，为生存下去而背水一战的绝望驱使人类背负伦理之痛而寻求实验技术。要么去做，要么死亡。这或许解释了为什么激进派的群体中极少有社会愤怒，或所谓的反感因素。最后，麦考利设想了让我们开始改变自身的可能理由：我们别无选择。不管怎样，我们可能都要死在太空中，还不如尝试一些极端的方法。

另一位科幻小说作家鲁宾孙（Kim Stanley Robinson）[7] 探讨了如何调整自身以拓殖外太空。他告诉我，人类只要拥有体面的长寿方法，就会克服那些反感因素。鲁宾孙相信，合成生物科研人员一旦拥有了延长人类寿命的方式，人们就会愿意对生殖谱系做实验，使后代可以活数百岁。一旦我们那样做，洪水的闸口就打开了。我们就会看到人类对身体进行彻底改变，可能把自己缩到很小，仅需要消耗极少的资源，或改变我们的 DNA，使之在遭受太空辐射后能够自我修复。

人们很容易说，科学家对此已经有了正确的答案，科幻小说作家只是投机幻想。但是科学家的责任是严格审视目前的科学知识，而不是未来的种种预测。有些人尽管与日常的科研工作毫无关系，却可以预见今天的科研真正走向何方。

摆脱我们的身体

合成生物学干预演化可能给我们带来伦理问题，但这是我们目前科研工作一个尚未成真的结果。目前人类恐怕还会陷入其他多种可能中。牛津大学马丁学院（在第19章我们曾在此拜访过一群具有远见卓识的地球工程师）的团队认为，未来是属于机器的。在人类未来研究所（Future of Humanity Institute）有一些哲学家，他们的办公室挨着一个摆满桌子的会议室，会议室里还有一块墙壁大小的白板、一台咖啡机和几大包味道有些古怪的北欧糖果。他们的目标就是研究目前人类的各种威胁，或引发灭绝的各种事件，本书前文中我们已经探讨过其中很多种危险。但是他们最关心的却是"超级智能机器"或人工智能（AI）可能会占领世界，而我们也可能会被它们所消灭。

博斯特罗姆（Nick Bostrom）是这个研究所的负责人[8]，他曾撰写过一些引用甚广的文章，其内容涵盖从改善人类基因，到面对现存威胁，以及他所谓的"智力大爆炸（the intelligence explosion）"。这位留着平头、总是一脸严肃的瑞典伦理学家把我带到了一间简朴的办公室，那里窗外的院子据说是托尔金（J.R.R. Tolkien）撰写《霍比特人》（*The Hobbit*）的地方。当我向他询问人类的未来时，他希望我们直接谈论某件相关的具体事情。他相信，在下一两个世纪，如果人类能幸存下来，那么我们将不可避免地经受一场智力大爆炸，发明出比人类更具智慧的机器。其他的一些思想家将这一事件称为"奇点"。这些机器要么消灭我们，要么帮我们共建未来，而且今天的我们很难想象出这种共建的未来是什么模样。但是，为什么我们一定会创造出人工智能呢？他说："这些技术恰恰是我们在发展中难以避免的，这个过程的每个步骤都能带来明显的益处。我们想要更好的搜索算法，想要亚马逊网站（Amazon）* 给出更好的推荐，想要自动识别欺骗的技术。我们也希望从科学和医学的角度理解人类大脑。除非是全球灾害性事件，否则难以想象这个进程会中断。"

博斯特罗姆和他的同事们推测，人类某天会把关于大脑的高级知识与某些"智能"算法，以及一些预测程序综合起来，这些智能算法已经在驱动着谷歌等搜索服务，而预测程序曾被用于为传染病和自然灾害建模。他相信，其结果就会出现与人脑相似的机器，具有运算处理能力，还具有庞大计算机阵列的记忆力。

博斯特罗姆对我说，想象用一个可以处理近乎无限信息的大脑来预测问题的可能结果以及前沿科学吧。如果存在这样的大脑，它一定会戏剧性地改变人类以及我们与外太空的关系。考虑到人类是地球上拥有智慧的顶级物种，我们可能会发明出超越人类智能甚至可以打败我们的东西。问题在于，这种超越将如何展现在人类面前？它们会对我们友善吗？会帮助人类阻止传染病，创造出完美的太空电梯，甚至帮我们获得超级智能吗？还是将人类视为麻烦，就像人类看待蚂蚁一样？若是后者，机器对人那种"致命的冷漠"可能会永远终结我们这个物种。机器可能在其极为复杂的高级工作中，无意间就杀害了人类。

---

* 亚马逊网站是综合了无数个商店的购物网站，其平台完全由电脑程序控制，工作人员除了对网站进行定期的维护以外，不做任何操作。所有购物行为都是人与电脑程序之间的交互作用，这一点与中国大陆的淘宝等购物网站有显著不同。——译者注

设想我们可以不受任何伤害地度过智力大爆炸，然而这时，博斯特罗姆和他的同事们对于人类的可能遭遇恐怕还是稍有不同看法。他们设想的情景中最重要之处就是"上传虚拟意识"（upload），或者说，将我们的头脑变成计算机中的软件。我们的意识可以转化为虚拟的世界，在这个虚拟世界中我们拥有各种不可思议的经历，也可以将认知拓展到人类知识的整个领域。身体死亡后，我们上传的意识却可以一直活着，甚至可以被下载到新的身体中。我们也可以为自己创建多个虚拟副本，这种想法很怪异，因为它允许你在任何时候上传你对这个世界的感受。为什么不将你自己存储下来，在不同时期上传呢？电脑游戏中对角色档案的处理就是那样的。如果发生了一些你宁愿忘记的可怕事情，你就可以恢复到早期的副本上去。上传将完全改变我们与身体以及身份的关系，因为我们可以在虚拟与生物两个世界中轻易转换。

博斯特罗姆相信，未来这种超级智慧和上传虚拟意识将不可避免，因此他认为我们根本就不必进入太空，我们也不会想进入太空。相反，我们会将所有的外太空转变成一个巨大的计算机程序，一个让我们所上传的副本生存的巨大虚拟世界。他的这种想法暗示，当人们都能将自身上传到一个极为丰富、在精神上超然的虚拟世界时，就不再有人愿意生活在现实世界了。因此，与其在各种奇怪的舰船中游览外太空，还不如利用机器解析每一项太空之物，从各种行星到恒星，再到黑洞。然后将这些巨大物体的一切都转变成巨型超级计算机，让我们所上传的意识得到永恒的拓展。本质上，我们还是在使用自己的超级智慧，将外太空变成为我们意识服务的巨大虚拟世界。

这会是怎样的一番景象呢？博斯特罗姆说："我头脑中有一幅图景：有一个不断膨胀的球体，技术设施架构出的庞大球体，地球在最中心。它以光速向各个方向不断增长。"这个不断膨胀的球体可能就是将一切都转化为博斯特罗姆所谓"计算机基底"的庞大宇宙，或是足够强大的计算机，其所运行的模拟程序足以满足机器超级智慧。在某种意义上，这像是把计算机铺设到宇宙的每个角落。最后他总结道："最可能的结果就是，每个人都生活在虚拟现实或某种抽象的现实里。"太空将是我们的，因为我们已经将它的一切都转化成为生产高科技头脑的农场。

稍微再作一些类比，如果有些生命需要使用那个宇宙中的物质该怎么办？难道我们只是为了建造虚拟世界就毁坏它吗？对此博斯特罗姆显得很淡定。"我的想法是，可见的宇宙中并不拥有智慧，因此我们也不用担心从宇宙中拿走什么。"他主要关心的是他所设想的以地球为中心向外迅猛扩展的科技球体内部将发生什么。如果微软的视窗操作系统的某个版本具有超级智慧，情况会怎样呢？一种糟糕的情况是，"我们或许都会变成曲别针，或者都在计算 π 小数点后的数百万位。"一阵沉默后，他稍欢快地告诉我，可能也有光明的前景，我们可能从身体中解放出来，超越死亡，进入我们自己设计的虚拟世界中。我们可能会变成探索自身内部而不是外太空的生物。

桑德伯格（Anders Sandberg）是博斯特罗姆的同事，他对未来变成虚拟世界并不完全认同。他交游甚广，喜欢读科幻小说，热情地和我谈论着他所参加的角色扮演类电脑游戏。他在谈论冰冻保存人体时也同样兴致勃勃，比如他就很乐意在脖子上绕上一个大项圈演示，项圈上面有一些简短说明，注明如何在死亡时冷冻保存他的头脑。桑德伯格和博斯特罗姆都相信智力大爆炸会发生，但他认为我们以后会进入外太空探险。然而他声称："在太空中还拥有生物学意义上的身体在很多方面的确不明智[9]。"他主张，我们可能会变得更像是赛伯人，是由上传的人脑所控制的机械生物。这样会保护我们免受辐射伤害，免于饮食之忧，并拥有利于太空旅行和拓殖的诸多益处。桑德伯格解释说：

"上传只是一种更灵活的生存方式罢了。"他建议说,要解决太空旅行的时间问题,我们或许可以将工作人员的大脑导入软件中,休眠数十年甚至数世纪之久,直到抵达目的地时再唤醒他们。一旦飞船抵达,这些大脑将被下载到适合所抵星球生存的身体中。或许那些身体是半机器半生物的形式,也可能他们完全生物学的身体本身就能适应当地世界,比如在拥有着充满甲烷大气层的土卫六上。

在兴奋地深究了我们未来的身体之后,桑德伯格指出,间或以软件的方式生存或许可以保证人类在多种方式下长期存活。比如,可以使人类在传染病流行期间依然安全。他指出:"这也是在强化成年人的体质,相对于在遗传上改造我们的孩子,前者在伦理上问题并不大。"因此,再回到关于机器的话题,永久性放弃身体或是保留身体而不断调整基因,前者可能极少产生伦理问题。

演化不等人

如果不进行遗传学上的调整,也不将自己上传,在下一个百万年后,我们还是会演化成不同类型的生物。很多演化生物学者相信,人类仍然在演化着[10]。芝加哥大学遗传学家拉恩(Bruce Lahn)研究表明,我们的某些基因,比如控制脑容量的基因,似乎在经历着快速的选择过程。芬兰的科研人员通过仔细梳理芬兰乡村教会记录的多个家族历史,发现当地长达数世纪之久的自然选择和性选择的清晰模式。马尔库(Oana Marcu)是地外文明搜索协会(SETI Institute)的生物学家[11],专门研究生物的早期演化,当我和她交流时,她特别强调,我们并不是生命几十亿年演化的最终结果,我们仍处在演化的旅途之中,还有很多改变在等着我们呢!

当我们开始启程奔赴太空时,演化压力会选择出能在新环境下生存的人类幸存者。如果说对于演化我们尚有一件事急于明确的话，那就是，环境的改变通常会带来巨大的变化，也能促成新物种的产生。如果人类扩散到许多行星和它们的卫星上，数千年之后，这些不同的种群在遗传上可能已经开始分化。无论你认为未来情形如何，无论是合成生物、上传虚拟意识还是自然选择，我们的后裔看起来都会与我们截然不同，但是他们仍然是人类的一部分，内心永远保持着一种深刻的、似乎无法止息的冲动，这种冲动带领人们不断探索新世界，并尽最大可能在新环境中适应下来。

第 23 章

到泰坦上去

100万年以前，我们的祖先对于用火和石器都觉得神奇，未来100万年后，人们或许可以运用各种科技手段，把火箭燃料和超级计算机制造得像直立人的工具包一样，生活在土星的卫星之一泰坦上（Titan），在泰坦的湖边漫步。宇航员经常指着泰坦谈起未来可能的拓殖，这是因为泰坦上有很厚的大气层，可能像地球一样为我们遮挡辐射。另外，泰坦上的天气与地球很相似，也有季节性的雨雪。在泰坦上，有充满沙丘的海岸，有波光粼粼的大湖，也有一些火山。不同之处在于，那里火山喷发的是冰，湖中充满了甲烷，春雨的成分也是甲烷。简单说来，泰坦的环境对于今天地球上的人类来说太冷了，而且完全是有毒的。但是，到了100万年以后，我们是否可以把人类改造得适合在那里生存呢？这些新人类或许能凭借植入的肺而吸入当地环境中的气体为其血液供氧，或许他们是一些上传体所驱动的机器人外骨架，或者是由遗传部件所建造的，能在泰坦大气中繁殖的合成生物，抑或他们能够改造泰坦，让它来适应人类的身体。

如果我们的后裔的确能做得这么深入，那可能要归因于人类在战

此图由国际航天探测器卡西尼号所拍摄，这是我们第一次在土卫六（即泰坦星球）表面看到被沙丘包围着的乙烷和甲烷湖泊。

争之后的一种探索精神了，在若干个重大项目上，我们基于同一个星球的理念而协同工作。这些项目之一就是促使我们这个物种离开地球，在太阳系内扩散。这个项目的重要性不言而喻，其伟大之处甚至超过了飞跃土星光环带。对于人类的长期目标来说，它也很重要，因为其中的大部分措施都是为了将人类带上长久生存的道路，而不是灭亡。

在地球以外谋生

NASA 喷气推进实验室的维森（Randii Wessen）曾和我谈论太空旅行在经济上的可行性，他说："我们的孩子将是看不到月球上城市之光的最后一代人。"[1] 尽管他的估计确有一定的可能性，但我们还是应该实际考量一下通向太空的途径。维森的同事、大气物理学家克莱因勃（Armin Kleinboehl）在估计人类定居地球外世界的时间上就要保守得多[2]。克莱因勃通过火星勘测轨道卫星（Martian Reconnaissance Orbiter）研究火星天气。这颗卫星自 2006 年起就一直在拍摄并分析火星表面。当我见到克莱因勃时，他向我展示了火星勘测轨道卫星拍摄的一些图片。从图片中可见，沙尘暴有规律地席卷整个火星，因此火星表面温度可能比正常情况下更低。当我询问克莱因勃何时能够在火星上建立居住地时，他皱了皱眉，瞥了一眼火星天气的视频模拟影像，最后说："至少 500 年内，火星都不具有吸引力，那里不大适合居住。"当我询问环境改造方面的问题时，克莱因勃承认那可能是把火星环境变得最终适合居住的一种方式。也许我们可以在火星上培养一些植物或细菌，让它们进行光合作用，释放氧气，从而改变那里的环境。

人们总是想象着能在未来几个世纪，像电影《星际迷航》一样在银河系中探索，然而距离这一步恐怕还有更长的路要走。这其实是个好消息。等到我们已经准备好在泰坦上建立旅游胜地时，我们的文明或许就达到另一种高度了，那时我们将不再像合成生物设计者金斯伯格曾简单概括的那样——"把所有的事情都搞砸了"。

那些未来情景缓慢发生的想法总是不受人欢迎，人们也不希望明日科技的出现比历史上的科技创新耗时更久。库兹韦尔（Ray Kurzweil）等未来学家更喜欢的说法是，发现的步伐正在"加速"[3]，下个世纪所发生的改变将快得令人炫目。尽管任何事情都有可能发生，但是在我们有生之年应该看不到长生不老、超级智能和超光速旅行实现的那一天。当我们知道根本性的改变都将于眨眼间完成时，我们便不再专注于在长期项目上花费时间了，也就是说，我们不再致力于建造更安全、更具可持续性的城市，也不着力保障食品安全。这些长期项目所获得的科学成就，在我们等待某人（或某物）发明出上传技术时，能帮助我们生存下去。我并非建议说我们应该减缓科学发现的步伐。恰恰相反，我所说的是，要探索与适应我们蓝色星球之外的世界，我们在关注这种长期项目的同时，应该将科技能源集中在近期所能够解决的问题上来。

如果说我们从幸存的祖先那里学有所得，就会知道，故步自封和抗拒改变都不是良好的生存策略。幸存者们生活范围极为广阔，如果他们在一处环境中遭遇困境，就会试图离开而去适应新的环境。相对于抗争之勇，幸存者们更欣赏探索之勇。但是，今天的人类在至关重要的方面已经明显不同于历史上大多数幸存者了。因为，我们可以为未来制订计划。借助在科学上调整过的各种模型，我们也可以考虑如何面对未来的多种可能情景。小行星撞击该怎么办？洪水怎么办？瘟疫怎么办？干旱怎么办？对待其中的每一种导致物种灭绝的大灾难，我们如今都拥有多种极好的方法，阻止这些灾害把人类全部消灭。

在某种程度上，生存之道无非只是把我们已知的手段实施而已。但是，针对我们已经明确了解的灾害而制订的处理计划，并不能完全保证人类的生存。还有一些灾害，只能通过我们在外太空建立城市才能躲过，我们会将城市建立在火星、泰坦（土卫六）、欧罗巴（木卫二）、月球、小行星以及其他任何一处我们能找到但目前仍无法居住的地方。我们探索得越多，我们这个物种能完成外太空生存的可能性就越大。

太空生存的正道

"百年星舰"（100 Year Starship）计划或许最能表达这种想法了，它是由前宇航员杰米森（Mae Jemison）[4]博士所主持的项目。该项目最初受美国政府资助，如今变成了一个旨在研发可将人类运达其他恒星系统方法的非营利组织。被称为百年星舰，是因为杰米森和她的同事们估计将要花上约一个世纪的时间才能研发出这种科技。尽管相对于我在前文提及的100万年的观点来说，100年的周期很短暂，但这个时间却比目前所开展的任何科学项目都要长得多。我问过杰米森，为什么要把目标设计得超出她自己以及目前所有从事这项研究人员的生命期。她说，这样既务实又很必要，因为计划所需要的科技远远超越我们目前的发展水平。而且，我们也需要时间"在地球上发起一项运动，激发起社会团体的远大抱负，从而实现理想"。她认为这个任务是"乐观的"，她与项目相关的科学家们将按照计划目标研发若干技术，这些技术本身对他们自己也很有益处。也许他们会发明出更好的推进器，或太空水培植物的新方法。她沉思了一阵之后说："失重状态可能成为一个平台。"在奔赴下一个宜居的恒星系统之前，可以在失重状态下开展多种实验。她的观点对于我们正在从事的科研来说，的确是正确的，我们准备要造太空电梯，也要造推移小行星的设备，这些科研成果反过来或许都有助于地球上的生活。

已经有科学家在研究太阳系内部其他星球上生命可能的样子了，比如行星科学家卡布罗尔（Nathalie Cabrol）[5]，她在地外文明搜索协会负责的科研项目旨在研究地球上一些偏远的可能与火星、泰坦或欧罗巴相类似的环境。在安第斯山脉遍布岩石的山巅，空气稀薄，她和其团队潜入水体成分极其罕见的湖水中。卡布罗尔告诉我，他们正在那里寻找一种可以在其他星球上生存的生命，他们希望找出能在地球遭受严重环境变化时仍可幸存的生命。无论未来是远是近，卡布罗尔团队的研究都与之息息相关。在这个过程中，他们或许会找到一些超乎想象的东西。

　　卡布罗尔解释了他们目前从事的一个项目：研发一种可以在未知世界里着陆的机器。比如，在木星的卫星欧罗巴这样的海洋世界里着陆，降落之后还要找到需要具体研究的内容。因为机器将出现在全新的世界里，在新环境中它的基本判断就是知道何为正常，然后判断环境中哪些方面异常，哪些值得深入研究。换言之，为了对欧罗巴进行探索，我们必须造出一个能够像科学家一样进行思考的机器人，采集数据的同时，决定哪些数据更重要。杰米森和卡布罗尔等人的工作引领了罗德（Richard Rhodes）等科学史家们在 2012 年太空探索会议（SETICon）上的若干思考[6]，关于太空探索可能会有一个意料之外的结果，那就是人工智能的出现。因此，博斯特罗姆的"智力大爆炸"理论更可能发生在欧罗巴上，而不是地球上。

　　重要之处在于，移步太空将使人类踏上幸存之旅。另外，太空旅途也可能带来多种不可思议的发现。杰米森曾对我说她是巴特勒小说迷，她强调，她希望"百年星舰"计划可以帮助人类一直掌握社会主题和重大科学议题。她说道："发展为一个星际文明意味着什么？其哲学含义是什么？"然而，当我催促她回答这两个问题时，杰米森的行为却相当出乎意料，她拒绝对此进一步探讨。

　　她解释道："理由是，如果我现在就展开思考，我面前的白板就无法干净了。作为这个项目的引导者，我并不想说'必须去那里，只能那样'一类的话。答案可能与我们的预期完全不同。"通过让白板一如既往保持空白，杰米森给出了一个关于未来计划的模型，其中不排除任何一种可能性。我们可以创造出地图和指导手册，但不拘泥于某个特定的结果。通向星际的旅行或许形式多样，可能要花上几个世纪的时间。但是就在我们期待、研究和规划星舰的过程中，我们在地球上就能建立起可持续发展的文明。

他们纪念我们什么

就在我们即将开始进入下一个百万年旅程之时，很有必要自问一下，我们希望自己的后裔记住智人的哪些方面呢？当他们自称为"人类"时，你希望这意味着什么呢？智人的后裔或许具有机器的身体，在泰坦的湖泊中嬉戏，每思及此，我就希望在他们的记忆中，我们是勇敢的生物，从未停止过探索。这也是我对于我们祖先的看法。在逆境下的生存能力将人类遥远的过去与未来联结在一起，为了生存，人类彼此分散，相隔遥远却被看不见的纽带连接着。我们成为人类的特征就是几乎在任何地方都能够建立家园和社区。我们应该珍视这种技能，因为它是我们最佳生存技能的根基。正如我们的祖先走出非洲进入广阔天地一样，我们即将走出去步入太空。最终我们会演化成为能适应星际间新环境的一种生物。

情况可能变得有些怪异。或许地祸天灾将接踵而至，触目所及亦是尸横遍野。但是，不必担心，只要我们不断探索，人类就能生存下去。

致　谢

　　撰写本书最奇妙处之一就是，有机会与众多科学家、工程师、哲学家、史学家、技师以及各个领域的天才们共同探讨人类的未来。百余人都愿意牺牲时间与一个陌生人分享从地质历史到空间探索的各种看法，这本身就证明了人类内在值得嘉许之处。

　　感谢我的经理人福克斯（Laurie Fox），他令人惊奇地促成了这一切，感谢热心的编辑霍华德（Gerald Howard），感谢伍德（Hannah Wood）帮助处理难以计数的编辑工作，艺术家韦伯（Neil Webb）创作了漂亮的封面。

　　还要感谢我的老板丹顿（Nick Denton），如果他不给我时间，我也无法完成此书。谢谢丹顿！还要感谢一直鼓励着我的 io9 全体工作人员：安德斯（Charlie Jane Anders）、拉马尔（Cyriaque Lamar）、英格利斯－阿克尔（Esther-Arkell）、德沃尔斯基（George Dvorsky）、戴维斯（Lauren Davis）、韦斯纳（Meredith Woerner）、冈萨雷斯（Robbie Gonzalez）、布里肯（Rob Bricken）和福克斯（Steph Fox）。

　　感谢不署名创作团体的成员们：莱特（Claire Light）、阿诺德

（Sacha Arnold）、格卢克斯滕（Nicole Gluckstern）、康斯坦丁诺（Lee Konstantinou）和蒂拉洪（Naamen Tilahun）。

很多熟悉和不熟悉的朋友们阅读了本书手稿的早期版本，给我提供了反馈意见，他们是：查查（Deb Chachra）、莱文森（Tom Levinson）、薛尔斯－贝克（Maggie Koerth-Baker）、杨（Ed Yong）、强生（Terry Johnson）、戈德堡（Dave Goldberg）、克拉彭（Matthew Clapham）、埃克尔斯雷（Peter Eckersley）和罗赫撒（Daniel Rokhsar）。本书的错误与疏漏都与他们无关。

最重要的，还要感谢查理（Charlie）、克里斯（Chris）和杰西（Jesse），在我撰写本书的过程中他们承受了各种非议，他们的爱让我感觉自己是这个银河系旋臂里最幸运的人。

图片来源

187　　　　From *On the Mode of Communication of Cholera*, by John Snow, published by C. F. Cheffins, Lith., Southampton Buildings, London, England, 1854.

199　　　　Tim Barker/Lonely Planet Images/Getty Images

209（上）　Glenn Beanland/Lonely Planet Images/Getty Images

209（下）　Photo by Robinson Esparza

229　　　　©Guardian News & Media Ltd., 2011

239　　　　Ron Miller

246　　　　NASA Artwork by Pat Rawlings/Eagle Applied Sciences

268　　　　*Cassini* Radar Mapper, JPL, ESA, NASA

注　释

引言

[1] 参见美国农业部 2011 年《蜂群崩溃失调症研究报告》，其中蜂群崩溃失调症指导委员会报告指出："年度调查清晰显示，自从 CCD 被报道以来，蜂群总体数量持续萎缩达 30% 或更多。"网页 http://www.ars.usda.gov/is/br/ccd/ccdprogressreport2011.pdf。

[2] 参见 Amphibian crisis. D. B. Wake and V. T. Vredenburg, "Are We in the Midst of the Sixth Mass Extinction? A View from the World of Amphibians," *Proceedings of the National Academy of Sciences* 105 (2008): 11466–73。

[3] 笔者注意到威尔逊的估算在环保团体中引发了极大的争议，有些科学家强烈反对他估算所运用的方法。尽管如此，那些不赞同数据的大多数生物学家一致认同这一点，即我们所看到的灭绝其规模正在扩大。威尔逊的估算来自：E. O. Wilson, *The Diversity of Life* (Cambridge, MA: Belknap Press, 1992)。

[4] 参见 Richard Leakey, *The Sixth Extinction: Patterns of Life and the Future of Humankind* (New York: Anchor Press, 1996)。

[5] Elizabeth Kolbert, "The Sixth Extinction?" *The New Yorker* (May 25, 2009): 53.

[6] 2010 年 11 月 29 日，面访。此前曾在笔者的文章中有所引用，参见：How to Survive a Mass Extinction, io9.com (Nov. 29, 2010), http://io9.com/5700371/how-to-survive-a-mass-extinction。

第 1 章

[1] 本书中，只对地球起源的历史进行概括。要想在这方面了解得更详细，请参阅诺尔（Andrew H. Knoll）所著《年轻行星上的生命：地球演化史的头 30 亿年》（*Life on a Young Planet: The First Three Billion Years of Evolution on Earth*. Princeton, NJ: Princeton University Press, 2003），以及扎拉西威茨（Jan Zalasiewicz）所著《小石块中的大行星：地球深时之旅》（*The Planet in a Pebble: A Journey into Earth's Deep History*. Oxford: Oxford University Press, 2010）。

[2] 2011 年 8 月 22 日，面访。

[3] 参见 P. F. Hoffman and D. P. Schrag, "The Snowball Earth Hypothesis," *Terra Nova,* Vol. 14, No. 3 (2002): 129－155。

[4] 2011 年 10 月 11 日，笔者面访。读者可阅读基施文克有关雪球地球方面的开创性论文《晚元古代全球低纬度地区冰川：雪球地球》（*Late Proterozoic Low- Latitude Global Glaciation: The Snowball Earth*）。论文参见《元古宙生物圈：多学科研究》（J. W. Schopf and C. Klein, eds., *The Proterozoic Biosphere: A Multidisciplinary Study*. New York: Cambridge University Press, 1992）一书。该文另见如下链接：http://www.gps.caltech.edu/users/jkirschvink/pdfs/firstsnowball.pdf。

[5] 麦吉本所著《地二球》，其全书名称为《地二球：在艰苦的新行星上制造生命》（*Eaarth: Making Life on a Tough New Planet*, New York: Times Books, 2010）。

[6] 参见 Barnosky et al., "Has the Earth's Sixth Mass Extinction Already Arrived?" *Nature* 471 (March 3, 2011): 51－57。

[7] 2011 年 10 月 18 日，面访。

第 2 章

[1] Peter M. Sheehan et al., "Understanding the Great Ordovician Biodiversification Event (GOBE): Influences of Paleogeography, Paleoclimate, or Paleoecology?" *GSA Today*, v. 19, no. 4/5 (April/May 2009).

[2] Pam Frost Gorder, "Appalachian Mountains, Carbon Dioxide Caused Long-Ago Global Cooling," *Ohio State University Research News* (October 25, 2006).

[3] 2011 年 9 月 27 日，面访。要了解更多有关伽马射线理论和 6 300 万年

循环的信息，请参阅以下文献资料：A. Melotte et al., "Did a Gamma-Ray Burst Initiate the Late Ordovician Mass Extinction?" *International Journal of Astrobiology* 3 (2004): 55, and Robert A. Rohde and Richard A. Muller, "Cycles in Fossil Diversity," *Nature* 434 (March 10, 2005): 208–210。

［ 4 ］ Donald E. Canfield, et al., "Devonian Rise in Atmospheric Oxygen Correlated to the Radiations of Terrestrial Plants and Large Predatory Fish," *Proceedings of the National Academy of Science* 107 (October 19, 2010): 17911–15.

［ 5 ］ 2011 年 9 月 22 日，面访。另参阅以下文献：Alycia Stigall, "Invasive Species and Biodiversity Crises: Testing the Link in the Late Devonian," *PLoS One* 5(12)(2010): e15584。

第 3 章

［ 1 ］ 2011 年 10 月 4 日，面访。另可参见 Paul Renne et al., "Synchrony and Causal Relations Between Permian-Triassic Boundary Crises and Siberian Flood Volcanism," *Science* 269 (September 8, 1995): 1413–1416。

［ 2 ］ 2011 年 11 月 7 日，面访。另可参见佩恩和他同事这方面的论文：Jonathan L. Payne et al., "Calcium Isotope Constraints on the End-Permian Mass Extinction," *PNAS* 107 (May 11, 2010): 8543–8548。

［ 3 ］ 要想了解二叠纪大灭绝的惨烈程度，请参见本顿所著《当生命几乎灭绝时：最惨烈的大灭绝》(Michael J. Benton, *When Life Nearly Died: The Greatest Mass Extinction of All Time*. London: Thames & Hudson, 2003)。

［ 4 ］ 2011 年 11 月 21 日，面访。另请参见：P. D. Roopnarine, "Ecological Modeling of Paleocommunity Food Webs," in G. Dietl and K. Flessa, eds., *Conservation Paleobiology, The Paleontological Society Papers* 15 (2009)。

第 4 章

［ 1 ］ 2012 年 2 月 1 日，面访。想了解更多这次小行星撞击后的直接后果，请参见 Jan Smit et al., "The Aftermath of the Cretaceous-Paleogene Bolide Impact," *Geophysical Research Abstracts* 13 (2011): 12724。查阅斯密特和他的同事有关火流星撞击的开创性论文原文，请参见 Jan Smit et al., "An Extraterrestrial Event at the Cretaceous-Tertiary Boundary," *Nature* 285 (May 22, 1980)。

［ 2 ］ 参见阿尔瓦雷茨这方面工作的首篇论文：L. W. Alvarez, W. Alvarez, F.

Asaro, and H. V. Michel, "Extraterrestrial Cause for the Cretaceous-Tertiary Extinction," *Science* 208(1980): 1095－1108。

［3］ 2011 年 9 月 23 日，面访。参见凯勒在印度的报道：G. Keller et al., "Deccan Volcanism Linked to the Cretaceous-Tertiary Boundary Mass Extinction: New Evidence from ONGC Wells in the Krishna-Godavari Basin," *Journal of the Geological Society of India* 78 (2011): 399－428, G. Keller et al., "Environmental Effects of Deccan Volcanism Across the Cretaceous-Tertiary Transition in Meghalaya, India," *Earth and Planetary Science Letters* 310 (October 2011): 272－285。

［4］ 2011 年 10 月 8 日，面访。笔者向马歇尔询问他对凯勒理论的意见，对此他作出了评论。

［5］ 这番评论出自 BBC 栏目《地平线》系列《恐龙灭绝真相》中对斯密特的采访，字幕参见 http://www.bbc.co.uk/sn/tvradio/programmes/horizon/dino_trans.shtml。

［6］ 参见 Arturo Casadevall, "Fungal Virulence, Vertebrate Endothermy, and Dinosaur Extinction: Is There a Connection?" *Fungal Genetics and Biology* 42 (2005): 98－106。

［7］ 参见 J. H. Whiteside, P. E. Olsen, D. V. Kent, S. J. Fowell, and M. Et-Touhami, "Synchrony Between the CAMP and the Triassic-Jurassic Mass-Extinction Event? Reply to Comment of Marzoli et al," *Palaeogeography, Palaeoclimatology, and Palaeoecology* 262 (2008): 194－198。

［8］ 以下链接指向中大西洋火成岩省喷发的地图：http://www.auburn.edu/academic/science_math/res_area/geology/camp/Fig1.jpg。

［9］ 2012 年 1 月 16 日，面访。

［10］ 参见 Ryan C. McKellar et al., A Diverse Assemblage of Late Cretaceous Dinosaur and Bird Feathers from Canadian Amber. *Science* 16 (2011): 1619－1622。

［11］ 许多文献为这一假说提供了佐证，如：D. J. Varricchio, Paul C. Sereno, Zhao Xijin, Tan Lin, Jeffery A. Wilson, and Gabrielle H. Lyon, "Mud-Trapped Herd Captures Evidence of Distinctive Dinosaur Sociality," *Acta Palaeontologica Polonica* 53(2008): 567－578。

第 5 章

［1］ 2012 年 2 月 9 日，面访。另可参见 Dennis Jenkins et al., "Clovis Age Western

Stemmed Projectile Points and Human Coprolites at the Paisley Caves," *Science* 337 (2012): 223–228。

[2] 2011 年 10 月 18 日，面访。

[3] Anthony Barnosky et. al., "Has the Earth's Sixth Mass Extinction Already Arrived?" *Nature* 471 (2011): 51–57.

[4] 2011 年 9 月 27 日，面访。另可参见沃得所著《美狄亚假说：地球上的生命最终会自我毁灭吗？》(Peter Ward, *The Medea Hypothesis: Is Life on Earth Ultimately Self-Destructive?* Princeton, NJ: Princeton University Press: 2009)。

第 6 章

[1] 要想加深这个概念的理解，请参见汉密尔顿（Matthew B Hamilton）的重要的入门课本《种群遗传学》(*Population Genetics*, West Sussex: Wiley Blackwell, 2009)。如果你想查询这个概念的导论，推荐下面一篇文献：R. Kliman, B. Sheehy, and J. Schultz, "Genetic Drift and Effective Population Size," *Nature Education* 1 (2008)。

[2] N. Takahata, Y. Satta, and J. Klein, "Divergence Time and Population Size in the Lineage Leading to Modern Humans," *Theoretical Population Biology* 48 (October 1995): 198–221.

[3] Richard Dawkins, *The Ancestor's Tale, A Pilgrimage to the Dawn of Life* (Boston: Houghton Miffl in Company, 2004).

[4] 2011 年 11 月 29 日，面访。

[5] 2011 年 12 月 13 日，面访。

[6] 在文中所述的演化路线大多数参照了克莱因的演化生物学教科书《人类发展史：人类的生物学和文化学起源（第三版）》(*The Human Career: Human Biological and Cultural Origins* (Third Edition); Chicago: University of Chicago Press, 2009)。在本书中，按照当前科学界公认的分类方法，将人类和我们的祖先归于"人族"。人族是一个大类群，包括了人类和类人猿（以及它们的祖先）。

[7] 2011 年 11 月 30 日，面访。

[8] Chad Huff et al., "Mobile Elements Reveal Small Population Size in the Ancient Ancestors of Homo Sapiens," *PNAS* 107 (February 2, 2010): 2147–2152.

[9] Hawks et al., "Population Bottlenecks and Pleistocene Human Evolution," *Molecular Biology and Evolution* 17 (2000): 2–22.

［10］ 值得注意的是，"物种"的定义和演化一样缠结凌乱。有些物种虽然长相相似却有着完全不同的遗传学背景，比如蝙蝠（哺乳动物纲）和鸟（鸟纲）。有些物种可相互杂交并产生可育后代，比如倭黑猩猩和黑猩猩。还有些长相迥异的动物其实是一个物种发育过程中的不同阶段，比如蝌蚪和青蛙。系统发育学是描绘演化树的科学，一条条演化谱系为物种添加定义。尽管研究系统发育学的科学家用大量注释和说明划定物种之间的界线，但是到头来还是没有绝对的划定规则。然而，当两个类群的基因组成、形态结构和行为都相差得足够远时，它们一般就会被当作两个不同的物种。人们在怎样划分古人类的各个物种上有很大争议，但是我们可以肯定，今天的智人都来源于一个非常小的基因库，而成种作用则是使基因库变小的原因之一。

［11］ Randall White, *Prehistoric Art: The Symbolic Journey of Humankind* (New York: Abrams, 2003).

［12］ Geoffrey Miller, *The Mating Mind: How Sexual Choice Shaped the Evolution of Human Nature* (New York: Anchor Books, 2001).

［13］ Gregory Cochran and Henry Harpending, *The 10,000 Year Explosion: How Civilization Accelerated Human Evolution* (New York: Basic Books, 2010).

［14］ 把我们说成是幸存者实在是与直觉相反，因为大多数人都受过这样的教导：遗传多样性对一个物种是极端重要的。我们的遗传多样性低是不是就意味着我们比其他物种脆弱呢？在后面的章节里会看到，这句话在有些情况下是成立的。但是，致使有效种群数量偏低的近缘杂交，与会导致遗传缺陷的近亲繁殖（如兄妹乱伦）不同。澳大利亚莫道克大学（Murdoch University）的遗传学家比特斯（Alan Bittles）和布拉克（Michael Black）就在一篇讨论人类近亲婚配的论文中指出，在西方国家，传统上对第二代表兄妹或更远亲属的通婚是持默许态度的，直到今天，这个习俗在世界上的一些地区仍然常见。这类婚姻并不会造成什么恶果，而且在我们看来，这个传统很有可能与古人类奠基者种群的行为一脉相承。远亲间的通婚似乎还是人类的标准行为。

［15］ Svante Pääbo et al., "A Draft Sequence of the Neanderthal Genome," *Science* 328 (May 7, 2010): 710−722.

第7章

［1］［2］参见 Brian Fagan, *Cro-Magnon: How the Ice Age Gave Birth to the First*

Modern Humans (New York: Bloomsbury Press, 2011)。

［3］ 2011 年 11 月 30 日，面访。

［4］ 一些尼安德特人拥有红头发白皮肤的观点是在如下论文中提出来的：
Carles Lalueza-Fox et al., "A Melanocortin 1 Receptor Allele Suggests Varying
Pigmentation Among Neanderthals," *Science* 318 (2007): 1453–1455。

［5］ Joe Alper, "Rethinking Neanderthals," *Smithsonian Magazine* (June 2003).

［6］ 参见 2012 年 10 月 9 日，笔者与霍克斯私人通信。

［7］ V. Fabre, S. Condemi, and A. Degioanni, "Genetic Evidence of Geographical
Groups Among Neanderthals," *PLoS ONE* 4 (2009): e5151.

［8］ Jennifer Viegas, "Did Neanderthals Believe in an Afterlife?" *Discovery News*
(April 20, 2011).

［9］ 参见 Steven Mithen, *The Singing Neanderthals* (Cambridge: Harvard University
Press, 2007)。

［10］ John Relethford, "Genetics of Modern Human Origins and Diversity," *Annual
Review of Anthropology* 27(1998): 1–23.

［11］ Rebecca L. Cann et al., "Microbial DNA and Human Evolution," *Nature*
325(1987): 31–36.

［12］ 参见 Milford Wolpoff and John Hawks, "Modern Human Origins," *Science* 241
(August 12, 1988): 772–774。

［13］ Clive Finlayson, *The Humans Who Went Extinct* (Oxford: Oxford University
Press, 2009).

［14］ 参见 John Hawks, Gregory Cochran, Henry C. Harpending, and Bruce T. Lahn,
"A Genetic Legacy from Archaic Homo," *Trends in Genetics* 24 (January,
2008): 19–23。

［15］ 这种中庸的理论常被称为"同化说"。人类学家埃斯瓦兰（参见
Vinayak Eswaran et al., "Genomics Refutes an Exclusively African Origin of
Humans," *Journal of Human Evolution* 49［July 2005］: 1–18）和他的同
事在一篇文章中阐述了这个理论，认为遗传证据显示人类至少有两次相
互独立的出非洲之行——古人类的一次和智人的一次。但是随着智人向
外面的世界进军，他们同化了当地的尼安德特人，甚至连亚洲的直立人
也不例外。因此，在同化说模型中，智人并没有给其他人类带来灭门之
灾，他们与这些人之间的关系也不像多地区起源说里那样深入骨血。他
们间绝大多数时间只是陌生人，只在有些时候会结成同盟甚至成立家庭，

直到后来，智人渐渐变成了主导性的人类物种。

[16]　Simon Armitage et al., "The Southern Route 'Out of Africa': Evidence for an Early Expansion of Modern Humans into Arabia," *Science* 331 (2011): 453–456.

[17]　Svante Pääbo et al., "A High-Coverage Genome Sequence from an Archaic Denisovan Individual," *Science* 338 (October 2012): 222–226.

第 8 章

[1]　Ole Jørgen Benedictow, *The Black Death, 1346–1353: The Complete History* (Woodbridge: The Boydell Press, 2004).

[2]　有关乔叟生平的所有细节都来源于以下文献：Larry Benson, Robert Pratt, and F. N. Robinson, eds., *The Riverside Chaucer* (New York: Houghton Miffl in, 1986)。

[3]　在欧洲中世纪晚期，当数量不断增长的中产阶级为资本主义和全球化贸易打下基础时，现代的全球化社会模式开始萌芽。正如社会学家吉登斯（Anthony Giddens）所说，这是前现代化时代让位于现代化时代的时刻。现代世界在一定程度上是一条故事线索的一部分，其开端可追溯到乔叟时代。在那之前，城市化和全球化的社会还十分罕见。全球化社会在乔叟时代萌芽，在此以前，历史上与之最相似的就是从中国通向欧洲的千年丝绸之路。但丝绸之路文化仍然只是一种地域性现象，仅波及附近的地区。乔叟时代之后不过几百年，海洋就变成了一条巨大的丝绸之路，将全球的每一块大陆都联结起来。

[4]　2011 年 10 月，面访。

[5]　参见如下文献，并特别注意其第五章：Robert S. Gottfried, *The Black Death: Natural and Human Disaster in Medieval Europe* (New York: The Free Press, 1983)。

[6]　Frances and Joseph Gies, *Women in the Middle Ages* (New York: Harper Perennial, 1991).

[7]　2011 年 11 月 30 日，面访。

[8]　Kirsten I. Bos et al., "A Draft Genome of *Yersinia pestis* from Victims of the Black Death," *Nature* 478 (October 27, 2011): 506–510.

[9]　2012 年 2 月 15 日，面访。另参阅如下文献：Ernest Gilman, *Plague Writing in Early Modern England* (Chicago: University of Chicago Press, 2009)。

［10］参见 Jared Diamond, *Guns, Germs and Steel: The Fates of Human Societies* (New York: W. W. Norton & Co., 1999, originally published in hardback in 1997)*，本书作者戴蒙德在一些章节中表达了他对美洲征服战的观点，讨论了皮萨罗手下一小撮恶棍打败庞大印加军队的场景。尽管戴蒙德已经认识到瘟疫在其中所起的作用，但在书中他还是把重点放在了印加人不会炼钢、不会书写上。

［11］参见 Charles Mann, *1491: The Revelations of the Americas Before Columbus* (New York: Vintage, 2005)。在该书第一部分，作者迈恩讨论了历史学家是怎样得到 90% 这个死亡率，我在后文中引用了这个数据。

［12］哈佛大学奇普数据库（Khipu Database Project）是奇普密码的主要破译之地。参与项目的学者从绳结的大小、朝向、颜色和形状等各个方面解读奇普的含义。他们目前已经破译了数字体系，正开始挑战文字语言系统。读者可以在以下链接中了解更多该项目的信息：http://khipukamayuq.fas.harvard.edu/。

［13］2012 年 2 月 14 日，面访。

［14］2012 年 2 月，面访。另可参见凯尔顿的著作：*Epidemics and Enslavement: Biological Catastrophe in the Native Southeast* 1492–1715 (Lincoln and London: University of Nebraska Press, 2007)。

［15］参见 David S. Jones, "Virgin Soils Revisited," *William and Mary Quarterly* 60 (October 2003): 703–742。

［16］参见 Susan Kent, *The Influenza Pandemic of* 1918–1919 (Boston and New York: Bedford/St. Martins, 2013)。

［17］参见 Gerald Vizenor, *Native Liberty: Natural Reason and Cultural Survivance* (Lincoln and London: University of Nebraska Press, 2009)。

第 9 章

［1］Cormac Ó Gráda, *Famine: A Short History* (Princeton and Oxford: Princeton University Press, 2009).

［2］2011 年 12 月 8 日，面访。

［3］John O'Rourke, *The History of the Great Irish Famine of 1847* (Dublin: James

---

* 2006 年上海译文出版社出版了该书中文版——《枪炮、病菌与钢铁：人类社会的命运》，译者为谢延光。——译者注

Duffy and Co., Ltd., 1902). 这是一部有趣的大饥荒图书，书中以第一人称的视角收集了许多大饥荒的资料，其中大量资料都是作者在 19 世纪晚期采访幸存者而获得。他认为，"新闻界"在提醒世界警惕饥荒威胁方面当居首功，也正是新闻媒体第一次将饥荒提高到政治地位。

［ 4 ］ Amartya Sen, *Poverty and Famines: An Essay on Entitlement and Deprivation* (Oxford: Oxford University Press, 1983)*.

［ 5 ］ 2012 年 2 月 16 日，面访。另可参见以下文献："Social Vulnerability and Ecological Fragility: Building Bridges Between Social and Natural Sciences Using the Irish Potato Famine as a Case Study," *Conservation Ecology* 7 (2003): 9。

［ 6 ］ 笔者是从 2012 年夏北美中西部干旱开放统计数据中得到这个数字的，它来自美国国家气候数据中心 2012 年 8 月气候状态的干旱报告。这份资料可以参见网页：http://www.ncdc.noaa.gov/sotc/drought/#national-overview。

［ 7 ］ 2012 年 2 月 15 日，面访。另可参见以下文献：Violetta Hionidou, *Famine and Death in Occupied Greece*, 1941–1944 (Cambridge, U.K.: Cambridge University Press, 2006)。

［ 8 ］ 你可以在以下文献中了解这些预测：S. Solomon, D. Qin, M. Manning, Z. Chen, M. Marquis, K. B. Averyt, M. Tignor, and H. L. Miller, eds., *Contribution of Working Group I to the Fourth Assessment Report of the Intergovernmental Panel on Climate Change, 2007*(Cambridge: Cambridge University Press, 2007)。这些预测数据也可以在以下网页链接中找到：http://www.ipcc.ch/publications_and_data/ar4/wg1/en/spmsspm-projections-of.html。

［ 9 ］ 2012 年 2 月 14 日，私人通信。

第 10 章

［ 1 ］ 在这里笔者有些开玩笑了——笔者认为《旧约》中实际上没有人谈到把人脸撕裂的情节，但是，有很多部分提到过砍断各个身体部分、把人头拉断以及类似的、针对敌人的暴力行为。亚述人的楔形文字记录往往保存为国家非常正式的石碑或各个君王为了庆功而立的巨石，这些文字中

＊ 2001 年商务印书馆出版了该书中文版——《贫困与饥荒——论权利与剥夺》，译者为王宇、王文玉。——译者注

最常见的内容就是通过记录战争的胜利来表达对当权者的赞美。实际上，卢浮宫收藏的一块石碑上，我们找到了有关犹太人的早期历史记录。其中，亚述国王萨尔贡二世提及一项丰功伟绩：从北方被称为撒玛利亚的以色列王国中捕获并杀掉数千名犹太人。要记住，这种文字是当时那个时代皇家纪念物的一部分，可能并不会反映普通民众的观点，甚至也不会反映作者的观点。这些都是爱国主义的档案，本来就是要用来宣传的。这种宣传材料的背景与《出埃及记》的编撰背道而驰，后者很明显地记述了同一事件的诸多方面。

[2] William Safran, "Diasporas in Modern Societies: Myths of Homeland and Return," *Diaspora: A Journal of Transnational Studies* 1 (1991). 另见：Robin Cohen, *Global Diasporas: An Introduction — Second Edition* (New York: Routledge, 2008).

[3] "Bitter Lives: Israel In and Out of Egypt," from *The Oxford History of the Biblical World* (Oxford: University of Oxford Press: 1998).

[4] Israel Finkelstein, Neil Asher Silberman, *The Bible Unearthed: Archaeology's New Vision of Ancient Israel and the Origin of Its Sacred Texts* (New York: The Free Press, 2001).

[5][6] "Into Exile: From the Assyrian Conquest of Israel to the Fall of Babylon," Mordechai Cogan, from *The Oxford History of the Biblical World* (Oxford: University of Oxford Press: 1998).

[7] David B. Goldstein, *Jacob's Legacy: A Genetic View of Jewish History* (New Haven and London: Yale University Press, 2008).

[8] Leonard Victor Rutgers, "Roman Policy Towards the Jews: Expulsions from the City of Rome During the First Century C.E.," *Classical Antiquity*, Vol. 13, No. 1 (April 1994): 56-74.

[9] 2012 年 4 月 6 日，面访。

[10] 参见 Gil Atzmon, Li Hao, Itsik Pe'er, Christopher Velez, Alexander Pearlman et al., "Abraham's Children in the Genome Era: Major Jewish Diaspora Populations Comprise Distinct Genetic Clusters with Shared Middle Eastern Ancestry," *The American Journal of Human Genetics* 86 (June 11, 2010): 850-859. 另见 Harry Ostrer 对他们工作的简单介绍：*Legacy: A Genetic History of the Jewish People* (Oxford: Oxford University Press, 2012)。

[11] 科学家如今甚至可以判断出不同类群分化和朝不同方向演化的可能时

间。在本书前面的章节中，我们曾探讨过：追索智人起源的演化生物学家们也能追踪到两个种的分化，所采取的方式就是分析两个种之间的共有基因，并假定其变异速率恒定或随时间变化。两种或多种单倍型基因的分化也可以通过同样的方式追索出来。比如，叙利亚犹太人和东欧犹太人共享很多长链 DNA。但是自这两个群体分化出来数世纪后，他们的基因图谱中积累了许多随机变异。假定变异速率恒定，像奥斯特维尔这样的科学家就可以估算出这两个族群分开的时间大致是 2 500 年前。另外，通过考察单倍型基因图谱在整个欧洲的地理分布，有些科学家甚至已经开始追踪犹太人的迁徙路线。参见：W. Y. Yang, J. Novembre, E. Eskin, and E. Halperin, "A Model-Based Approach for Analysis of Spatial Structure in Genetic Data," *Nature Genetics* 44 (2012): 725–731。

［12］ Henry Kamen, *The Spanish Inquisition: A Historical Revision* (New Haven: Yale University Press, 1999).

［13］ Inês Nogueiro, Licínio Manco, Verónica Gomes, António Amorim, and Leonor Gusmão, "Phylogeographic Analysis of Paternal Lineages in NE Portuguese Jewish Communities," *American Journal of Physical Anthropology* 141 (March 2010): 373–381.

［14］ *The Black Atlantic: Modernity and Double-Consciousness.* Paul Gilroy, *The Black Atlantic* (Reissued Edition) (Boston: Harvard University Press, 1993).

第 11 章

［ 1 ］ T. N. Taylor and E. L. Taylor, *The Biology and Evolution of Fossil Plants* (New Jersey: Prentice Hall, 1993).

［ 2 ］ 植物细胞方面的演化被称为内共生理论，最早在一个多世纪以前就被提出，今天已被广泛接受，它也有遗传学方面证据的支持。实例参见：Geoffrey I. McFadden and Giel G. van Dooren, "Evolution: Red Algal Genome Affirms a Common Origin of All Plastids," *Current Biology* 14 (July 13, 2004): R514–516。

［ 3 ］ 2012 年 1 月 15 日，面访。

［ 4 ］ Hideo Iwasaki, Takao Kondo, "The Current State and Problems of Circadian Clock Studies in Cyanobacteria," *Plant Cell Physiology* 41 (2000): 1013–1020.

［ 5 ］ 至少会延续到约 10 亿年以后，太阳烧尽地球的时候。

［6］ 2012 年 1 月 6 日，3 月 8 日，面访。

［7］ 2012 年 3 月 9 日，面访。

［8］ 2012 年 3 月 8 日，面访。

［9］ S. A. Skeen, B. M. Kumfer, and R. L. Axelbaum, "Nitric Oxide Emissions During Coal and Coal/Biomass Combustion Under Air-fired and Oxy-fuel Conditions," *Energy & Fuels* 24 (2010): 4144－4152.

［10］ Anindita Bandyopadhyay, Jana Stöckel, Hongtao Min, Louis A. Sherman, and Himadri B. Pakrasi, "High Rates of Photobiological H2 Production by a Cyanobacterium Under Aerobic Conditions," *Nature Communications* 1 (December 14, 2010).

［11］ "The Alternative Choice: Steven Chu Wants to Save the World by Transforming Its Largest Industry: Energy," *The Economist* (July 2, 2009).

第 12 章

［1］ Charles Melville Scammon, *The Marine Mammals of the North-Western Coast of North America* (San Francisco: JH Carmany, and New York: Putnam, 1874). 该书全文可在网上阅读：http://archive.org/details/marinemammalsofn00scam。

［2］ 大多数科学家均相信，灰鲸与其他鲸类动物类似，都具有"单脑半球慢波睡眠"（unihemispheric slow wave sleep），即一次只有一个脑半球处于"睡眠"状态。另外，鲸类极少或根本不具有快速眼动睡眠（REM sleep）。相关实例参见：Oleg I. Lyamin, Paul R. Manger, Sam H. Ridgway, Lev M. Mukhametov, and Jerome M. Siegel, "Cetacean Sleep: An Unusual Form of Mammalian Sleep," *Neuroscience & Biobehavioral Reviews* 32 (October 2008): 1451－1484。

［3］ N. D. Pyenson and D. R. Lindberg, "What Happened to Gray Whales during the Pleistocene? The Ecological Impact of Sea-Level Change on Benthic Feeding Areas in the North Pacifi c Ocean," *PLoS ONE* 6 (2011): e21295.

［4］ 2012 年 2 月 2 日，面访。下文中所有相关引用均来自这次访问。

［5］ John Upton, "Scientists Look Far to the North to Explain Young Whale in San Francisco Bay," *New York Times* (March 17, 2012).

［6］ 这个故事来自记者罗斯（Tom Rose）的记述，他的著作首次出版于 1989 年，后来再版：*Big Miracle* (New York: St. Martins, 2011)。相关章节标题是：*Freeing the Whales: How the Media Created the World's Greatest Non-Event*。

［ 7 ］ Scott Noakes, "Georgia's Pleistocene Atlantic Gray Whales," *Gray's Reef National Marine Sanctuary*, http://graysreef.noaa.gov/science/research/gray_whale/welcome.html.

［ 8 ］ 这个数据目前仍存在一定争议，因为灰鲸数量每年都有一定的变化，我们统计灰鲸数量的唯一方式就是对经过太平洋海岸观察站的灰鲸进行计数。科学家似乎认同的数字最多是 22 000 头，这是根据过去 20 多年来获取资料所得到的平均值。总数量每年增长超过 2%，2012 年，有 200 多头幼鲸出生。数据有两个来源：S. Elizabeth Alter, Eric Rynes, and Stephen Palumbi, "DNA Evidence for Historic Population Size and Past Ecosystem Impacts of Gray Whales," *PNAS* 104 (September 18, 2007): 15162–15167, 另外还有美国国家海洋和大气管理局（NOAA）所发布的鲸类年度数量估算报告，该管理局从分布于阿拉斯加到墨西哥的若干个海岸观察站收集数据（http://www.nmfs.noaa.gov/pr/sars/）。

［ 9 ］ O. Yu. Tyurneva, Yu. M. Yakovlev, V. V. Vertyankin, and N. I. Selin, "The Peculiarities of Foraging Migrations of the Korean-Okhotsk Gray Whale (*Eschrichtius robustus*) Population in Russian Waters of the Far Eastern Seas," *Russian Journal of Marine Biology* 36 (March 2010): 117–124.

［10］ 国际捕鲸委员会成立于 1946 年，成员国包括美国、日本和当时的苏联等。每年的会议记录均可在线查阅（http://www.iwcoffi ce.org/meetings/historical.htm）。这个组织和其他一些早期的动物保护团体有趣之处在于，他们将环境保护与商业利益进行了关联。另外，值得注意的还有，目前仍然允许一些因纽特人团体每年猎杀少量灰鲸。

［11］ Alter et al., "DNA Evidence for Historic Population Size."

［12］ 这方面的研究参见文集：Scott D. Kraus and Rosalind M. Rolland, eds., *The Urban Whale: North Atlantic Whales at the Crossroads* (Boston: Harvard University Press, 2007)。

第 13 章

［ 1 ］ Octavia Butler, "A Few Rules for Predicting the Future," *Essence* (May 2000).

［ 2 ］ Octavia Butler, "Octavia Butler's Aha! Moment," *O, The Oprah Magazine* (May 2002).

［ 3 ］ Octavia Butler, "*Devil Girl from Mars*: Why I write science fiction," *MIT Communications Forum*, http://web.mit.edu/comm-forum/papers/butler.html.

[4] Octavia Butler, *Lilith's Brood* (New York: Grand Central Publishing, 2000). Original trilogy of novels published in 1987, 1988, and 1989.

[5]《撒种的比喻》, Octavia Butler, *Parable of the Sower* (New York: Grand Central Publishing, 2000). 初版于 1993 年。《按才受托的比喻》, Octavia Butler, *Parable of the Talents* (New York: Grand Central Publishing, 2000). 初版于 1998 年。

[6] "Octavia Butler: Persistence," *Locus* (June 2000).

[7] Octavia Butler, "A Few Rules for Predicting the Future."

第 14 章

[1] 联合国城市人口统计报告《世界城市化前景》(2012 年 4 月最新修订版) 在要点部分给出了统计，同时还说："在较发达地区，城市居民可能达到总人口的 86%，而在欠发达地区，该数字为 64%。"世界城市化前景报告内容，可查阅联合国网页：http://esa.un.org/unpd/wup/index.htm。

[2] Alan Weisman, *The World Without Us* (New York: Thomas Dunne Books, 2007).

[3] 这里只是在探讨 21 世纪下半叶降低人口的可能举措。多项研究已经表明，在妇女与男子享有同样教育和经济条件的国家中，出生率显著下降。笔者热切盼望在一个漫长的时期内，世界上能够男女平等，让总人口达到更适合地球环境的数量。然而，在这种情况发生以前，我们都必须接受"人口一直在增长"的事实，我们也要为此做好准备。

[4] Jane Jacobs, *The Death and Life of Great American Cities* (New York: Random House, 1961).

[5] 突现特质，参见实例 Steven Johnson, *Emergence: The Connected Lives of Ants, Brains, Cities, and Software* (New York: Scribner, 2002)。

[6] 这个词来自雷伯（Fritz Leiber）1977 年以旧金山为背景的惊人城市幻想小说《黑夜女郎》(*Our Lady of Darkness*) *。

[7] Matt Jones, "The City Is a Battle Suit for Surviving the Future," io9.com (September 20, 2009), http://io9.com/5362912/the-city-is-a-battlesuit-for-surviving-the-future.

---

* 故事的主角夜夜酗酒，并且将夜晚来到他身边的女子当作他已故的妻子。——译者注

［ 8 ］ Monica L. Smith, ed., "Introduction," *The Social Construction of Ancient Cities* (Washington, D.C.: Smithsonian Books, 2003).

［ 9 ］ Spiro Kostof, *The City Shaped: Urban Patterns and Meanings Through History* (Boston and London: Little, Brown and Company, 1991).

［10］ 关于古代秘鲁城市的另一个非常有益的读本，参见 "Ancient Peru: The First Cities," *Popular Archaeology* 3（March 18, 2011）. 这里关于古代美索不达米亚城市及其与农业关系的资料来自：Charles Gates, *Ancient Cities: The Archaeology of Urban Life in the Ancient Near East and Egypt, Greece, and Rome* (Second Edition) (London and New York: Routledge, 2011)。

［11］ Ian Hodder and Craig Cessford, "Daily Practice and Social Memory at Çatalhöyük," *American Antiquity* 69 (January 2004).

［12］ 2012 年 4 月 25 日，面访。

［13］ 各个城市历史的发展都有些细微差异，更多相关的例子，可以参考以下两本书：Kostof, *The City Shaped*; Josef W. Konvitz, *The Urban Millennium: The City-Building Process from the Early Middle Ages to the Present* (Carbondale and Edwardsville: Southern Illinois University Press, 1985) 和 Richard T. LeGates and Frederic Stout, eds., *The City Reader* (New York and London: Routledge, 1996)。

［14］ Edward Glaeser, *The Triumph of the City: How Our Greatest Invention Makes Us Richer, Smarter, Greener, Healthier, and Happier* (New York: The Penguin Press, 2011).

［15］ 2012 年 6 月 16 日，面访。关于旧金山作为环境宜居城市的观点另见著作 *The Country in the City: The Greening of the San Francisco Bay* (Seattle and London: University of Washington Press, 2007)。

第 15 章

［ 1 ］ "Robots Converge on Disaster City," *Disaster Preparedness and Response: TEEX* (March 22, 2010), http://www.teex.org/teex.cfm?pageid=USARresc&area=USAR&storyid=984&templateid=23.

［ 2 ］ 这个实验室的官方名称是 O. H. Hinsdale 水波研究实验室（O. H. Hinsdale Wave Research Laboratory），其实验所得数据与公众共享，其他方面的科研人员可以根据他人对波浪研究所获得的资料来建造模拟器。数据共享方面的良好案例可参照论文：T. E. Baldock, D. Cox, T. Maddux, J. Killian, and

L. Fayler, "Kinematics of Breaking Tsunami Wavefronts: A Data Set from Large Scale Laboratory Experiments," *Coastal Engineering* 56 (May–June 2009)。

［ 3 ］ 2012 年 2 月 16 日，面访。

［ 4 ］ 2012 年 6 月 26 日，面访。艾弗森在美国地质调查局碎屑流通道的实验让人叹为观止，相关的视频可通过网络观看：http://pubs.usgs.gov/of/2007/1315/。

［ 5 ］ 所有内容都来自他在华盛顿大学圣路易斯分校的公开演讲（2012 年 3 月 7 日）。

［ 6 ］ Emily Rauhala, "How Japan Became a Leader in Disaster Preparation," *Time* (March 11, 2011).

第 16 章

［ 1 ］ 2012 年 1 月 26 日，面访。

［ 2 ］ N. C. Stenseth, B. B. Atshabar, M. Begon, S. R. Belmain, E. Bertherat et al., "Plague: Past, Present, and Future," *PLoS Medicine* 5 (2008): e3.

［ 3 ］ "WHO Issues Consensus Document on the Epidemiology of SARS" (October 17, 2003), http://www.who.int/csr/sars/archive/epiconsensus/en/.

［ 4 ］ T. Garske, H. Yu, Z. Peng, M. Ye, H. Zhou et al., "Travel Patterns in China," *PLoS ONE* 6 (2011): e16364.

［ 5 ］ Richard Schabas, "Severe Acute Respiratory Syndrome: Did Quarantine Help?" *Canadian Journal of Infectious Diseases and Medical Microbiology* 15 (July–August 2004): 204.

［ 6 ］ Brian J. Coburn, Bradley G. Wagner, and Sally Blower, "Modeling Influenza Epidemics and Pandemics: Insights into the Future of Swine Flu (H1N1)," *BMC Medicine* 7 (2009): 30.

［ 7 ］ L. Matrajt and I. M. Longini, Jr., "Optimizing Vaccine Allocation at Different Points in Time during an Epidemic," *PLoS ONE* 5 (2010): e13767.

［ 8 ］ Tadataka Yamada, "Poverty, Wealth, and Access to Pandemic Influenza Vaccines," *New England Journal of Medicine* 361 (2009)：1129–1131.

［ 9 ］ R. Moss, J. M. McCaw, and J. McVernon, "Diagnosis and Antiviral Intervention Strategies for Mitigating an Influenza Epidemic," *PLoS One* 6 (February 4, 2011): e14505.

［10］ J. T. Wu, A. Ho, E. S. K. Ma, C. K. Lee, D. K. W. Chu et al., "Estimating

Infection Attack Rates and Severity in Real Time during an Influenza Pandemic: Analysis of Serial Cross-Sectional Serologic Surveillance Data," *PLoS Medicine* 8 (2011): e1001103.

第 17 章

[1] 关于伽马射线爆发的后果，笔者从宇航员菲尔·普莱（Phil Plait）相关主题的优秀文字中获益匪浅，参见 *Death from the Skies! These Are the Ways the World Will End ...* (New York: Viking, 2008)。

[2] 最近，北美防空司令部（NORAD, North American Aerospace Defense Command）已重新选址另建新城，其地下城的项目由一群精兵强将负责。核武器技术已经突飞猛进，原来的地下城已经不大可能在核武器的直接攻击下幸存。

[3] 关于防护辐射设计的历史有很多探讨，也有对这一主题的现代思考，有趣的讨论参见 J. Kenneth Shultis and Richard E. Faw, "Radiation Shielding Technology," *Health Physics* 88 (June 2005): 587–612. 他们指出，混凝土是防护多种辐射的好材料，混凝土也是为此而被最为广泛研究的一种材料。

[4] 2012 年 6 月 5 日，面访。

[5] Raymond Sterling and John Carmody, *Underground Space Design* (New York: Wiley, 1993).

[6] 2012 年 6 月 26 日，面访。

[7] D. Kaliampakos and A. Bernardos, "Underground Space Development: Setting Modern Strategies," *WIT Transactions on the Built Environment* 102 (2008).

[8] 这座地下城被称为阿姆福拉（Amfora），其完整计划参见 Zwarts & Jansma 建筑师网站：http://www.zwarts.jansma.nl/page/1597/en。

[9] Alan Robock, "New Models Confirm Nuclear Winter," *Bulletin of the Atomic Scientists* 68 (September 1989): 66–74. 自从罗伯克发表这篇文章以来，关于核冬天如何产生的理解并没有多少改变，很多气候学家都认同，大规模的爆炸可能会导致地球上长达至少一年的反常冬天。有趣之处在于，一座超级火山可能引发与核灾难同样的问题——只是没有辐射的危险而已。参见 Alan Robock, "New START, Eyjafjallajökull, and Nuclear Winter," *Eos* 91 (2010)。

第 18 章

[1] 关于古巴城市农场的历史，平德休斯等人在其文集中提供了一个简短的说明，参见："Urban Agriculture in Havana, Cuba," in *Down to Earth* (New Delhi: Centre for Science and the Environment, 2001)。

[2] 如果你想了解更多有关小农精作的知识，查阅该方面的文章并观看视频，参见网页：http://spinfarming.com/whatsSpin/。

[3] 参见：Dickson Despommier, *The Vertical Farm: Feeding the World in the 21st Century* (New York: Thomas Dunne Books, 2010)。

[4] 德国的绿色屋顶不大可能用于生产粮食，参见 Khandaker M. Shariful Islam, "Rooftop Gardening as a Strategy of Urban agriculture for Food Security: The Case of Dhaka City, Bangladesh," *Acta Horticulturae* 643 (2004)；能为建筑物降温，参见 S. Gaffi n et al., "Energy Balance Modeling Applied to a Comparison of White and Green Roof Cooling Efficiency and Cool Surfaces and Shade Trees to Reduce Energy Use and Improve Air Quality in Urban Areas," *Greening Rooftops for Sustainable Communities Proceedings* (Washington, D.C.: Green Roofs for Healthy Cities, 2005)；能减少暴雨中的地表径流，参见：Doug Hutchinson, Peter Abrams, Ryan Retzlaff, and Tom Liptan, "Stormwater Monitoring Two Ecoroofs in Portland, Oregon, USA," proceedings for Greening Rooftops for Sustainable Communities Conference (Chicago: Green Roofs for Healthy Cities, 2003)。

[5] 关于使用包括太阳能和风能等各种能源的最大问题之一就是存储。如何从已有的能源基础架构逐渐过渡到部分依赖多种能源的系统？薛尔斯－贝克（Maggie Koerth-Baker）在其优秀的著作《停电之前：在能源危机爆发以前就克服它》(*Before the Lights Go Out: Conquering the Energy Crisis Before It Conquers Us*, Hoboken, New Jersey: Wiley and Sons, 2012)中，提出了全面、极佳的解决之道。

[6] 2011 年 8 月 22 日，面访。

[7] 这里涉及的重大问题之一就是当前全球气候逐渐变暖的趋势。位于富饶地区的城市可能在一个世纪之后，置身于干旱和旱灾多发地区。这就是土地规划人员所担忧的，也是他们正在做出预备的。我们如何建造出可以应对剧烈气候变化的城市和农场呢？环保主义记者 Mark Hertsgaard 详细探讨了这个问题，参见：*Hot: Living Through the Next Fifty Years on*

Earth (New York: Houghton Miffl in Harcourt, 2011)。

[8] 2012 年 2 月 27 日，面访。

[9] 如何才能改变政治本位主义，而优先考虑环境议题？这是个庞大的话题，超出了本书的主题范围，但幸运的是，很多思想家们都在探讨这个问题，其中包括雷泽（Judith Layzer），参见其著作：《环境话题：将价值变成政策》（第三版）（ *The Environmental Case: Translating Values into Policy* (Third Edition)，Thousand Oaks: CQ Press College, 2011 ）。

[10] 2012 年 4 月 5 日，面访。要了解更多类似 AutoCAD 的、用于生物学设计的软件，参见网页：http://www.autodeskresearch.com/projects/biocompevolution。

[11] 欲对修补杆菌这种材料了解更多，请参见如下网页：http://2010.igem.org/Team：Newcastle。

[12] 2012 年 5 月 5 日，面访。

[13] 关于阿姆斯特朗对威尼斯城人造礁的工作，参见电子书：《活建筑：合成生物学如何再造我们的城市并重塑我们的生命》（ *Living Architecture: How Synthetic Biology Can Remake Our Cities and Reshape our Lives* ）（2012 年，TED 图书）。

第 19 章

[1] 参见麦吉本的著作 *The End of Nature* (New York: Random House, 1989), *Eaarth: Making a Life on a Tough New Planet* (New York: Times Books, 2010); Hertsgaard 的著作 *Hot: Living Through the Next 50 Years on Earth* (New York: Houghton Miffl in Harcourt, 2011)。

[2] Maggie Koerth-Baker, *Before the Lights Go Out: Conquering the Energy Crisis Before It Conquers Us* (New York: Wiley, 2012).

[3] 当前，最迫切的任务就是全球达成一致，同意限制碳排放。当涉及气候变化时，唯一明确的就是，如果我们限制化石燃料的使用，将减缓温室化的过程，全球变暖的威胁可能导致粮食短缺甚至第 6 次大灭绝。在技术上我们已经能够降低碳排放了。未来规范地球工程项目的国际组织可能正是今天规范碳排放的机构，尽管如此，如何在政治上和社会上开展行动已经超出了本书的探讨范围。

[4] 这里指的是 20 世纪 90 年代那部相当无聊（但不可否认，很了不起）的电影《黑客》（ *Hackers* ），在剧中，两个角色上演了一部名为《黑掉地

球》的电视短片。

[5] 2012 年 7 月 9 日，面访。读者可在线阅读此书（*Hacking the Earth: Understanding the Consequences of Geoengineering*），链接: http://openthefuture. com/2009/02/hacking_the_earth.html。

[6] 大量研究均揭示出了轮船产生的气溶胶和云层反射率之间的直接关联，比如: P. A. Durkee et al., "The Impact of Ship-Produced Aerosols on the Microstructure and Albedo of Warm Marine Stratocumulus Clouds: A Test of MAST Hypotheses 1i and 1ii," *Journal of the Atmospheric Sciences* 57 (February 12, 1999): 2554-2569. 以此作为地球工程项目进行讨论的部分内容参见: Y.-C. Chen et al., "Occurrence of Lower Cloud Albedo in Ship Tracks," *Atmospheric Chemistry and Physics Discussions* 12 (2012): 13553-13580. 也有人认为，目前尚不清楚这些轮船气溶胶对云层与气候是否产生实质性的影响，参见 K. Peters et al., "A Search for Large-scale Effects of Ship Emissions on Clouds and Radiation in Satellite Data," *Journal of Geophysical Research* 116 (2011): D24205。

[7] 2012 年 5 月 11 日，面访。

[8] 参见 David W. Keith, "Photophoretic Levitation of Engineered Aerosols for Geoengineering," *Proceedings of the National Academy of Sciences* 107 (September 7, 2010): 16428-16431。

[9] 德里斯科尔的工作团队曾提出一项实验，这是一个名为"平流层粒子注入"的气候工程学项目（SPICE, Stratospheric Particle Injection for Climate Engineering）。在该项目中，科研人员曾建议使用与海洋方面保持联系的气球来完成大气层的粒子喷射工作。参见: http://www2.eng. camac.uk/~hemh/SPICE/SPICE.htm。

[10] Alan Robock, "20 Reasons Why Geoengineering May Be a Bad Idea," *Bulletin of the Atomic Scientists* 62 (May/June 2008): 14-18.

[11] 英国皇家学会（Royal Society）的报告中罗列了其中的困难，参见 *Geoengineering the Climate: Science, Governance and Uncertainty* (London: the Royal Society, 2009)。不久前使用铁肥料的实验，其效果似乎在一定程度上比英国皇家学会以前所记录的要好些，参见: Victor Smetacek et al., "Deep Carbon Export from a Southern Ocean Iron-Fertilized Diatom Bloom," *Nature* 487 (July 2012): 313-319. 斯梅塔切克（Smetacek）和他的同事们在报告中说，他们实验中处理的海藻会掉落至 1 000 米以下的

大洋深处，在那里它们往往会融入大洋底部的沉积物中。

[12]　2012 年 5 月 10 日，面访。

[13]　参见：David MacKay, *Sustainable Energy — Without the Hot Air* (Cambridge: UIT Cambridge, Ltd., 2009)。*

第 20 章

[1]　由麻省理工学院天文学家宾策尔（Richard Binzel）在 20 世纪 90 年代晚期所制定，都灵尺度用于评估一个目标撞击地球的可能性，也用来衡量撞击可能造成的破坏程度。关于都灵尺度的示意图，请参照：http://impact.arc.nasa.gov/torino.cfm。

[2]　关于 NASA 的太空保卫计划，更多资料参见：http://neo.jpl.nasa.gov/neo/report.html。

[3]　一般来说，如果天体的轨道处于 0.983 到 1.3 天文单位（AU）之间，都被划分为近地天体。一个天文单位是指地球与太阳的平均距离，或者说 149 597 871 千米。

[4]　自 1900 年以来飞过我们的近地天体完整列表可搜索 NASA 的数据库：http://neo.jpl.nasa.gov/cgi-bin/neo_ca。

[5]　2012 年 7 月 9 日，面访。

[6]　A. Mainzer et al., "Characterizing Subpopulations Within the Near-Earth Objects with NEOWISE: Preliminary Results," *Astrophysical Journal* 752 (June 20, 2012): 110.

[7]　2012 年 7 月 9 日，面访。

[8]　这其中包括：建议并敦促政府收集更多关于小行星的资料，为"星球防御计划"设立政府组织，资助测试活动以探求如何移动小行星，以及"将近地天体撞击作为灾害重建与救助机构所要应对的一种可能灾害事件"。

[9]　可通过 NASA 网站阅读完整的研究工作：http://impact.arc.nasa.gov/news_detail.cfm?ID=139。

[10]　登录 NASA 网站可进一步了解"深度撞击计划"：http://www.nasa.gov/mission_pages/deepimpact/main/index.html。

[11]　Alan Robock, "Snow and Ice Feedbacks Prolong Effects of Nuclear Winter,"

---

*　2013 年科学出版社出版了该书中文版——《可持续能源：事实与真相》，译者为张军、董萌。——译者注

Nature 310 (1984): 667−670.

[12]　数据库可在这里下载：http://www.cd3wd.com/。

[13]　其中之一就是雅库博夫斯基（Marcin Jakubowski）的文明启动包项目。它是一套免费的在线资源（你可以打印出来，为小行星撞击做好准备），将最终保存创建 50 种最重要的农业器械和维持一个小型乡镇所需要的所有信息。更多资料请参阅：http://opensourceecology.org/gvcs.php。稍有些不同的还有北欧种子库项目（Svalbard Global Seed Vault），它位于遥远北极斯瓦巴特群岛的山脉之下，在那里，慈善机构和外交团体出资兴建了一座大型的地下建筑，用于存储种子。设计的目的就是要在生物多样性遭受大规模灾害事件时，能为地球上的生态系统储存一个备份，这些灾害事件就比如潜在威胁天体撞击之后所引发的全球灾害。更多资料参见：http://www.regjeringen.no/en/dep/lmd/campain/svalbard-global-seed-vault.html?id=462220。

第 21 章

[1]　NASA 的"强韧缆绳挑战赛"（Strong Tether Challenge）悬赏高达 200 万美元，用于奖励发明创造出足够强韧、可用作太空电梯核心的缆绳，参见 NASA 网页：http://www.nasa.gov/offices/oct/early_stage_innovation/centennial_challenges/tether/index.html。

太空电梯竞赛与谷歌神秘奖励很相似，它是发明者们可以竞争取得大额奖励的各种活动，在本文中主要是设计太空电梯升降器和缆绳结构的各种模型。太空电梯国际协会（ISEC）是太空电梯年度会议的主办方，他们也为那些开发太空电梯新材料、新方法的发明者和投资者们颁发奖励。该协会还与位于欧洲、日本和美国从事太空电梯工程的工作组联合起来，出版一些书籍，并专门为设计太空电梯而发行一份期刊。

[2]　尽管太空电梯的模型还有很多，但是爱德华兹的设计却是 NASA 和其内部科学家们目前力求做到的。实际上，太空飞行工程师斯旺（Peter Swan）曾书写过建造太空电梯的详细过程，并建议说，等到我们实际动工的时候，最终的设计或许会有极大改变。参考：Peter Swan, Cathy Swan, *Space Elevator Systems Architecture* (Lulu.com, 2007)。

[3]　参见美国环保署关于高氯酸盐的资料：http://water.epa.gov/drink/contaminants/unregulated/perchlorate.cfm/。

[4]　参见 NASA 太空飞船常见问题在线解答：http://www.nasa.gov/centers/

kennedy/about/information/shuttle_faq.html#10。

[5]　对于这个距离是否必要还是可以更短一些，这些方面尚有争议。不同的设计往往给出不同的距离。

[6]　Clara Moskowitz, "Space Elevator Team Wins $900,000 from NASA," MSNBC.com (January 7, 2009).

[7]　2011 年 8 月 12 日，面访。

[8]　2011 年 8 月 12 日，面访。读者可通过 launchloop.com 了解磁悬浮平台计划。

[9]　"Making and Breaking Graphitic Nanocarbon: Insights from Computer Simulations," Space Elevator Conference presentation, Microsoft Campus, Richmond, WA (August 12, 2011).

[10]　2012 年 6 月 26 日，面访。

[11][12]"When Can I Buy My Ticket to the Moon?" Panel discussion at SETICon 11, Santa Clara, CA (June 23, 2012).

第 22 章

[1]　2012 年 6 月 6 日，面访。

[2]　2012 年 6 月 25 日，个人通信。

[3]　2012 年 6 月 15 日，与凯诗德（Sylvain Costes）一起面访。凯诗德在美国劳伦斯伯克利国家实验室从事辐射对 DNA 损伤方面的工作，他的部分工作得到了 NASA 的资助，某种程度上他希望可以精确识别出基因组的某些区域，并证明它们可使某些人的 DNA 在宇宙射线面前具有更强的抵抗力。

[4]　2012 年 5 月 7 日，面访。

[5]　更多 Synthetic Kingdom 系列设计，请参见金斯伯格的网页：http://www.daisyginsberg.com/projects/synthetickingdom.html。

[6]　2012 年 6 月 12 日，个人通信。另见 *The Quiet War* (Amherst, New York: Pyr Books, 2009)。

[7]　2012 年 6 月 18 日，面访。鲁宾孙的新书《2312》(New York: Orbit Books, 2012 ）主题是，合成生物成为移居太空的一部分。

[8]　2012 年 5 月 8 日，面访。另见博斯特罗姆这方面的大量工作，可从这篇论文 "When Machines Outsmart Humans," *Futures* 35 (2000): 759-764 开始。本论文全文以及博斯特罗姆的其他论文参见博斯特罗姆的个人网页：http://

www.nickbostrom.com。

另推荐论文集 *Global Catastrophic Risks* (Oxford: Oxford University Press, 2008)。该合集由人类未来研究所推出，介绍了这个研究所从事研究的诸多关键问题，其中就包括智力大爆炸。

[9]　2012 年 5 月 8 日，面访。

[10]　人类仍然处于自然选择之中，相关研究最近有很多，比如：Alexandre Courtiol et al., "Natural and Sexual Selection in a Monogamous Historical Human Population," *Proceedings of the National Academy of Sciences* 109 (March 28, 2012): 8044－8049。

库里奥尔（Courtiol）和他的同事们主张，对芬兰乡村家族谱系的详细考察揭示出，自然选择和性选择仍然在起作用，他们造成的结果就是后代满足具有更强抗病力等方面的健康标准。其他人类基因组方面的研究人员发现，某些基因似乎正在快速进化。据拉恩（Bruce Lahn）及同事描述，两个调控脑容量大小的基因似乎正在快速进化，参见：P. D. Evans, S. L. Gilbert, N. Mekel-Bobrov, E. J. Vallender, J. R. Anderson, et al., "Microcephalin, a Gene Regulating Brain Size, Continues to Evolve Adaptively in Humans." *Science* 309 (2005): 1717。

霍克斯也曾与他的同事撰写相关论文："Recent Acceleration of Human Adaptive Evolution," *Proceedings of the National Academy of Sciences* 104 (December 26, 2007): 20753－20758。

[11]　2012 年 6 月 23 日，面访。

第 23 章

[1]　2012 年 6 月 26 日，面访。

[2]　2012 年 6 月 10 日，我曾与克莱因勃交谈，当时正值喷气推进实验室年度开放活动，在此期间科学家与公众公开交流，向公众展示各种设备，揭示实验室人员所研究的各项内容。关于火星轨道勘测器的资料可见：http://science.jpl.nasa.gov/projects/MRO/。

[3]　实例请参见库兹韦尔（Ray Kurzweil）的著作：*The Singularity Is Near: When Humans Transcend Biology* (New York: Penguin Books, 2006)。主张未来发现正在加速的其他未来学家还有博斯特罗姆（Nick Bostrom）和乔伊（Bill Joy），前者的工作我曾在第 22 章有过探讨，后者有著名论文 "Why the Future Doesn't Need Us," *Wired* 8.04 (April 2000)。在未来学家

中，这种看法有时又被称为摩尔定律（Moore's law）。这个说法最初是用来形容计算机芯片的性能随着时间呈指数级提高，如今却用来表示科学知识随着时间呈指数级增长。

[4] 2012 年 6 月 23 日，面访。

[5] 2012 年 6 月 23 日，面访。关于卡布罗尔在高山湖泊的工作，更多信息请参阅: N. A. Cabrol et al., "The High-Lakes Project," *Journal of Geophysical Research: Biogeosciences* 114 (2009): G00D06。

她还为那里的野外工作写下了精彩绝伦的日志，参见: http://highlakes.seti.org/。

[6] 罗德在 SETICon 会议（2012 年 6 月 23 日）关于《开启百年星舰之旅》专家组讨论中作了这番探讨。他所针对的就是杰米森的工作，但是我认为，公正地讲，卡布罗尔的工作也相当重要。

译后记

　　地质学是研究地球历史的科学，也是一门喜欢讲故事的学问。地球科学家们已经通过化石记录，从漫长的地质历史时期中发现了成千上万种远古生物，也识别出了远古生物群所经历的至少 5 次大灭绝。地质历史中的远古生命经历了起源、分化、辐射、灭绝以及复苏等阶段，这也概括了大多数生命形式都需要经历的整个历程。一种生物灭绝，另外一种生物取而代之，生命的过程生生不息，不断延续。本书结合了地质历史时期的若干次大灭绝事件，将人类的生存置于地质历史的大背景之下，对人类的生存与未来进行了探讨。

　　地质历史中的生命故事往往有漫长的时间周期，通常以百万年作为时间单位，5 次大灭绝中最古老的一次，距今已过去 5 亿多年。恐龙是读者耳熟能详的远古生物，它们在地质历史中的突然灭绝往往令人唏嘘感慨。但是，值得注意的是，恐龙曾在地球上生活了 1 亿年左右。相比之下，回顾人类的历史，从所谓的非洲祖先算起，人属的历史也只有约 200 万年。在地质历史的时间长河中，人类，或者说人形灵长类动物，其生命的历程不过是短暂的一瞬间。本书所关注的问题由此产生，即人类的生命历程究竟是稍纵即逝的瞬间，还是可以通过人类自身的努力而尽可能地延续下去？希望读者已通过本书获得了满意的答案，更希望本书能引起读者更多思考。

　　讲故事是人类延续下去的优良传统之一。正如本书作者所言，人类既是大自然的宠儿，也是文化的产物。人类历世历代所不断传承的种种故事带给了我们极大的勇气，让我们在严酷苛刻的自然条件下生存下来，也势必在未来鼓舞我们继续生存下去。

　　笔者是从事古生物学与地层学方面的研究人员，同时也在负责科普网站化石网（http://www.uua.cn/）的具体工作。科研与科普两种工作密切相关也互相补充。化石网论坛（http://bbs.uua.cn/）是化石爱好者的网上家园，很多热心的化石网友，职业、年龄千差万别，但唯一的共同之处就是对化石的热爱，甚至有些化石爱好者还进入了古生物学与地层学的科研领域。化石是地质历史时期各种生命故事的主要载体，如果把地层理解为记载地球的史卷，那么，化石就是这部历史巨著中的文字。只有解读化石，才能解读地质历史时期中的生命，才能讲述地质历史时期的生命故事。希望读者能够喜欢地球历史的各种故事，也喜欢故事背后缤纷精彩的各种化石。

　　本书的翻译工作分工如下：正文部分第1～9章由蒋青翻译，其他章节和内容由徐洪河翻译。两位译者互相校对译稿。书中在必要的章节之处，译者们加入了注释，以利于读者理解。本书的责任编辑对译文进行了细致的审阅与编辑，镇江的蒋仁保先生、天津的高瑞雪女士、上海的朱机女士和北京的刘明先生等对部分译文提出了意见与建议，在此一并致谢！此外，感谢国家自然科学基金委员会科普专项基金（编号：41320002）对本书的出版提供的资助，感谢现代古生物学与地层学国家重点实验室给予的支持。在本书的翻译工作中，错误与疏漏在所难免，欢迎读者批评指正。

徐洪河（hhxu@nigpas.ac.cn）

科学新视角丛书

《深海探险简史》

[美]罗伯特·巴拉德 著 罗瑞龙 宋婷婷 崔维成 周 悦 译

本书带领读者离开熟悉的海面，跟随着先驱们的步伐，进入广袤且永恒黑暗的深海中，不畏艰险地进行着一次又一次的尝试，不断地探索深海的奥秘。

《不论：科学的极限与极限的科学》

[英]约翰·巴罗 著 李新洲 徐建军 翟向华 译

本书作者不仅仅站在科学的最前沿，谈天说地，叙生述死，评古论今，而且也从文学、绘画、雕塑、音乐、哲学、逻辑、语言、宗教诸方面围绕知识的界限、科学的极限这一中心议题进行阐述。书中讨论了许许多多的悖论，使人获得启迪。

《人类用水简史：城市供水的过去、现在和未来》

[美]戴维·塞德拉克 著 徐向荣 译

人类城市文明的发展史就是一部人类用水的发展史，本书向我们娓娓道来 2500 年城市水系统发展的历史进程。

《无尽之形最美——动物演化发育的奥秘》

[美]肖恩·卡罗尔 著 王 晗 译

本书为我们打开了令人振奋的崭新生物学分支——演化发育生物学的黑匣子，展示了这场令人叹为观止的科学革命。本书文字优美、流畅，即便您是非生物学领域的，也能从中了解关于动物、关于我们人类自身演化发育的奥秘。

《万物终结简史：人类、星球、宇宙终结的故事》

[英]克里斯·英庇 著 周 敏 译

本书视角宽广，从微生物、人类、地球、星系直到宇宙，从古老的生命起源、现今的人类居住环境直至遥远的未来甚至时间终点，从身边的亲密事物、事件直至接近永恒以及永恒的各种可能性。

《耕作革命——让土壤焕发生机》

[美]戴维·蒙哥马利 著 张甘霖 译

当前社会人口不断增长，土地肥力却在不断下降，现代文明再次面临粮食危机。本书揭示了可持续农业的方法——免耕、农作物覆盖和多样化轮作。这三种方法的结合，能很好地重建土地的肥力，提高产量，减少污染（化学品的使用），并且还可以节能减排。

《与微生物结盟——对抗疾病和农作物灾害新理念》

[美]艾米莉·莫诺森 著 朱 书 王安民 何恺鑫 译

亲近自然，顺应自然，与自然合作，才能给人类带来更加美好的可持续发展的未来。

《理化学研究所：沧桑百年的日本科研巨头》

[日]山根一眞 著 戎圭明 译

理化学研究所百年发展历程，为读者了解日本的科研和大型科研机构管理提供了有益的参考。

《火星生命：前往须知》

[美]戴维·温特劳布 著 傅承启 译

作者历数了人们火星生命观念的演进，阐述了在火星上发现生命为何对我们探索生命进程至关重要，还讨论了我们将面临的道德和伦理问题。

《纯科学的政治》
[美]丹尼尔·S·格林伯格 著 李兆栋 刘 健 译 方益昉 审校
基于科学界内部以及与科学相关的诸多人的回忆和观点，格林伯格对美国科学何以发展壮大进行了厘清，从中可以窥见美国何以成为世界科学中心，对我的科学发展、科研战略制定、科学制度完善和科学管理有借鉴意义。

《大湖的兴衰：北美五大湖生态简史》
[美]丹·伊根 著 王 越 李道季 译
本书将五大湖史诗般的故事与它们所面临的生态危机及解决之道融为一体，是一部具有里程碑意义的生态启蒙著作。

《一个人的环保之战：加州海湾污染治理纪实》
[美]比尔·夏普斯蒂恩 著 杜 燕 译
从中学教师霍华德. 本内特为阻止污水污泥排入海湾而发起运动时采取的造势行为，到"治愈海湾"组织取得的持续成功，本书展示了公民活动家的关心和奉献精神仍然是各地环保之战取得成功的关键。

《区域优势：硅谷与 128 号公路的文化和竞争》
[美]安纳李·萨克森尼安 著 温建平 李 波 译
本书透彻描述美国主要高科技地区的经济和技术发展历程，提供了全新的见解，是对美国高科技领域研究文献的一项有益补充。

《写在基因里的食谱——关于基因、饮食与文化的思考》
[美]加里·保罗·纳卜汉 著 秋 凉 译
这一关于人群与本地食物协同演化的探索是如此及时……将严谨的科学和逸闻趣事结合在一起，纳卜汉令人信服地阐述了个人健康既来自与遗传背景相适应的食物，也来自健康的土地和文化。

《解密帕金森病——人类 200 年探索之旅》
[美]乔恩·帕尔弗里曼 著 黄延焱 译
本书引人入胜的叙述方式、丰富的案例和精彩的故事，展现了人类征服帕金森病之路的曲折和探索的勇气。

《性的起源与演化——古生物学家对生命繁衍的探索》
[美]约翰·朗 著 蔡家琛 崔心东 廖俊棋 王雅婧 译 卢 静 朱幼安 审校
哺乳动物的身体结构和行为大多可追溯到古生代的鱼类，包括性的起源。作为一名博学的古鱼类专家，作者用风趣幽默的文笔将深奥的学术成果描绘出一个饶有兴味的进化故事。

《巨浪来袭——海面上升与文明世界的重建》
[美]杰夫·古德尔 著 高 抒 译
随着全球变暖、冰川融化，海面上升已经是不争的事实。本书是对这场即将到来的灾难的生动解读，作者穿越 12 个国家，聚焦迈阿密、威尼斯等正受海面上升影响的典型城市，从气候变化前线发回报道。书中不仅详细介绍了海面上升的原因及其产生的后果，还描述了不同国家和人们对这场危机的不同反应。

《人为什么会生病：人体演化与医学新疆界》
[美]杰里米·泰勒（Jeremy Taylor） 著 秋凉 译
本书视角新颖，以一种全新而富有成效的方式追溯许多疾病的根源，从而使我们明白人为什么易患某些疾病，以及如何利用这些知识来治疗或预防疾病。

《法拉第和皇家研究院——一个人杰地灵的历史故事》

［英］约翰·迈里格·托马斯（John Meurig Thomas） 著　周午纵　高　川　译

本书以科学家的视角讲述了 19 世纪英国皇家研究院中发生的以法拉第为主角的一些人杰地灵的故事，皇家研究院浓厚的科学和文化氛围滋养着法拉第，法拉第杰出的科学发现和科普工作也成就了皇家研究院。

《第 6 次大灭绝——人类能挺过去吗》

［美］安娜莉·内维茨（Annalee Newitz） 著　徐洪河　蒋　青　译

本书从地质历史时期的化石生物故事讲起，追溯生命如何度过一次次大灭绝，以及人类走出非洲的艰难历程，探讨如何运用科技和人类的智慧，应对即将到来的种种灾难，最后带领读者展望人类的未来。